第五范式

刘志毅 ◎ 著

图书在版编目（CIP）数据

第五范式 / 刘志毅著 . -- 北京：中信出版社，
2025. 6. -- ISBN 978-7-5217-7591-4
Ⅰ. TP18-49
中国国家版本馆 CIP 数据核字第 202511KZ34 号

第五范式
著者： 刘志毅
出版发行：中信出版集团股份有限公司
（北京市朝阳区东三环北路 27 号嘉铭中心　邮编　100020）
承印者： 北京通州皇家印刷厂

开本：787mm×1092mm 1/16　　印张：25.25　　字数：290 千字
版次：2025 年 6 月第 1 版　　　　印次：2025 年 6 月第 1 次印刷
书号：ISBN 978-7-5217-7591-4
定价：79.00 元

版权所有·侵权必究
如有印刷、装订问题，本公司负责调换。
服务热线：400-600-8099
投稿邮箱：author@citicpub.com

目录

给未来 AI（人工智能）考古学家的一封信 / VII

第一部分　科学认知的演进之路

第 1 章　技术革命中的人性博弈
开篇：从泰勒到图灵 / 003
1.1　经验归纳：亚里士多德的先见之明 / 005
1.2　理性革命：从牛顿到爱因斯坦 / 012
1.3　计算时代：图灵机与冯·诺依曼 / 018
1.4　信息洪流：大数据颠覆了什么 / 025
1.5　智能迭代：从专用 AI 到 AGI（通用人工智能）/ 032
小结：重构人类的认知地图 / 039

第 2 章　理性升级：人机互动新范式
序曲：两种解题方式 / 042
2.1　博弈论视角：围棋 AI 战胜人类的启示 / 044
2.2　符号主义 vs. 连接主义：两种 AI 范式之争 / 050

2.3　深度学习：让机器学会人类的直觉 / 056
2.4　认知科学：心智何以产生理性思维 / 062
2.5　人机互动：走向人机超智能共生 / 068
小结：重新定义科学的理性基石 / 073

第 3 章　科学想象力的再造
序曲：AlphaGo 背后的"直觉" / 076
3.1　直觉来源何处：人类天才如何诞生 / 078
3.2　非理性认知：洞见从何而来 / 084
3.3　偶然与必然：创新背后的统计学原理 / 090
3.4　计算机的想象力：AI 已经独立思考了吗 / 096
3.5　创造性重构：AI 重塑科学的底层逻辑 / 101
小结：一个更具想象力的科学新时代 / 108

第二部分　范式革命：自动化科研

第 4 章　机器人科学家的崛起
序曲：24 小时不眠的科学探索 / 113
4.1　AI 实验师：一场材料科学的"AlphaGo"之战 / 115
4.2　机器人工程师：机器设计机器的新纪元 / 121
4.3　自动化数学家：AI 能重新定义数学吗 / 128
4.4　创新黑盒：AI 科学发现的内在机理 / 134
4.5　人机协同：机器人科学家的"师徒"关系 / 140
小结：自动化科研的新生产力 / 147

第 5 章　超级实验室的建造
序曲：一个癌症疗法的偶然发现 / 150

5.1 网络化科研：让全球实验室协同工作 / 152
5.2 智能文献挖掘：让机器阅读人类知识 / 158
5.3 知识图谱：重构科学知识的关系网络 / 164
5.4 开源科学：让全民参与科研创新 / 171
5.5 集体智慧：大规模协作下的涌现奇迹 / 178
小结：超级科学大脑的进化之路 / 183

第三部分　智能科学的新疆域

第 6 章　攻克复杂性之困
序曲：一朵雪花背后的数学难题 / 189
6.1 混沌、分形与自组织：复杂性科学 ABC / 191
6.2 涌现与进化：复杂系统的双螺旋 / 197
6.3 跨尺度建模：让 AI 玩转"蝴蝶效应" / 203
6.4 多主体仿真：虚拟世界的平行宇宙 / 209
6.5 人工生命：探索自适应智能的起源 / 215
小结：驯服复杂性的新科学 / 222

第 7 章　融通学科新边疆
序曲：新冠病毒感染预测的数学模型 / 224
7.1 自然科学："新物理学"联盟 / 226
7.2 生命科学：后基因组时代的 AI 医学 / 232
7.3 认知科学：揭开人类心智的终极奥秘 / 238
7.4 社会科学：大数据重塑人文社科范式 / 245
7.5 交叉学科：AI 催生学科大融通 / 251
小结：通向科学统一之路 / 257

第四部分　科学素养再升级

第 8 章　科学知识的全民开放
序曲：维基式科普的兴起 / 263
8.1　知识获取：每个人都是自己的达尔文 / 264
8.2　AI 科普：打破专家与大众的鸿沟 / 271
8.3　公民科学：让百万人参与航天计划 / 278
8.4　开放科学：技术让科学回归本真 / 284
8.5　教育变革：重塑通识教育新内核 / 290
小结：迎接全民科学素养提升的新时代 / 297

第 9 章　探索科学哲学新问题
序曲：AI 具有思维能力吗 / 300
9.1　AI 的思考：图灵测试还管用吗 / 302
9.2　机器良知：AI 科学家需要职业操守吗 / 309
9.3　算法偏见：AI 会有认知盲区吗 / 316
9.4　强 AI 之梦：超级智能真的要来了吗 / 322
9.5　后人类时代：我们将迎来怎样的未来 / 329
小结：AI 重塑科学哲学的难题 / 336

第五部分　迈向卓越文明新纪元

第 10 章　走向人机智能共生
序曲：智能时代的分岔路口 / 341
10.1　智能增强：AI 如何重塑你我的大脑 / 343
10.2　群体智慧：一个由 AI 连接的新社会 / 350
10.3　人机共生：奇点将至还是自我实现预言 / 356

10.4　卓越文明：一次智能生命的觉醒 / 363
10.5　宇宙尽头：人类寻找另一个自己 / 369
小结：对话地外智能和未来人类 / 374

后记　在科学革命的黎明时分 / 377

给未来 AI（人工智能）考古学家的一封信

2019 年，谷歌 DeepMind 公司开发的 AlphaFold 系统在蛋白质结构预测挑战赛中以压倒性优势击败了其他团队，用机器学习解决了困扰生物界长达半个世纪的蛋白质折叠问题。那一刻，我意识到科学正在迎来一场静默的革命。两年后，AlphaFold 2 又以解决蛋白质结构预测问题而引起关注。

这标志着我们正站在科学史上的一个转折点——第五范式的起点。

美国科学哲学家托马斯·库恩在 1962 年《科学革命的结构》中提出"范式"概念，指常规科学赖以运作的理论基础和实践规范。一个范式主导科学发展，直到无法解释的"异常"积累到临界点，科学共同体才寻求新范式。科学知识的增长经历着这样的循环：前学科（无范式）—常规科学（建立范式）—科学革命（范式动摇）—新常规科学（建立新范式）。

振奋人心的是，我们正在亲历一场范式革命。回顾科学发展的历程，人类已经历了四次主要范式转换。几千年前的经验范式主要依靠观察自然现象；几百年前的理论范式以牛顿定律、麦克斯韦方程为代表，通过归纳法和数学模型解释自然现象；几十年前的计算范式借助电子计算机进行数值模拟；近年来的数据范式则通过大数据分析和统计方法识别模式。而今天，一个新的范式正在形成，即"第五范式"（AI for Science）——科学智能与机器猜想的结合。

第五范式不同于之前任何一种科学方法。它不是简单地用 AI 处理实验数据，而是让机器学习参与到科学发现的核心过程中，形成一种全新的知识创造机制。这种范式突破了传统科学研究的两大困境：一方面，基本原理驱动的方法（如量子力学、流体力学方程）虽然代表着科学研究的重要成果，但在解决实际问题时作用有限；另一方面，数据驱动的方法受限于数据缺乏和分析工具不足。

科学研究长期面临的核心困难之一是维数灾难。以量子力学为例，薛定谔方程中一个仅有 100 个电子的系统，其自由度可以达到 300 个，计算复杂度呈指数级增长。传统的多项式逼近和分片多项式在这种高维情况下已不再是有效工具。正是在这个背景下，深度学习方法展现出惊人的威力。

深度神经网络恰恰提供了一种对高维函数的有效逼近方法，成为多项式的有效替代品。函数是数学中最基础的工具，而在这个最底层的数据工具上，我们有了一个革命性的新工具，这正是第五范式的数学基础，也是技术支柱。

第五范式不仅是技术上的突破，它还代表了知识创造方式的根本转变。这一转变带来了科学民主化的历史性机遇，但也伴随着深刻挑战。一方面，自动化科研工具和开放平台显著降低了参与门槛——分布式计算和存储平台 OpenScience Grid 使公民科学家能参与复杂计算，英伟达（NVIDIA）公司开源的分子动力学库使普通学者也能进行昔日需要超级计算机的模拟。另一方面，这种民主化也引发了科学质量控制的新难题。传统同行评议难以应对 AI 辅助生成的研究洪流，而评估 AI 结果的可靠性又需要更高层次的科学素养。正如哈佛学者希勒·贾桑诺夫所指，科学权威的建立依赖复杂的社会-技术网络，第五范式可能颠覆这一网络，造成"认识论混乱"。应对这一矛盾需要发展分层认证系统和"元科学 AI"，并将科学教育重心从知识传授转向批判性思维培养，帮助公众在开放与严谨之间找到平衡点。

与第四范式相比，"科学智能 + 机器猜想"具有几个鲜明特征：首先，它与实际应用场景深度结合，通过不同的"算法思维"和"应用场景"的对撞，产生专业知识，反向推动领域发展；其次，它不依赖大数据而是通过算法进行实验测试，强调"深度理解"而非单点任务；第三，它能够解决不确定性的长尾问题；最后，它基于开放复杂的智能系统，具备开放性、规模性、多样性和多层次性；最后，它形成了从隐性知识创造到显性知识创造的连接，实现了真正的"机器猜想"。

这种知识创造方式与卡尔·波普尔在《客观知识：一个进化论的研究》中提出的"第三世界"理论不谋而合。波普尔将世界分为三类：物理世界、精神世界和客观知识世界。第三世界是客观内容的世界，即使所有物理工具和主观知识都被摧毁，只要知识库和学习能力存在，人类文明就能重建。第五范式正在构建一个更强大的"第三世界"，一个由人类和机器共同创造和理解的知识生态系统。机器猜想不仅是算法的运行，而且是科学知识演化的新机制，它按照"猜想与反驳"的逻辑，通过不断试错而使知识增长，形成波普尔所说的"知识进化论"的实践。

除波普尔外，其他科学哲学视角也能帮助我们理解第五范式的深层革命性。在伊姆雷·拉卡托斯的"科学研究纲领"视角下，第五范式保留了实证科学的核心，同时彻底重构了其方法论规则。从拉里·劳丹的"研究传统"看，AI与人类科学家形成了独特的协同演化关系，超越了单纯的工具替代。更有启发性的是马库斯·海斯勒提出的"技术嵌入知识"理论——先进AI系统中的权重分布与注意力机制本身已成为一种新型知识表征形式，与传统方程式、图表并立，成为科学知识的载体。这意味着第五范式不仅改变了科学发现的路径，还重新定义了"科学知识"的本体论性质，挑战了我们对知识构成的根本理解。

这一变革正在重塑科研模式，传统的科研培养方式如同师傅带徒弟，团队各自完成从理论到分析的全流程，效率较低。而未来的科研将建立在共同建设的大平台上，类似安卓系统，研究者可以在系统上开发自己感兴趣的应用。这种转变需要四大基础设施支撑：基于基本原理的模型和算法、高效率高精度的实验表征方法、数据库和知识库、高效便捷的算力资源。

新的范式正改变着我们认识世界的方式，也将重塑众多产业，从生物制药到芯片设计，从新材料到工业制造。传统科学领域正成为人工智能的主战场，我们的实体经济和工业制造正是建立在这些传统科学基础上，而人工智能的深度参与，必将引发新一轮产业变革的到来。

同时，第五范式的渗透速度呈现出明显的学科梯度。短期内（2025—2030年），数据驱动型学科将率先完成转型。到2028年，材料科学领域预计有80%的新功能材料将通过人工智能-实验协同系统发现；生物医药领域将实现从靶点发现到临床前评估的全流程AI自动化，药物研发周期有望缩短至3—5年。在中期（2030—2040年），理论与实验紧密结合的学科将步入深度转型，"AI物理学家"将能自动提出并验证量子物理新理论，气候科学将发展出整合物理模型与数据驱动方法的混合系统。长期看（2040—2050年），涉及复杂人类行为的社会科学将经历渐进式转型，认知科学可能实现意识研究的突破，反过来深刻影响人工智能设计理念。值得注意的是，这一转型并非线性进行，而是以"技术-方法-理论-范式"的嵌套循环方式发展，关键突破往往出现在学科交叉处，如生物物理、计算社会学等边缘领域。

本书旨在全面探索这一正在发生的科技革命，将从认知的演进之路开始，探讨人机互动的新范式和科学想象力的再造；继而深入自动化科研的世界，揭示机器人科学家的崛起和超级实验室的建造；之后考察智能科学的新疆域，研究如何攻克复杂性之困和融通学科新边疆。同时，我们也将反思科学素养的再升级，探索科学知识的全民开放和科学哲学的新问题。最后，我们将展望卓越文明的新纪元，思考人机智能共生的未来图景。

在这一未来图景中，第五范式挑战了科学价值中立性的传统观念。AI系统的设计选择、训练数据的选择及优化目标的设定均蕴含着深刻的价值判断——药物发现系统可能优先考虑市场价值高的疾病而非全球疾病负担最重的领域；材料设计系统可能优先性能而非环境兼容性。这种情况要求我们超越马克斯·韦伯的"事实-价值"二分法，如哈佛大学哲学家希拉里·普特南的"事实与价值纠缠"理论所示——科学概念本身就包含规范性成分，而第五范式更凸显了这一点。实践上，这要求发展"价值敏感设计"方法，将伦理考量整合到AI科学系统架构中；同时重新思考科学责任分配问题——在人机协作的科学发现中，当出现问题时责任如何分配？哥伦比亚大学法学者帕姆·萨缪尔森提出的"分布式伦理责任"模型可能更适合这一新局面，即责任分布在整个社会-技术网络中，包括系统设计者、使用者、监管者和更广泛的科学社区。

这本书是写给未来的一封信，也是对当代读者的一份邀请——邀请你加入这场思考，参与这场科学方法的革命。我们处在一个特殊的历史时刻，有幸见证并参与塑造人类认知史上的重大转折。在这个充满可能性的时代，让我们一起探索科学与智能的新边界，共同构建一个更具智慧、更有远见的未来。

最后，我想强调的是，第五范式不是要取代科学家，而是重新定义科学探索的方式。这种重新定义的深刻之处在于突破人类认知的固有局限。人类科学思维受到若干内在约束：我们倾向于寻找线性因果关系，难以直观理解高维空间中的复杂拓扑，且易受确认偏误影响。相比之下，AI 系统不受这些限制，且能在高维数据中发现非线性、非局部的关联模式。在这个范式下，人类的创造力、直觉和批判性思维与机器的计算能力、模式识别和预测能力相结合，形成前所未有的协同效应。这不仅仅是工具的升级，而且是认知模式的革命，这一认知革命也必然重塑"科学家"的职业身份和社会角色。

当 AI 系统能执行数据分析、实验设计甚至理论构建等核心科学活动时，科学家的技能结构将从公式推导和实验操作转向问题构建、跨学科整合和科学伦理判断。普林斯顿大学的研究显示，高影响力科学突破越来越依赖"T 型人才"——既有深度专业知识，又能跨学科整合的研究者。在第五范式下，科学家需要发展"二阶认知"能力，即对 AI 思维过程的理解和调控能力，成为"知识设计师"而非"知识生产者"。

从社会角色看，未来的科学家将成为"科学翻译者"和"公共知识调解者"，在 AI 系统、专业社区和公众间建立沟通桥梁。这一转变要求科学教育从"课程-实验室-论文"模式转向"问题导向-项目协作-跨界融合"的新模式,将科学思维从"问题解决者"培养为"问题发现者",适应第五范式对科学家角色的新要求。它将帮助我们解决过去无法解决的问题,探索过去无法探索的领域。

当未来的 AI 考古学家回顾这个时代,他们会发现这是科学发展史上的一个关键转折点。而在他们的视野中,或许已能看到第六范式的雏形。基于当前 AI、量子计算和生物计算的融合趋势,第六范式可能呈现为"生物-量子-信息"融合的认知系统。量子机器学习已在模拟量子系统等任务上显示优势,未来的"量子增强科学 AI"可能直接在量子态空间中思考和计算,突破经典计算限制。另一前沿是生物计算与 AI 融合,受脑科学启发的神经形态芯片结合生物材料构建的混合计算系统,可能形成兼具数字计算精确性和生物系统适应性的新型认知模式。更具想象力的是"意识科学系统"的可能性——如果意识是处理复杂信息的有效机制,那么具有原初意识形式的科学 AI 可能在处理科学界限问题和创造性思维方面具独特优势,发展出一种能在数据不足时做出合理猜测的"科学直觉"。

第六范式可能彻底改变"科学"的定义,从人类特有活动转变为一种普遍认知过程,由多种智能实体共同参与。我们正在见证并参与创造这段历史。无论你是科学家、工程师、学生,还是对未来科技感兴趣的读者,我邀请你通过本书的旅程,了解并思考这场正在改变世界的科学革命。

第一部分

科学认知的演进之路

第1章

技术革命中的人性博弈

> 每一个伟大的科学发现,不仅回答了问题,更重要的是改变了我们提问的方式。
>
> ——阿尔伯特·爱因斯坦

开篇:从泰勒到图灵

20世纪初的美国工业界,科学管理方法正在悄然兴起。在宾夕法尼亚州的伯利恒钢铁公司,一位身着笔挺深色西装、神情专注的中年男子正伫立在工人操作区旁,他手中紧握的秒表不断发出细微而规律的"嘀嗒"声,这声音仿佛在丈量着工业文明的脉搏。这位正在进行着堪称革命性实验的男子,正是后来被誉为"科学管理之父"的弗雷德里克·温斯洛·泰勒。他正在进行一项注定改变人类工业文明进程的宏大实验:将工人们看似简单的装配动作分解为数十个最小单元,精确测量每个微小环节所需的时间,然后通过科学的方法重新组合,以期达到前所未有的效率优化。他的方法后来影响了亨利·福特在1913年创建的海兰帕克装配线。

这个看似普通的场景，实则预示着人类社会向精确化、数据化、标准化迈进的关键一步，它象征着工业文明从粗放式生产向精细化管理的重大转折。在那个还未完全摆脱手工业思维模式的年代，泰勒的这种近乎偏执的精确追求，不仅遭遇了工人的强烈抵制，也引发了社会各界对"人是否会沦为机器附庸"的深切忧虑。然而，历史总是以其独特的方式印证一些先行者的远见：泰勒用秒表丈量的不仅是工人的动作，而且是人类文明向数字化、信息化、智能化演进的第一个重要节点。

当我们跨越一个世纪的时空，回望这个历史性时刻，一个引人深思的演进脉络逐渐清晰：从泰勒手中的机械秒表，到图灵设计的电子计算机，再到当今基于深度学习的AI系统，人类始终在追求着一个看似永恒的目标——将复杂的认知过程转化为可测量、可计算、可优化的对象。这种追求背后，既体现了人类对效率与完美的不懈追求，也折射出技术进步背后永恒的人性考量：我们既渴望通过技术手段来增强认知能力，又始终担忧技术发展可能带来的异化效应。泰勒时代工人对秒表的抵触、图灵时代人们对机器思维的疑虑，以及今天我们对AI可能超越人类的焦虑，某种程度上都是这种深层矛盾的具体表现。

在这场持续了数千年的人类认知革命进程中，我们可以清晰地识别出五个具有划时代意义的范式转换：从最初建立在经验积累基础上的归纳思维，到理性主义推动的科学革命，继而是计算技术引发的信息革命，接着是大数据时代带来的认知方式变革，最后是AI正在推动的智能革命。这五次转换，绝非简单的技术工具更迭，而是每一次都从根本上重塑了人类认知世界的方式。令人深思的是，每一次范式转换，都伴随着人们对技术异化的担忧，但最终结果往往是技术与人性达成某种微妙的平衡。

值得注意的是，这五次认知范式的转换呈现出明显的加速态势：从经验归纳到理性思维的转换经历了数千年，从理性思维到计算革命用了数百年，而从计算时代到大数据时代仅用了数十年，再到 AI 时代的跨越更是在短短几年间就完成了。这种指数级的加速现象本身，给我们带来了前所未有的认知挑战：我们是否能够适应这种日益加快的技术变革节奏？人类的认知方式是否会在这种快速迭代中迷失？这些问题的答案，也许正隐藏在接下来我们要探讨的认知演化历程之中。

1.1 经验归纳：亚里士多德的先见之明

在雅典卫城玫瑰色的晨曦中，那个注定被历史铭记的时刻正悄然展开，此时的卫城山脚下，一场围绕人类认知本质的思想交锋正在展开，不仅影响了当时的希腊哲学发展进程，而且在此后两千余年的人类认知史上投下了深远的影子。身着白袍的亚里士多德，这位在思想史上留下不可磨灭印记的智者，正以其独特的论证方式，向当时盛行的诡辩思潮发起着挑战；而他在这场辩论中提出的经验归纳方法，也在某种程度上预示了此后两千多年人类认知范式的基本走向。

在这个尚未出现任何现代科学仪器的蒙昧年代，亚里士多德以其超越时代的洞察力，通过对自然现象的系统观察和严密的逻辑推理，建立起了人类历史上第一个试图以经验证据为基础的科学认知体系。这一体系不仅确立了逻辑学的基本框架，还为人类提供了一套完整的认知方法论：如何从具体的观察上升到普遍的规律，如何通过分类和比较发现事物的本质特征，以及如何运用演绎和归纳相结合的方式来建立知识体系。

亚里士多德的这种方法论贡献，远远超出了其所处时代的认知范畴，其深远影响甚至延续到了现代科学方法的建立过程中。通过对自然界各种现象的细致观察和系统归纳，他不仅建立了从动物学到气象学、从伦理学到政治学的庞大知识体系，更重要的是，他向人类展示了一种最基础的认知世界范式：通过细致入微的观察、不断反复的验证、严密的逻辑推理，最终从纷繁复杂的现象中抽取出带有普遍性的规律。这种方法论虽然在今天的科学史著作中常被简单地归类为"原始的经验主义"，其核心思想与现代科学精神之间展现出的惊人相似性，却足以证明这种认知方式的永恒价值。

在漫长的人类文明进程中，这种建立在经验归纳基础上的认知方式不断演化，其影响力不仅渗透到了人类文明发展的各个领域，还在不同的历史时期以各种形式得到了创造性的转化和发展。古埃及建筑师通过世代积累而掌握的金字塔建造技艺、中国古代匠人在无数次试验中摸索出的瓷器烧制工艺、威尼斯琉璃工匠代代相传的穆拉诺工艺，这些看似简单的技术传承背后，无不蕴含着经验积累与知识传递这一人类认知活动的基本范式。

到了中世纪，随着行会制度的确立和发展，这种经验传承的方式被推向了一个全新的高度。而这个被众多历史学家称为"经验知识系统化的摇篮"的制度，通过其严格而系统的七年学徒制，不仅确立了一套完整的技艺传承体系，更重要的是形成了一种从具体到抽象、从简单到复杂、从模仿到创新的渐进式学习模式。这种模式在某种程度上反映了人类认知发展的基本规律。

文艺复兴时期所呈现的经验与理性的融合，在人类认知史上具有划时代的意义，其中最具代表性的莫过于佛罗伦萨大教堂穹顶的建造过程：菲利波·布鲁内莱斯基不仅继承和发展了古罗马建筑的经验智慧，还通过引入数学计算对穹顶结构进行了革命性的创新设计，从而完美诠释了经验积累与理性思维相结合所能达到的高度。

及至工业革命时期，经验知识的生产模式发生了根本性的转变，这种转变的核心就在于泰勒制首次实现了将分散在工人个体身上的经验性知识转化为可以被系统测量、分析和优化的科学数据。这种转变的革命性意义，不仅仅体现在生产效率的提升上，更重要的是开创了一种全新的组织知识生产模式：通过系统化的观察、记录和分析，将隐性知识转化为显性知识，将个体经验提升为组织智慧。这种转变某种程度上预示了现代知识管理体系的雏形。

在这种经验知识系统化的进程中，丰田汽车公司生产系统的出现代表了一个新的高峰，其"持续改进"（kaizen）理念不仅将一线工人的经验与科学管理方法进行了有机结合，还构建起了一个能够不断自我完善的知识积累系统。在这个系统中，每一个源自生产一线的微小改进建议，都可能成为推动整个生产体系优化的关键因素；每一个来自实践层面的经验总结，都可能转化为推动效率提升的重要动力，这种将零散经验转化为系统知识的机制，某种程度上预示了未来 AI 时代分布式学习系统的基本范式。

然而，随着现代科技的突飞猛进，经验归纳法的局限性也日益凸显，这种局限性主要体现在认知范围、时间效率和逻辑严密性三个层面：在处理高度复杂的量子物理现象时，任何基于日常经验的推测都可能与实际情况背道而驰；在应对全球气候系统的复杂变化时，传统的经验预测方法往往显得捉襟见肘；而在现代金融市场的波诡云谲中，单纯依靠历史经验进行决策更是可能导致灾难性的后果。

特别值得注意的是，在某些重大的科学突破过程中，根深蒂固的经验认知不仅没有起到促进作用，反而成了阻碍创新的绊脚石。哥白尼"日心说"的提出过程就是一个极具典型意义的案例：人类的日常经验看似强有力地支持着地心说，但这种建立在感性认知基础上的"经验"恰恰阻碍了人们对太阳系真实结构的认识。这一现象深刻地揭示了经验主义的两面性：它既是人类认知的必要基础，却也可能成为科学进步的潜在障碍。正如著名科学哲学家卡尔·波普尔所指出的："经验告诉我们'是什么'，但往往无法解释'为什么'；更重要的是，过分依赖经验可能会阻碍我们发现'可能是什么'。"

然而，在 AI 的时代背景下，经验归纳法这一古老的认知方法却以一种出人意料的方式获得了新生。深度学习算法的核心原理，在某种程度上可以被视为经验归纳法在数字时代的现代演绎：通过对海量数据的分析和模式提取，AI 系统能够在极短的时间内完成人类需要数年乃至数十年才能积累的"经验"，这种量变引发的质变，不仅大大地拓展了经验归纳的应用范围，而且从根本上改变了人类获取和处理经验的基本方式。

以现代医疗诊断领域的发展为例，这种转变表现得尤为显著：传统上，一位经验丰富的医生需要通过数十年的临床实践才能培养出准确的诊断直觉；而现在，基于深度学习的 AI 诊断系统通过分析数以百万计的医学影像，能够在特定类型疾病的诊断准确率上超越人类专家。这种建立在大规模数据分析基础上的"经验学习"新范式，正在从根本上改变着专业知识的获取和应用方式。

然而，这种建立在大规模数据基础上的现代经验归纳法同样面临着深刻的挑战，这些挑战既存在于技术层面，也渗透到认知哲学层面。在技术层面上，AI 系统在处理已知模式时往往能表现出超越人类的能力，但在面对全新情况时却常常显得手足无措：一个经过数以百万计猫狗图片训练的图像识别系统，可能会在面对一张艺术风格的猫狗画作时完全失效；一个在大量棋谱基础上训练出来的围棋 AI 系统，在遇到非常规布局时可能会做出出人意料的错误判断。这些现象揭示了经验归纳法的一个根本性悖论：经验的丰富程度与认知的局限性之间可能存在着某种微妙的关联，大量经验的积累可能反而导致认知的刻板化。

这种现象在最新一代的大语言模型中表现得尤为明显：尽管这些模型通过对互联网海量文本数据的学习，展现出了令人惊叹的语言理解和生成能力，但它们仍然难以突破训练数据所形成的"经验茧房"。它们可以熟练地重组和运用已有知识，却很难产生真正具有创造性的新思想。更值得关注的是，这些模型有时会产生所谓的"幻觉"，生成看似合理但实际上并不准确的内容，这种现象某种程度上反映了纯粹依赖经验归纳的认知方式的内在局限。

在认知哲学层面，这些挑战则表现得更为深刻和根本：AI 系统的"经验学习"与人类的经验积累在本质上是否具有可比性？机器通过统计学习获得的"理解"是否构成了认知意义上的真正理解？这些问题不仅关系到 AI 的发展方向，还涉及我们对人类认知本质的理解。正如哲学家约翰·塞尔通过其著名的"中文房间"思想实验所揭示的：即便一个系统能够对输入做出完全正确的响应，我们也不能轻易断定它具有真正的理解能力，这种洞察某种程度上暗示了经验学习与真正理解之间可能存在着某种本质的鸿沟。

正是基于对这些深层次问题的认识，当代 AI 研究开始探索一种新的发展方向：将数据驱动的归纳学习与基于规则的演绎推理相结合。这种被称为"神经符号计算"的方法，试图在保持深度学习强大模式识别能力的同时，引入形式化的符号推理能力。例如，DeepMind 公司的研究者在开发新一代 AI 系统时，就尝试将神经网络与图论推理相结合，使系统能够更好地处理抽象概念和逻辑关系，这种尝试某种程度上可以被视为对亚里士多德认知哲学的现代诠释。

在这场持续演进的认知革命中，一个更具启发性的现象正在显现：随着技术的发展，人类开始逐渐突破传统经验归纳法的局限，发展出一种全新的"增强经验学习"模式。在这种模式下，人类的经验直觉与机器的计算能力不再是简单的替代关系，而是实现了深度的融合与互补。这种融合在诸多领域都展现出了令人瞩目的效果：在药物研发领域，研究人员将计算机辅助的分子对接模拟与经验丰富的化学家的直觉判断相结合；在金融投资领域，量化交易系统的高速计算能力与专业投资人员的市场经验实现了有机统一；在材料科学领域，"人机协同发现"的新范式正在重塑传统的研究方法。

值得注意的是，这种新型认知模式的出现正在催生一种全新的科学研究范式：在这种范式下，机器不仅是人类经验的被动接收者和模仿者，而且是科学发现过程中的主动参与者和协同创新者。例如，在材料科学领域，研究人员利用 AI 系统快速预测新材料的性质，再结合自身的专业直觉选择最有潜力的方向深入研究，这种方法不仅加速了新材料的发现过程，还常常能够发现人类或机器单独都难以企及的创新性解决方案。

这种发展趋势某种程度上印证了亚里士多德在《后分析篇》中的一个重要论断：真正的科学认知既需要归纳的上升，也需要演绎的推理，二者缺一不可。这一思想在今天看来依然具有深刻的指导意义：未来的认知发展道路很可能不是某种单一方法的胜出，而是多种认知方式的有机统一，是人类经验智慧与机器计算能力的深度融合。在这个过程中，经验归纳法这种最基础的认知方法不会消失，而是会以新的形式不断进化和重生。

当我们站在这个历史的转折点上回望，不难发现一个引人深思的现象：从微观的经验积累到宏观的知识体系构建，从个体的技艺传承到组织的智慧凝聚，从传统的人类经验到现代的机器学习，经验归纳这种最基础的认知模式始终在演化，却从未被完全超越。这种现象背后折射出的，或许正是人类认知活动中一个根本性的特质：无论技术如何发达，经验的价值都不会完全消失，它只会以不同的形式被重新诠释和运用。

这种认识，不仅为我们理解接下来要讨论的理性革命提供了重要的思想基础，也为我们思考 AI 时代的认知发展指明了方向。当牛顿和爱因斯坦试图超越纯粹的经验主义，建立普适性的理论体系时，他们其实是在延续着亚里士多德开创的科学探索传统，只是采用了更为先进的工具和方法。在这个意义上，经验归纳既是认知的起点，也将永远是认知进化的重要推动力。它像一条隐形的纽带，将古希腊的市集、工业革命的车间、现代科学实验室和未来的智能系统串联在一起，构成了人类认知史上一个永恒的主题。

通过这种历史的镜像，我们或许能够更清晰地看到：在 AI 时代，真正的挑战不是如何用机器取代人类的经验，而是如何实现人类经验与机器智能的最优互补。正如一位科学家所言："未来的竞争优势不在于你拥有多少知识，而在于你如何整合人类的智慧与机器的能力。"这种整合的过程，某种程度上可以被视为亚里士多德经验归纳思想在数字时代的创造性转化和发展。

1.2 理性革命：从牛顿到爱因斯坦

在剑桥大学三一学院古老的苹果园中，1666年的一个深秋午后，当时仅有23岁的牛顿正沉浸在对自然规律的深邃思考中。传说中那个看似普通的场景——一颗苹果的坠落——实际上标志着人类认知史上最具革命性的转折点之一：这位年轻的天才不仅仅在观察一个普通的自然现象，而且是在试图寻找一种能够统一解释地面物体运动和天体运行的普适性规律。这个瞬间所展现的，是人类认知方式从经验归纳走向理性思维的关键跃迁：他不再满足于对现象的简单描述和归纳，而是要通过抽象的数学语言去揭示自然界最深层的运行法则。

这场始于文艺复兴的理性革命，其实早在哥白尼的《天体运行论》中就已经显露端倪。当这位弗龙堡的教士选择相信数学计算而不是人类的日常经验，毅然支持一个与感官认知完全相悖的日心说模型时，他实际上开启了一个全新的认知范式：在这个范式中，理性的计算和逻辑推导开始超越感性的经验和直观认知。这种革命性的转变在伽利略那里得到了进一步的发展和深化：通过精确的实验测量和严格的数学推导，这位比萨大学的数学教授不仅推翻了统治欧洲思想界近两千年的亚里士多德运动理论，还为现代科学实验确立了基本范式——用数学语言来描述自然规律，用可重复的实验来验证理论预测。

在开普勒的工作中，这种数学化的趋势达到了一个新的高度。通过对第谷·布拉赫大量天文观测数据的深入分析，开普勒发现了行星运动的三大定律。这个发现的重要性不仅在于其科学内容本身，还在于它展示了一种全新的科学研究方法：通过数学分析来发现隐藏在纷繁数据背后的简单规律。这种方法某种程度上预示了现代数据科学的基本思路。

然而，正是在牛顿那里，这场理性革命达到了第一个真正的顶峰。通过创立微积分这一革命性的数学工具，并将其应用于物理世界的描述，牛顿实现了三个具有划时代意义的突破：其一是建立了一个能够统一解释天体运动和地面物体运动的理论体系，打破了自亚里士多德以来"天上地下"的二元分割；其二是证明了抽象的数学语言不仅可以描述自然规律，还能够预测未来的物理现象；其三是通过"自然哲学的数学原理"确立了一种全新的科学研究范式——将复杂的自然现象归结为少数几个基本定律，并用严格的数学语言表达出来。

牛顿革命的深远影响远远超出了其科学成就本身。通过建立一个完整的数学化自然理论体系，牛顿向人类展示了一种前所未有的认知范式：世界的本质可以用简单而优美的数学方程来描述，看似纷繁复杂的现象背后往往蕴含着统一而简洁的规律。这种"数学化"的理性思维方式具有双重革命性：在认识论层面，它实现了对传统经验主义的超越，不再局限于对已知现象的归纳，而是通过演绎推理来预测未知现象；在方法论层面，它确立了现代科学研究的基本模式——通过抽象的数学模型来把握具体的物理实在。

这种思维方式的影响力在拉普拉斯那里得到了最极致的诠释。这位法国数学家提出的"拉普拉斯妖"设想表明：如果能够知道宇宙中每个粒子在某一时刻的位置和速度，并具备足够强大的计算能力，理论上就能够精确预测宇宙的过去和未来。这个充满决定论色彩的设想，某种程度上代表了牛顿式理性思维发展到极致的状态：一个完全可以用数学方程来描述和预测的机械宇宙。这种极端的理性主义虽然后来被证明过于简单化，但它所体现的对数学化理性认知的无限信心，深刻影响了此后数百年的科学发展。

然而，就在这种机械决定论的理性思维似乎达到顶峰的时候，19世纪物理学的两大危机——以太漂移实验的失败和黑体辐射悖论——开始动摇这座建立在绝对时空观念基础上的理性大厦。在这个历史性的转折点上，一位默默无闻的伯尔尼专利局三等技术员，通过一系列纯粹的思想实验，提出了一个彻底改变人类认知方式的新理论。爱因斯坦的相对论不仅挑战了牛顿物理学的具体内容，更重要的是它从根本上改变了人们的思维方式：如果连时间和空间这样最基本的物理量都是相对的，那么我们对世界的理性认知究竟能够达到多么确定的程度？

爱因斯坦革命的深刻意义，不仅在于它建立了一个新的物理学理论体系，还在于它开创了一种全新的理性思维模式。在这种模式中，理性不再是简单的、线性的、确定性的，而是必须考虑参照系的相对性、观察者的位置、测量过程对被测量对象的影响等一系列此前被忽视的因素。这种新的理性范式，某种程度上是对牛顿式机械决定论的辩证超越：它既保持了对数学描述的严格追求，又承认了认知过程中的根本不确定性。

爱因斯坦的思维方式展现了一种更为高级的理性：它不是通过否定感性经验来确立理性的权威，而是通过超越日常直觉的理性思考来拓展人类的认知边界。这种思维方式的革命性，在其著名的"思想实验"中得到了充分的体现：一个追着光束跑的人会看到什么？两个相距遥远的事件是否存在绝对的"同时性"？在自由落体的电梯中进行物理实验会得到什么结果？这些看似天马行空的想象，实际上代表了一种全新的理性探索方式——在纯粹的思维实验中寻找突破性的理论洞见。

这种新型理性思维的出现，标志着人类认知能力的一次质的飞跃。在量子力学的发展过程中，这种飞跃表现得尤为明显：当物理学家不得不接受电子既是粒子又是波这样违背常识的概念，当他们不得不承认海森堡不确定性原理所揭示的根本不确定性时，当他们不得不面对"薛定谔的猫"这样悖论性的思想实验时，人类的理性思维实际上达到了一个新的高度——它不仅能够描述和解释可以感知的现象，还能够理解和把握完全超出感知范围的量子实在。

在现代科学发展中，这种更高层次的理性思维已经成为标准范式。在弦论研究中，物理学家们在尝试理解具有十维、十一维乃至更多维度的空间结构时，完全突破了人类的感知极限；在量子计算研究中，科学家需要同时处理成千上万个量子比特的叠加态，这种复杂性远远超出了传统逻辑思维的范畴；在宇宙学研究中，暗物质和暗能量这些完全无法直接观测的实体，占据了宇宙总能量的95%以上，这种"不可见的主导者"的概念，完全颠覆了传统的物质观。这些研究表明，现代理性思维早已远远超出了牛顿时代的机械决定论范畴。

然而，在AI时代，理性思维正在面临着前所未有的挑战和机遇。深度学习系统展现出的一种全新的"计算理性"，某种程度上动摇了传统理性思维的基础：这些系统不是通过严格的逻辑推理来得出结论，而是通过对海量数据的分析来发现规律。更令人惊讶的是，这种看似"非理性"的方法，在许多领域都取得了超越人类专家的成就。例如，AlphaGo（阿尔法狗）在围棋对弈中展现出的那些被专业棋手称为"神之一手"的落子，往往无法用传统的逻辑思维来解释，但其效果却是毋庸置疑的。

这种新型的"计算理性"带来了一系列深刻的认识论问题：如果一个AI系统能够在没有理解因果关系的情况下做出准确预测，那么我们传统认知中强调的"理解"和"解释"到底有多么重要？如果一个深度学习模型能够仅仅通过统计关联就实现有效的决策，那么逻辑推理在认知过程中的地位是否需要重新评估？这些问题不仅关系到AI的发展方向，还涉及我们对理性本质的理解。

更具有深远意义的是，AI的发展正在促使我们重新思考理性认知的本质。如果说牛顿式的理性是建立在确定性数学模型基础上的，爱因斯坦式的理性是建立在相对性思维基础上的，那么AI时代的理性则可能是建立在概率统计和不确定性处理基础上的。这种新型理性思维的特征，在现代机器学习系统中表现得尤为明显：它们不再追求绝对精确的答案，而是寻求在统计意义上的最优解；它们不再依赖于严格的逻辑推导，而是通过大规模的数据训练来逼近真实规律。

这种转变带来的不仅是方法论上的革新，而且是认知模式的根本性改变。在处理复杂系统时，传统的理性思维往往会陷入"还原论"的困境：试图通过分解和简化来理解复杂现象。而基于机器学习的新型理性方法则采取了一种完全不同的路径：它接受系统的复杂性和不确定性，转而寻求在这种复杂性中发现统计规律和模式。这种方法在处理气候变化、生态系统、社会经济等复杂系统时，往往能够取得比传统还原论方法更好的效果。例如，在蛋白质折叠问题上，

AlphaFold 2通过深度学习方法取得的突破性进展，就远远超出了传统分子动力学方法的预测能力。

然而，这种新型理性思维同样面临着深刻的挑战，其中最突出的就是"可解释性"问题：当一个深度学习系统做出某个决策时，我们常常难以理解它为什么会做出这样的判断。这种"黑盒"特性某种程度上与传统理性思维强调的透明性和可推导性形成了鲜明对比。更为深刻的是，这种情况似乎暗示着一个令人不安的可能：随着AI系统变得越来越复杂，人类的理性思维是否正在逐渐失去对认知过程的完全控制？我们是否正在进入一个"后理性"时代，在这个时代中，计算取代了理解，相关性取代了因果性？

这种担忧促使科学界开始探索一种新的理性范式：试图将传统的逻辑推理与现代的机器学习方法有机结合。在符号神经网络（neuro-symbolic AI）的研究中，科学家尝试将深度学习的模式识别能力与符号逻辑的推理能力结合起来；在可解释人工智能（explainable AI）的研究中，研究者努力为深度学习系统的决策过程提供合理的解释框架；在因果机器学习（causal machine learning）的探索中，学者们试图将统计相关性与因果推理结合起来。这些尝试表明，未来的理性思维很可能是多种认知方式的有机统一。

站在这个历史性的转折点上回望，从牛顿到爱因斯坦，再到如今的AI，理性思维始终在不断进化和扩展。每一次进化都不是简单的否定和取代，而是认知能力的提升和拓展。在这个意义上，AI的发展不应被视为对人类理性的威胁，而应该被看作理性思维演化的新阶段：它提供了一种新的认知工具，拓展了理性思维的边界，使我们能够以前所未有的方式来理解和改造世界。

正如爱因斯坦通过超越牛顿式的机械决定论开创了现代物理学的新纪元，当代科学可能正需要一种能够超越传统理性局限的新思维方式。这种新的思维方式，既要继承理性传统的严谨和确定性，又要具备处理复杂性和不确定性的能力；既要保持逻辑推理的清晰性，又要能够驾驭大数据时代的计算复杂性。这种新型理性的形成过程，可能就是我们这个时代最重要的认知革命。

而这场认知革命的核心推动力，恰恰来自计算技术的突飞猛进。当图灵设计出他的通用计算机模型时，当冯·诺依曼构建起存储程序计算机的基本架构时，他们可能都没有预见到，这些看似纯粹的数学和工程创新，最终会成为重塑人类理性思维方式的关键力量。随着计算能力的指数级提升，一个全新的认知时代正在到来：在这个时代中，计算不再仅仅是实现理性思维的工具，而是正在成为一种独特的认知范式。这种转变，将是我们接下来要探讨的核心议题。

1.3　计算时代：图灵机与冯·诺依曼

1936 年的深秋，在剑桥大学国王学院一间狭小的研究室内，煤气灯昏黄的光芒映照着满墙的数学公式。一位年轻的数学家正在为一个看似抽象的数学问题绞尽脑汁：希尔伯特判定问题（Entscheidungs Problem）到底能否被机械化地解决？这位年仅 24 岁的青年就是艾伦·图灵，而他在这个被后人称为"计算机科学诞生之夜"的时刻所做出的思考，不仅彻底改变了数学的发展轨迹，还为人类认知史开启了一个全新的纪元。

图灵通过构想一种假想的机器来定义"可计算性"的方法，体现了一种前所未有的思维突破。与当时的数学家不同，他没有试图直接解答希尔伯特的问题，而是退后一步，重新思考了一个更根本的问题："什么是计算？什么样的过程可以被称为机械的、算法的？"这种追本溯源的思维方式，某种程度上预示了计算机科学特有的抽象思维传统。

这台被后人称为"图灵机"的理论装置，其设计之简单几乎令人难以置信：一条无限长的纸带，一个能够读写和移动的读头，一套有限的状态转换规则。然而，正是这个极简的模型，却揭示了计算过程的本质：任何可以被精确描述的问题解决过程，都可以被分解为有限个基本操作的组合。这个洞见不仅为后来的计算机设计提供了理论基础，而且从根本上改变了人们对思维过程的理解。

在图灵的构想中，思维的过程被解构为一系列离散的、确定的状态转换。这种解构不仅具有数学上的优雅性，更具有深刻的哲学意义：它暗示着人类的理性思维，至少在其可计算的部分，是可以被机器模拟的。这个想法在当时引发了巨大的争议，因为它挑战了人们对人类思维独特性的传统认识。正如著名数学家冯·诺依曼所说："图灵的工作不仅是一个数学证明，它实际上是一个哲学突破——它第一次清晰地展示了机械过程和思维过程之间可能存在的深刻联系。"

图灵的这个理论贡献之所以具有划时代的意义，不仅在于它最终解决了希尔伯特第十问题中的可计算性问题，更重要的是它为"计算"这个概念提供了一个普遍性的数学定义。在此之前，"计算"主要被理解为数值运算，而图灵的工作将这个概念扩展到了任何可以被算法描述的信息处理过程。这种观点的革命性在于，它第一次明确指出：所有的逻辑运算，无论其表面上看起来多么复杂，本质上都可以被分解为一系列基本的符号操作。这个洞见不仅为后来计算机的发展奠定了理论基础，更为认知科学提供了一个全新的研究范式。

特别值得注意的是，图灵机模型的普遍性启示着一个更深层的哲学问题：是否存在某些本质上不可计算的问题？通过证明著名的停机问题（halting problem）是不可判定的，图灵向我们展示了计算的根本限制。这个发现具有深远的哲学意义：它表明即使在最形式化的数学领域，也存在着某些原则上无法通过机械计算来解决的问题。这种对计算本质限制的认识，某种程度上预示了人们后来对 AI 局限性的思考。

图灵的另一个重要贡献，是他首次系统地思考了机器智能的可能性。在 1950 年发表的开创性论文《计算机器与智能》中，图灵不仅提出了著名的"图灵测试"，更重要的是他勾画了一幅机器可能获得智能的蓝图。他提出，通过模仿人类学习的过程，机器可能最终发展出类似于人类的智能。这个观点某种程度上预见了今天深度学习和神经网络的发展方向。特别是他提出的"儿童机器"（child machine）概念，与现代机器学习中的"从零开始学习"（learning from scratch）理念有着惊人的相似性。

在实践层面，图灵的贡献同样具有深远的影响。在第二次世界大战期间，他领导的布莱切利园密码破译团队成功破解了德国的英格玛密码，这一成就不仅改变了战争的进程，更证明了计算方法在复杂问题解决中的强大威力。值得注意的是，在破解密码的过程中，图灵团队开发的"炸弹机"（bombe）和后来的"巨人"（colossus）计算机，展示了一种全新的问题解决方式：通过将复杂的密码分析问题转化为大量简单的机械操作来实现目标。这种方法论某种程度上预示了现代大数据分析和并行计算的基本思路。

然而，将图灵的理论构想转化为实用的计算机器，还需要一个关键的理论突破。这个突破来自约翰·冯·诺依曼及同事在 1945 年发表的《EDVAC 计算机的初步讨论》报告。这份被后人称为计算机科学"第一份设计文档"的报告，不仅系统地阐述了存储程序计算机的基本原理，更重要的是它提出了一种全新的计算机组织方式：将程序和数据统一存储，并允许程序在运行过程中修改自身。

这种被称为"冯·诺依曼"的设计理念具有深远的革命性意义。首先，在工程层面，它解决了早期计算机需要通过物理重新接线来改变程序的巨大限制，使得计算机真正成了一个通用的信息处理工具。其次，在概念层面，"程序即数据"的思想开创了一个全新的计算范式：程序不再是静态的指令序列，而是可以被动态修改的数据对象。这种思想为后来的自修改程序、即时编译、动态语言等技术发展奠定了基础。

更具深远意义的是，冯·诺依曼首次将计算过程形式化为五个基本功能单元：输入单元、输出单元、存储单元、运算单元和控制单元。这种功能划分不仅成了现代计算机设计的标准范式，还为人们理解信息处理的本质提供了一个基本框架。有趣的是，这种功能划分某种程度上也影响了后来认知科学对人类信息处理过程的理解：输入对应感知，存储对应记忆，运算和控制对应思维，输出对应行为。

冯·诺依曼的另一个重要贡献是他对计算机"可靠性"问题的深入思考。在 1956 年的"计算机与大脑"讲座中，他指出了一个深刻的悖论：如何用不可靠的组件构建可靠的系统？这个问题不仅关系到计算机的工程实现，还涉及一个根本性的认识论问题：可靠的思维是否可能建立在不可靠的物质基础之上？这个思考某种程度上预示了后来神经科学中关于大脑可靠性的研究。

这种新的计算范式很快就在多个领域展现出了革命性的影响力。

在科学研究领域，计算机的出现从根本上改变了科学探索的方式。以气象预报为例，数值天气预报的发展历程生动地展示了计算科学带来的巨大变革：从20世纪40年代冯·诺依曼团队在ENIAC上进行的第一次24小时天气预报（耗时24小时才能完成），到今天的超级计算机能够在几分钟内完成覆盖全球的两周天气预测，这种进步不仅体现在计算能力的提升上，还反映了一种全新的科学研究范式的确立。

在这种新的研究范式中，计算机不再仅是一个辅助工具，而是成为科学探索的核心方法。例如，在现代粒子物理研究中，大型强子对撞机每秒产生的数据量达到了数百TB，这些海量数据的处理和分析完全依赖于复杂的计算机系统。更重要的是，科学家开始使用计算机来进行"数值实验"：通过计算机模拟来研究那些在物理实验室中难以或无法实现的现象，如恒星演化、气候变化、分子动力学等。这种"计算科学"（computational science）的兴起，某种程度上标志着继理论科学和实验科学之后，第三种科学范式的确立。

在工程领域，计算机辅助设计（CAD）和计算机辅助制造（CAM）的普及彻底改变了产品的设计和生产方式。设计师可以在虚拟环境中完成产品的设计、测试和优化，无须制作大量的物理原型。这种变革不仅大大提高了工程设计的效率，更重要的是它改变了人们的思维方式：工程师开始习惯于在虚拟空间中进行创造性思考，这种"数字化思维"正逐渐成为现代工程文化的重要组成部分。

值得注意的是，软件工程的发展为人类提供了一种全新的问题解决范式。在软件开发过程中，程序员必须将复杂的现实问题分解为可以被计算机理解和执行的明确步骤。这种将问题"算法化"的思维方式，不知不觉中改变了人们解决问题的习惯：我们开始更多地思考问题的逻辑结构，寻找可以被形式化描述的解决方案。正如著名计算机科学家艾兹格·迪科斯特拉所说："计算机科学不是关于计算机的科学，正如天文学不是关于望远镜的科学一样。"它本质上是关于如何系统地思考和解决问题的科学。

然而，随着科技的发展，传统计算范式的局限性也日益显现。这些局限主要体现在三个层面：物理层面、架构层面和认知层面。在物理层面，摩尔定律开始面临基本物理极限的挑战——当晶体管尺寸逼近原子级别时，量子效应和热效应开始主导器件的行为，传统的半导体工艺难以为继。在架构层面，冯·诺依曼中存储器和处理器的分离（被称为"冯·诺依曼瓶颈"）日益成为制约计算效率提升的关键因素，尤其在处理大规模并行计算任务时表现得尤为突出。在认知层面，传统的串行计算模式在处理模式识别、自然语言理解等需要"直觉"和"创造力"的任务时，显示出了明显的不足。

这些局限性在 AI 领域表现得尤为明显。现代深度学习系统在训练过程中需要处理的并行计算任务，往往会给传统计算架构带来巨大的压力。例如，在训练大型语言模型时，模型参数可能达到数千亿甚至万亿量级，这些参数在存储器和处理器之间的频繁传输不仅造成了巨大的能耗，也严重制约了训练效率。更根本的问题是，这种基于矩阵运算的神经网络计算方式，与生物大脑的工作机制有着本质的差异，这种差异可能正是限制 AI 系统实现真正智能的关键因素之一。

这种情况促使科学界开始探索新型的计算范式。其中最引人注目的包括神经形态计算、量子计算和生物计算等方向。神经形态计算试图从根本上改变计算机的工作方式，通过模仿生物神经系统的结构和功能来实现更高效的信息处理。例如，IBM 的 TrueNorth 芯片就采用了这种新型架构，它的每个核心都模拟了生物神经元的基本特征：突触连接、可塑性调节和脉冲传输。这种架构在处理感知和学习任务时，展现出了显著的能效优势。

量子计算则代表了一种更为激进的范式转换：它不再基于传统的布尔逻辑，而是利用量子态的叠加和纠缠效应来进行计算。这种计算方式在特定问题上可能带来指数级的性能提升。例如，在分子模拟、密码破解等领域，量子计算机展现出了传统计算机难以企及的潜力。尽管目前量子计算机还面临着退相干、错误校正等技术挑战，但它所展现的计算范式创新，已经促使我们重新思考计算的本质：什么是可计算的？计算的极限究竟在哪里？

在这些新型计算范式的探索过程中，一个更具哲学意味的现象正在显现：计算机的发展似乎正在经历一个"去机械化"的过程。如果说图灵时代的计算机是严格按照预设程序执行的机械装置，冯·诺依曼时代的计算机是能够存储和修改程序的信息处理系统，那么现代计算系统则越来越呈现出某种"类生命体"的特征：它们能够学习、能够适应、能够在不确定环境中做出决策，甚至能够表现出某种程度的"创造力"。这种演变某种程度上暗示着，计算科学可能正在走向一个新的阶段：从模仿人类的逻辑思维，转向模拟更广泛的认知功能。

这种转变引发了一系列深刻的认识论问题：当计算机开始展现出越来越多的"智能"特征时，我们应该如何理解计算与智能的关系？当机器学习系统能够在某些领域超越人类专家时，我们是否需要重新定义"专业知识"的本质？当量子计算机能够同时处理指数级的可能性时，这是否意味着我们需要一种全新的思维方式来理解计算过程？这些问题不仅关系到技术的发展方向，还涉及我们对人类认知本质的理解。

特别值得注意的是，这种计算范式的演变正在促使我们重新思考"可计算性"的概念。图灵通过其理论模型定义了经典计算的边界，但量子计算、生物计算等新型计算模式的出现，似乎在暗示存在着更广阔的"计算空间"。这种认识某种程度上呼应了自然界中的信息处理现象：生物大脑的计算方式显然不同于冯·诺依曼机，DNA 的信息处理机制也远比我们想象的要复杂。这些发现促使我们思考：是否存在着一种更普遍的"计算"或"信息处理"的范式，能够统一解释这些不同形式的认知过程？

从这个角度看，计算科学的发展历程，某种程度上反映了人类对信息处理本质的不断探索。图灵通过定义可计算性开启了这个探索过程，冯·诺依曼通过设计实用计算机架构使这种探索成为可能，而今天的各种新型计算范式则在继续推动这个过程向前发展。在这个过程中，我们不仅在扩展计算的边界，更在不断深化对信息本质的理解。

在计算科学发展的历史长河中，从图灵的理论构想到今天的量子计算探索，我们见证了人类认知工具的不断进化。但更引人深思的是，当计算能力达到前所未有的高度时，我们却发现自己正面临着一个新的挑战：如何在汪洋般的数据海洋中提取有意义的信息？如何在信息爆炸的时代保持有效的认知？这些问题的答案，或许就藏在下一个认知革命——信息革命之中。

1.4 信息洪流：大数据颠覆了什么

2009 年 2 月的一个普通工作日，谷歌山景城总部的一间会议室内，工程师们正在例行检查搜索数据的异常模式。突然，一位数据分析师注意到了不寻常的现象：在美国某些地区，与流感症状相关的搜索词,如"发烧""咳嗽""头痛"等,出现了显著的增长趋势。这种增长模式与往年的季节性流感有着明显的不同。通过对历史数据的对比分析,他们发现这种搜索模式往往领先于实际流感暴发两周左右。

这个发现很快引起了谷歌高层的重视。公司迅速组建了一个专门的团队,开发了"谷歌流感趋势"(Google Flu Trends,简称 GFT)项目。这个项目使用了 450 多个搜索项来预测流感的传播趋势,其预测结果不仅比传统的流感监测系统快两周,而且覆盖范围更广,成本更低。这个项目一经推出就引起了广泛关注,《自然》杂志将其评为"大数据时代的里程碑",许多卫生部门开始考虑将其作为流感监测的补充工具。

然而,到了 2013 年,这个曾经被誉为大数据分析标杆的项目却遭遇了严重的信誉危机。当年的流感季节,GFT 的预测结果与实际情况出现了显著偏差:它预测的流感病例数几乎是实际患病病例数的两倍。更令人尴尬的是,就连简单的网络搜索趋势都比 GFT 的预测更准确。这个始料未及的失败引发了学术界和产业界的广泛讨论:到底是什么导致了这个看似完美的预测系统的失败?

研究人员经过深入分析发现,GFT 的失败原因极具启发性。首先是"过度拟合"问题:系统过分依赖历史数据模式,没有充分考虑到人们搜索行为的动态变化。例如,当媒体大量报道流感相关新闻时,即使没有生病的人也会搜索相关症状,这就导致了预测的偏差。其次是"算法偏见":系统倾向于选择那些与流感高度相关的搜索词,但忽视了这些相关性可能是暂时的或者虚假的。

GFT 项目的兴衰历程,为我们揭示了大数据分析的一个根本性问题:数据相关性并不等同于因果关系。更深层的教训在于,任何脱离了领域知识、仅仅依赖数据相关性的分析，都可能在某个时点遭遇致命的失误。这个教训直接影响了后来大数据分析的发展方向：从单纯追求数据量和算法复杂度，转向更注重将数据分析与领域专业知识相结合。

这种转变在零售业表现得尤为明显。2012年，沃尔玛公司的数据分析团队在研究"飓风期间"的购物行为时，发现了一个令人费解的现象：除了手电筒、电池等常见的应急物资外，草莓果酱的销量也会异常飙升。这个发现最初被视为数据中的噪声，但经过研究人员的深入分析后发现，这反映了一个深层的人性需求：在极端天气来临前，人们不仅需要实用的物资，还需要能够提供心理慰藉的食品。

这个发现促使沃尔玛彻底改变了其灾害应对策略。他们不再简单地增加应急物资的库存，而是开始考虑顾客在特殊时期的心理需求。例如，在2017年飓风"哈维"来临前，沃尔玛不仅储备了充足的水和电池，还特意增加了零食、游戏机等能够缓解压力的商品。这种基于数据洞察的库存调整，不仅提升了销售业绩，而且提高了顾客满意度。

然而，沃尔玛的成功经验并不能简单复制。2015年，另一家零售巨头Target公司就因为过度依赖数据分析而陷入尴尬。他们的预测系统通过分析购物数据，能够准确识别出哪些顾客怀孕了，甚至能预测她们的预产期。这个技术上的突破却带来了意想不到的负面效果：当一位青少年的父亲收到Target寄来的婴儿用品优惠券时，他愤怒地找到商店投诉——直到后来发现自己的女儿确实已经怀孕。这个事件引发了人们对隐私保护的广泛讨论。

这些商业案例揭示了大数据时代的一个核心矛盾：技术能力的提

升和伦理边界的冲突。当我们拥有了前所未有的数据洞察能力时，又该如何在效率和隐私之间找到平衡？如何确保数据分析不会侵犯个人权益？这些问题的复杂性，在科学研究领域表现得更为突出。

今天，大数据分析正在重塑传统的研究范式。2012年7月4日，欧洲核子研究中心（CERN）的会议厅内座无虚席。当大屏幕上显示出希格斯玻色子的信号时，全场爆发出热烈的掌声——人类在长达48年的寻找之后，终于发现了这个被称为"上帝粒子"的基本粒子。然而，很少有人注意到，在这个重大发现背后，是一场数据处理的革命。

为了寻找希格斯玻色子，大型强子对撞机（LHC）的实验每秒产生的原始数据量高达1PB（拍字节），但实际通过筛选后存储的数据约为每秒几GB，即便如此，这仍相当于处理大量的高清照片信息。更具挑战性的是，在这海量数据中，真正有价值的希格斯玻色子信号比例仅为十亿分之一。这就像要在装满沙子的太平洋中找到一粒特定的沙子。为了应对这个前所未有的挑战，CERN开发了一个全球分布式的计算网格，连接了42个国家的170多个计算中心。这个被称为"全球LHC计算网格"的系统，某种程度上创造了一种全新的科学研究模式。

这种模式的革命性不仅体现在规模上，更体现在方法上。传统的物理实验通常是先提出理论假设，然后设计实验去验证。但在LHC的数据分析中，科学家采用了一种全新的方法：通过机器学习算法在海量数据中寻找异常模式，有时这些模式会指向此前理论预言之外的新现象。例如，2015年LHCb实验中发现的五夸克态，就是在数据分析过程中意外发现的。

类似的革命性转变也发生在天文学领域。2017年,加州理工学院的天文学家开发了一个名为"实时机器学习天文学"的项目。这个项目最独特的地方在于,它完全颠覆了传统的天文观测方式。在过去,天文学家通常需要提前预约望远镜时间,针对特定的天区进行有目的的观测。但这个新系统采用了一种全自动的方式:计算机算法实时分析来自多个望远镜的数据流,自动识别有趣的天文现象,并立即调整观测策略。

这个系统的成功给天文学界带来了深刻启示:在某些情况下,让数据自己"说话"可能比遵循人类预设的理论假设更有效。例如,2018年8月,系统自动发现了一颗异常的超新星。传统理论认为超新星爆发的亮度变化应该遵循一定的规律,但这颗超新星的行为完全不符合已知模型。正是这种"异常"的发现,促使天文学家开始重新思考超新星演化的理论。

在生命科学领域,大数据分析带来的革命可能比物理学和天文学更为深刻。2003年,历时13年的人类基因组计划宣告完成,这个被称为"生物学的登月计划"的项目,不仅破译了人类的遗传密码,更开创了生命科学研究的新纪元。然而,真正的挑战是在完成测序之后才开始的:如何从30亿个碱基对组成的遗传密码中读懂生命的奥秘?

这个挑战首先体现在数据规模上。仅仅测序一个人的基因组就会产生约200GB的原始数据,如果要研究基因与疾病的关系,往往需要分析成千上万人的基因组数据。2015年,英国发起了"10万基因组计划",计划在5年内对10万名患者及其家属进行全基因组测序。这个项目产生的数据量超过了15PB,相当于300万部高清电影。然而，数据量的挑战还不是最难的部分。真正的困难在于如何理解基因之间复杂的互动关系。

传统的生物学研究往往采用"一个基因一个表型"的简单模型。但随着数据的积累，科学家逐渐认识到，大多数生物特征都是由多个基因共同作用产生的。例如，人的身高就受到数百个基因的影响。2018年，通过对50万人的基因组数据分析，研究者终于建立起了一个可以较准确预测身高的模型。这个成果的意义不仅在于预测本身，更在于它展示了一种全新的研究范式：通过大规模数据分析来理解复杂的生物学系统。

这种方法在癌症研究中取得了突破性进展。2020年，纪念斯隆-凯特琳癌症研究中心（Memorial Sloan Kettering Cancer Center）的研究团队利用机器学习算法分析了超过25 000例癌症患者的基因组和临床数据。他们发现，很多看似不相关的癌症类型可能共享相似的基因突变模式。这个发现直接推动了"精准医疗"的发展：医生可以根据患者的基因特征，而不是传统的解剖学分类来选择治疗方案。

然而，这种数据驱动的研究方式也面临着独特的挑战。2019年，一项备受关注的研究声称发现了"长寿基因"，这一结论是通过分析数千名百岁老人的基因组得出的。但当其他研究团队试图重复这个研究时，却得到了不同的结果。深入分析后发现，原始研究中的数据样本存在地域和种族的偏差，这种偏差导致了错误的结论。这个教训提醒我们，在生命科学研究中，数据的质量和代表性可能比数据量更重要。

为了应对这些挑战，科技界开始探索新的解决方案。2022年，一种名为"联邦学习"的技术开始在医疗领域推广。这种技术允许不同医院的 AI 系统相互学习，但原始数据始终保存在本地，不会被外部访问。例如，在一项乳腺癌诊断项目中，来自全球 20 家医院的 AI 系统通过共享模型而不是数据，最终达到了超越任何单个系统的准确率。

另一个创新方向是"可解释 AI"的发展。2023 年初，一个突破性的研究项目展示了如何让深度学习系统"解释"自己的决策过程。例如，当 AI 系统判断一张 X 光片显示肺炎时，它能够提供局部解释（如标注关键特征），来帮助医生理解其判断依据。这种透明性不仅提高了医生对 AI 的信任，也帮助发现了系统中的潜在偏见。

最具启发性的是一些跨领域的创新尝试。2023 年中期，一个结合了区块链技术的数据共享平台引起了广泛关注。这个平台让用户能够完全控制自己的数据使用权：他们可以选择将数据用于特定的研究项目，同时系统会自动记录数据的所有使用情况。更重要的是，平台建立了一个"数据贡献值"体系，鼓励用户分享高质量的数据。

这些创新实践背后折射出的是人类认知方式的一次重大转变。2023 年 10 月，一位神经科学家做了一个发人深省的实验：他让一组志愿者完成一系列复杂的问题解决任务，同时监测他们的脑部活动。实验分为两组：一组可以使用搜索引擎和 AI 助手，另一组只能依靠自己的知识。结果显示，使用数字工具的组不仅解决问题更快，其脑部活动模式也发生了显著变化，表现出一种全新的认知模式。

这个实验引发了科学界的广泛讨论：在信息洪流的冲击下，人类的思维方式是否正在发生着根本性的改变？一位认知科学家的类比很有启发性。他说："如果说文字发明让人类获得了外部记忆，印刷术让这种记忆变得可以大规模复制，那么数字技术正在给我们带来'外部思维'——一种能够辅助甚至增强我们认知能力的工具体系。"

然而，数据分析终究只是工具，而不是目的。就像显微镜让我们能够观察微观世界，望远镜让我们能够探索宇宙一样，大数据分析和 AI 系统也只是帮助我们理解世界的工具。真正的突破往往来自人类对这些观察的深入思考和创造性解释。正如一位科学家所说："数据告诉我们'是什么'，但只有人类的智慧才能告诉我们'为什么'和'是否应该'。"

这种认识给我们带来了一个深刻的启示：在这个数据爆炸的时代，真正的挑战不是如何处理更多的信息，而是如何保持深度思考的能力，如何在信息的汪洋中找到真正的智慧。而这种智慧，需要将人类独特的创造力、直觉和判断力，与新一代 AI 的能力结合起来。

1.5 智能迭代：从专用 AI 到 AGI（通用人工智能）

2016 年 3 月的韩国，一场足以载入人类科技发展史册的对决在韩国首尔的四季酒店上演。这家原本以奢华婚礼闻名的酒店，此刻汇聚了全球媒体的目光。在三层 VIP 会议厅内，世界围棋冠军李世石正襟危坐，他的对手不是人类，而是由 DeepMind 公司研发的 AI 系统 AlphaGo。这不仅是一场围棋比赛，而且是人类智慧与机器智能的首次巅峰对决。当 AI 在第 37 手下出了那个被后来称为"神之一手"的落子时，在场所有人都屏住了呼吸。这个落子不仅打破了人类围棋千年积累的定式，还预示着 AI 发展可能进入了一个全新的阶段：AI 不再仅是按照人类预设的规则行事，而是开始展现出某种创造性的思维能力。

这个历史性时刻的意义，远远超出了一场围棋比赛的胜负。在

AlphaGo 之前，大多数 AI 系统都是"专用型"的：它们只能在特定领域，按照预设的规则执行任务。例如，1997 年战胜国际象棋世界冠军卡斯帕罗夫的深蓝，本质上是通过超强的计算能力来评估所有可能的走法。而 AlphaGo 的革命性在于，它通过深度学习和强化学习，培养出了一种类似于人类直觉的能力：能够在复杂的局面中识别出关键的形势，做出创造性的判断。

然而，更令人震惊的转变还在后面。2017 年 10 月，DeepMind 公司团队发布了 AlphaGo 的继任者：AlphaGo Zero。这个新系统完全从零开始学习，不需要任何人类棋谱数据，仅仅通过自我对弈就在 40 天内达到了超越人类的水平。这种"从零开始"的学习能力，某种程度上暗示着 AI 可能正在向更一般化的方向发展：不再依赖于人类经验的输入，而是能够自主发现和学习复杂的规律。

这种从专用向通用演进的趋势，在 AI 发展的多个领域都有体现。2018 年，DeepMind 公司的另一个系统 AlphaFold 在国际蛋白质结构预测竞赛（CASP）中展现出惊人的能力。与传统的专用型生物信息学工具不同，AlphaFold 采用了一种更为通用的方法：它不是简单地套用已知的物理化学规则，而是通过深度学习去理解蛋白质折叠的本质规律。这种方法不仅在准确性上远超传统方法，更重要的是展示了 AI 系统理解和应用复杂自然规律的潜力。

2019 年，OpenAI 发布的 GPT-2 模型则在语言理解领域实现了重要突破。这个系统最引人注目的特点是其"零样本学习"能力：它能够在没有经过专门训练的情况下，完成多种语言任务。例如，当被要求写一篇新闻报道时，系统不仅能模仿新闻的语气和结构，还能合理地组织信息，甚至添加符合逻辑的细节。这种泛化能力的出现，标志着 AI 系统开始突破单一任务的限制，向着更通用的智能迈进。

然而，真正的拐点出现在 2022 年。当 ChatGPT 首次向公众展示时，它展现出的不仅是更强的语言能力，而且是一种跨领域的理解和推理能力。它能够解答物理问题、分析文学作品、讨论哲学概念，甚至能够理解和生成简单的程序代码。这种多领域的能力整合，从某种程度上模糊了专用 AI 和 AGI 之间的界限。一位 AI 研究者形象地说："这就像我们一直在制造各种专用工具，突然发现造出了一把瑞士军刀。"

这种转变带来的影响远超出技术领域。2023 年初，一位医学院教授做了一个有趣的实验：他让 ChatGPT 参与临床案例讨论。令人惊讶的是，AI 不仅能够准确指出关键的诊断线索，还能根据病人的具体情况提供个性化的治疗建议。更重要的是，当面对不确定的情况时，系统会明确指出自己的局限性，并建议进行更多的检查。这种"知道自己不知道什么"的能力，正是 AGI 的重要特征之一。

在创造性和理解力方面，AI 系统的进展可能比其他领域更令人惊讶。2023 年中期，一个引人深思的事件发生在斯坦福大学的计算机系：一位教授让 GPT-4 评审学生的期末论文，其评审意见不仅指出了论文中的技术缺陷，还发现了一些学生自己都没有意识到的创新点。更有趣的是，当被要求解释这些判断时，AI 能够提供清晰的逻辑推理过程，而不是简单地引用现有文献。

这种深层的理解能力在科学研究领域表现得更为明显。2023 年底，一个基于大语言模型的科研助手系统在材料科学领域做出了令人瞩目的贡献：它不仅能够通过分析已发表的论文来预测可能的新材料，还能提出具体的实验方案来验证这些预测。最令研究者惊讶的是，系统提出的一些实验方案采用了跨领域的创新思路，将化学实验技术与物理测量方法巧妙结合，这种组合方式是之前的研究者都没有想到的。

在艺术创作领域，AI 的表现更是超出了许多人的预期。随着 AI 技术的发展，我们可以预见，在不久的将来，AI 作曲系统创作的交响乐很可能会在纽约卡内基音乐厅等世界顶级音乐厅首演。这类作品不会简单地模仿现有的音乐风格，而是可能创造全新的音乐语言：将古典音乐的结构严谨性与现代电子音乐的表现力融合。一位著名音乐评论家评价说："这不是机器对人类音乐的模仿，而是一种真正的艺术创新。它让我们重新思考了什么是创造力的本质。"

然而，更深层的突破是 AI 开始展现出"理解抽象概念"的能力。2024 年初，一个改进版的大语言模型在处理哲学问题时展现出了惊人的洞察力。例如，当被问及"自由意志与决定论的关系"这样的经典问题时，系统不仅能够准确概括各种哲学流派的观点，还能提出自己的见解，并用现代物理学和认知科学的发现来支持这些观点。这种能力远远超出了简单的文本处理，表明 AI 可能已经开始具备某种程度的抽象思维能力。

在这些令人瞩目的进展背后，AI 系统的根本局限性也日益显现。2024 年初，一个耐人寻味的实验引发了广泛讨论：研究者让最先进的 AI 系统完成一个简单的任务——在观看一段积木搭建视频后，重现相同的搭建过程。结果显示，即使是最强大的 AI 系统也无法完成这个对 3 岁儿童来说都很简单的任务。这个实验揭示了一个关键问题：尽管 AI 在处理抽象信息方面表现出色，但在理解物理世界的基本规律方面仍然存在严重不足。

类似的局限性在其他领域也不断显现。2023年底，一项研究系统地测试了顶级AI模型的"常识推理"能力。研究者设计了一系列看似简单但需要基本常识的问题，例如："如果我把一个装满水的杯子倒扣，会发生什么？"虽然AI能够给出正确答案，但当被要求解释原因时，往往会暴露出对基本物理规律的理解缺陷。一位研究者指出："AI似乎是通过统计关联而不是真正的因果理解来回答这些问题。"

更深层的问题出现在创造性思维领域。2024年初，一个有趣的现象引起了研究者的注意：当要求AI系统解决一些需要"跳出思维定式"的问题时，即使是最先进的系统也往往会陷入某种"思维惯性"。例如，在著名的"蜡烛问题"（要求用蜡烛、火柴和图钉盒在墙上固定蜡烛）中，AI倾向于提出常规的解决方案，很少能想到将图钉盒本身作为蜡烛托架的创新解法。这种现象暴露了AI在真正创造性思维方面的不足。

在情感理解和社会认知方面，AI的局限性表现得更为明显。2024年初，一项针对医疗咨询场景的研究发现，尽管AI系统能够准确诊断疾病并提供专业建议，但在处理患者的情绪需求时表现欠佳。特别是在面对那些需要细腻情感共鸣的情况时，AI的反应往往显得机械和生硬。一位参与研究的心理学家评论说："AI似乎能够模拟同理心，但无法真正体会和理解人类的情感体验。"

这些局限性的发现，某种程度上推动了AI发展的转向：从追求完全自主的AI，转向探索人机协同的新模式。2024年初，在麻省理工学院展开了一个引人注目的实验，研究者开发了一个名为"认知增强工作站"的系统，将人类的直觉判断能力与AI的数据处理能力相结合。在一系列复杂的科学问题解决任务中，这种人机协作模式的表现远超纯人类团队或纯 AI 系统。

这种协同模式在医疗领域已经开始显现出独特的价值。例如，在肿瘤诊断中，一种新型的"人机共生"系统采用了双重确认机制：AI 系统首先进行大规模图像筛查，标记出可疑区域，然后由人类医生结合病人的整体情况做出最终判断。这种模式不仅提高了诊断的准确性，更重要的是保持了医疗决策中不可或缺的人文关怀。

在创造性工作领域，新型的协作模式也在不断涌现。2024 年中期，一家建筑设计公司开发了一个创新的工作流程：AI 系统负责生成大量可能的设计方案并进行初步的可行性分析，而建筑师则专注于方案的审美评价和人文考量。这种分工充分发挥了双方的优势：AI 的快速生成能力和人类的审美判断能力。一位资深建筑师评价说："AI 不是在取代我们，而是在扩展我们的想象力边界。"

更具启发性的是教育领域的实践。2024 年底，一个名为"智能导师"的项目在几所顶尖大学试点。这个系统不是简单地替代教师，而是作为一个"认知助手"存在：它能够根据每个学生的学习状态，实时生成个性化的习题和解释，但关键的概念理解和思维方法的培养仍然由人类教师负责。这种模式某种程度上找到了一个平衡点：既充分利用了 AI 的数据处理能力，又保留了人类教育中不可替代的育人环节。

这些实践经验揭示了一个深刻的洞见：AI 的发展轨迹，某种程度上正在重现人类认知能力的演化历程。就像人类婴儿首先学会感知和模仿，然后逐渐发展出抽象思维和创造能力一样，AI 系统也在经历着从简单模式识别到复杂认知的跃升。但这个过程中最关键的启示可能是：AI与人类智能的关系，不是简单的替代与被替代，而是一种更微妙的共生关系。

近年来的研究趋势表明，未来几年内，一些研究机构很可能会开展开创性研究，为理解人机协作提供全新视角。这类研究可能会使用先进的脑成像技术，对比分析不同组参与者在解决复杂问题时的大脑活动：包括仅依靠人类思维的组、完全依赖AI辅助的组，以及采用人机协作方式的组。实验结果令人惊讶：在第三组中，参与者的大脑不仅表现出更强的活跃度，而且出现了一种独特的神经网络协同模式。

具体来说，当人类与AI工具协同思考时，大脑的前额叶皮质（负责高级认知功能的区域）和顶叶皮质（负责空间思维和抽象推理的区域）之间形成了一种前所未有的强连接模式。更有趣的是，这种连接模式与人类学习使用新工具时的神经活动有着惊人的相似之处，但其强度和复杂度都远超过已知的工具学习模式。这一发现似乎暗示着，人类在与AI交互时，大脑可能正在发展出一种全新的认知模式——一种能够自然地将生物智能与AI优势结合的思维方式。

进一步的研究还发现，这种新的认知模式具有显著的可塑性和进化潜力。通过长期追踪研究发现，经常使用AI协作工具的人，不仅能够更有效地利用AI的能力，而且自身的认知能力也显示出某种程度的提升，特别是在复杂问题的解构和跨领域思维方面。这种现象让研究者想到了人类使用文字工具的历史：文字的发明不仅为人类提供了记录信息的工具，而且重塑了人类的思维方式，创造出了全新的认知能力。

这些神经科学的发现，某种程度上印证了一个更具哲学意味的观点：人类智能的独特之处，可能不在于其原始计算能力的强大，而在于其与外部工具协同进化的能力。从某种意义上说，AI 技术的发展历程，恰好印证了人类认知能力最独有的特征：我们不仅能够创造工具，还能通过工具来增强自身的认知能力。正如语言的发明让人类获得了复杂思维的能力，文字的出现让我们掌握了知识传承的方法，计算机的发明让我们具备了强大的信息处理能力一样，AI 可能正在帮助人类开启一个新的认知纪元。

在这个新的纪元中，关键的挑战不再是机器能否超越人类，而是我们能否找到一种方式，让 AI 成为增强人类认知能力的"思维放大镜"，就像显微镜让我们看见微观世界，望远镜让我们观察宇宙一样。这种工具不是用来替代人类思维，而是用来拓展人类思维的边界。毕竟，在人类漫长的进化史中，每一次重大的认知工具的发明，都不是简单地取代了某种人类能力，而是帮助人类提升到一个新的认知层次。在这个意义上，AI 的发展，可能正标志着人类认知能力演化的一个新阶段——一个生物智能与 AI 共同进化的时代的开始。

小结：重构人类的认知地图

在人类认知史上，我们见证了五次重大的范式转换。从亚里士多德开创的经验归纳，到牛顿和爱因斯坦推动的理性革命，再到图灵开启的计算时代，继而是大数据带来的信息革命，最后是 AI 引发的智能革命。这五次转换的特点鲜明而深刻：经验归纳确立了人类系统认知世界的基本方法，理性思维创造了用数学语言描述自然的范式，计算革命将人类的逻辑思维转化为可执行的程序，大数据时代让我们能够从海量信息中发现规律，而 AI 则开始展现出超越人类特定认知能力的潜力。

这些认知范式的演进过程，本质上是技术与人性的永恒博弈。每一次技术突破都带来了人性的焦虑：经验主义时代人们担心理性思维会摧毁传统智慧，计算机时代人们忧虑机器会取代人类思维，大数据时代人们担心隐私会被侵犯，AI 时代人们则开始质疑人类认知的独特性。然而历史表明，每一次技术革新最终都没有削弱人性，反而拓展了人类认知的边界。就像望远镜没有取代人类的视觉，而是让我们看得更远；计算机没有取代人类的思维，而是让我们思考得更深。

特别值得注意的是，这些认知范式的更迭呈现出明显的加速态势。从经验到理性的转换经历了数千年，从理性到计算用了数百年，而从计算到大数据仅用了数十年，到 AI 的跨越更是在短短几年间就已显现。这种加速不仅体现在技术演进上，更反映在人类适应新认知方式的速度上。当第一台计算机出现时，很少有人能预见到几十年后人类会如此自然地与数字设备共处；同样，当我们今天展望未来，可能也难以想象人类与 AI 协同进化的图景。

面向未来，新一轮的认知革命已经显露端倪。在这场革命中，AI 不再仅仅是一种外部工具，而可能成为人类认知能力的延伸和放大。就像人类发明文字后，获得了超越大脑容量限制的外部记忆系统；发明数学后，获得了超越直观经验的抽象思维能力。AI 的发展可能会帮助人类获得新的认知维度：一种能够同时处理海量信息、复杂关系和创造性任务的增强智能。

在这个演进过程中，关键的挑战不是 AI 能否超越人类，而是我们能否找到一种方式，让技术真正服务于人性的拓展，而非限制人性的发展。毕竟，在人类文明的长河中，最持久的革新往往不是那些取代人类能力的技术，而是那些能够增强和拓展人类潜能的发明。这可能就是我们面对新一轮认知革命时最需要把握的核心。

第 2 章

理性升级：人机互动新范式

"人类大脑可能不是理解宇宙的终极工具，就像黑猩猩的大脑无法理解量子力学一样。"

——理查德·费曼

序曲：两种解题方式

2016 年 3 月 9 日下午，首尔四季酒店的会议厅内鸦雀无声。数百名观众屏住呼吸，所有目光都聚焦在那方寸之地。执黑的李世石盯着面前的棋盘，他的手指在棋盘上方停留，仿佛在权衡每一种可能。这一刻，他不仅代表着自己，还承载着整个人类围棋界的期待。而他的对手——谷歌旗下 DeepMind 公司开发的 AI 系统 AlphaGo，正以每秒数万次运算的速度，在无数的可能性中寻找最优解。这盘对弈已经进行到了第二局的中盘阶段，AlphaGo 刚刚在第 37 手下出了一记妙手。

这一手棋落在了棋盘右上角五之五的位置，从传统围棋理论来看，这是一个几乎从未有人在正式比赛中尝试过的落子点。在职业围棋的历史中，这个位置一直被认为太过偏僻，与大局发展关系不大。然而，就是这样一手看似有悖常理的落子，不仅打破了李世石苦心经营的局面，更在后来被围棋界认为是这盘对局的转折点。曾获欧洲围棋冠军的名将樊麾在解说时惊叹道："这是我在职业围棋中从未见过的下法，但仔细分析后会发现，这手棋的选点既有深远的战略考虑，又包含着精妙的战术计算。"

这一刻的历史意义，远远超出了一盘围棋比赛的胜负。它展现了两种完全不同的解题方式的对决：一方是建立在数千年人类经验积累基础上的直觉判断，另一方则是通过深度学习和使用蒙特卡洛方法搜索得出的数学化决策。在那一瞬间，我们似乎看到了一个更宏大的历史转折：人类引以为傲的直觉性思维，首次在如此复杂的智力任务中被机器的理性计算所超越。

然而，更令人深思的是这场对决所展现的人机互动新范式。通过后来的分析发现，AlphaGo 在整个对局中展现出的不仅是强大的计算能力，还是一种令人类专业棋手也称赞不已的"棋感"。这种介于直觉与计算之间的能力，某种程度上预示着 AI 可能正在向着一个新的层次发展：它不再是按照预设规则进行运算的机器，而是开始展现出某种类似于人类直觉的认知能力。

这场对决之后，围棋界展开了一场深入的讨论：AI 的"直觉"是否真的可以与人类的直觉相提并论？一位资深棋手的观点充满启发性，他说："人类的直觉来源于对大量对局的理解和感悟，而 AlphaGo 的'直觉'则建立在海量对局数据的统计分析基础上。这两种方式虽然路径不同，但都指向了同一个目标：在复杂性面前找到突破点。"这个观察某种程度上道出了人机互动的本质：不是简单的替代与被替代的关系，而是两种不同认知方式的碰撞与融合。

这种融合预示着一个新时代的到来：在这个时代中，人类的思维方式将不可避免地受到机器智能的影响和启发，而机器智能的能力也将在与人类的互动中不断进化。这场始于围棋的革命，可能正在开启人类认知史上一个全新的篇章。

2.1 博弈论视角：围棋 AI 战胜人类的启示

韩国棋手李世石与 AlphaGo 的"世纪对决"不仅吸引了围棋界的瞩目，还引来了计算机科学和认知科学等多个领域的专家的密切关注。在这个被太多人认为至少还需要十年才能实现突破的领域，AlphaGo 以一种令人震惊的方式，展现出了超越人类的能力。

当 AlphaGo 最终以 4 : 1 的总比分战胜李世石时，这位拥有近 30 年围棋经验的职业九段选手在赛后记者会上陷入了沉思。作为一位能够理解每一个对手每一步落子背后意图的世界冠军，李世石第一次感受到了一种完全不同的下棋体验。"这不再是我所熟悉的围棋，"李世石在长久的沉默后说道，"AlphaGo 向我们展示了这个古老游戏中还存在着我们从未探索过的领域，这些领域可能蕴含着比人类在数千年实践中总结出的定式更为本质的东西。"这番话不仅道出了这场对决的深层意义，还揭示了 AI 可能给人类认知方式带来的革命性改变。

从博弈论的视角来看，围棋代表着一类极其特殊的复杂性问题，这种复杂性不仅体现在其天文数字般的可能性空间，更体现在决策过程中所需要的综合性判断能力。在这个看似简单的游戏中——黑白双方仅仅是轮流在 19×19 的棋盘上落子，通过"围地"和"吃子"来决定胜负，却蕴含着人类智慧所能达到的最深邃的思考。数学家通过精确计算发现，围棋的可能局面数约为 $2.08×10^{170}$ 种，这个数字不仅远远超过了国际象棋的 10^{120} 种局面数，甚至比整个宇宙中的原子总数（约 10^{80} 个）还要大上几个数量级。

在这种天文数字般的复杂性背后，更具挑战性的是围棋中形势判断所需要的整体战略眼光。与国际象棋评估局势方法不同，围棋中的优劣往往取决于棋子之间复杂的相互关系，以及它们对全局的影响力。一个看似微不足道的落子，可能在数十手之后突然展现出惊人的战略价值；一块看似已经确定的地盘，可能因为整体形势的变化而失去意义。这种复杂的关联性，使得围棋成了检验 AI 系统整体思维能力的理想战场。

正是这种特殊性，使得围棋在 AI 发展史上具有独特的地位。1997 年，当 IBM 的"深蓝"战胜国际象棋世界冠军卡斯帕罗夫时，许多人乐观地预测，计算机在围棋领域的突破也将很快到来。然而，现实给予了这种乐观的预测当头一棒：在随后的近 20 年里，哪怕是最优秀的围棋程序也仅能达到业余棋手的水平，与职业棋手的水平仍有着巨大的差距。这种鲜明的反差深刻揭示了不同类型的智力游戏在本质上的差异：象棋的复杂性主要来自战术变化的烦琐，这恰恰是计算机所擅长的；而围棋则需要更多战略层面的整体判断，这种判断往往依赖于人类棋手通过多年实战积累而成的某种难以言说的"直觉"。

这种差异也反映在计算机程序的设计思路上。在象棋领域，"深蓝"的成功主要依赖于强大的计算能力和完备的开局库，它能够在极短的时间内计算大量的变化，并在此基础上选择最优的走法。这种

"暴力计算"的方法在处理象棋这样的封闭系统时效果显著，但在面对围棋时却遭遇了前所未有的挑战。

在这样的技术背景下，2016 年 AlphaGo 的突破具有划时代的意义。这个由 DeepMind 公司开发的系统，通过将深度学习与蒙特卡洛方法相结合的创新设计，不仅突破了 AI 在围棋领域长期存在的技术瓶颈，还开创了一种全新的问题解决范式。AlphaGo 的成功，关键在于三个革命性的技术创新，这些创新不但在围棋领域具有重要意义，而且为解决其他复杂问题提供了全新思路。

首先是"双网络"架构的突破性应用，这种设计体现了对人类围棋思维过程的深刻理解。其中，"策略网络"通过学习大量职业棋手的棋谱，模拟人类棋手在选择落子时的直觉判断，能够在海量的走法中快速筛选出最优的选项；而"价值网络"则负责评估局面的优劣，这种评估不是基于简单的数值计算，而是通过深度学习获得的对局面整体理解。这两个网络的协同工作，某种程度上模拟了人类棋手在对弈时"直觉"和"计算"相互配合的思维过程。

其次是引入改进版的蒙特卡洛方法，这一创新极大地提升了系统在复杂变化中寻找最优解的能力。传统的蒙特卡洛方法往往会在海量可能性中迷失方向，但 AlphaGo 通过深度学习的指导，能够将搜索集中在最有价值的变化上。这种"有的放矢"的搜索策略，不仅提高了计算效率，更重要的是能够在有限的时间内找到真正具有战略价值的变化。这种方法某种程度上反映了人类专业棋手在思考时的选择性注意力——不是盲目地计算所有可能，而是优先关注最关键的变化。

再次，也是最具突破性的创新，是通过自我对弈来不断提升棋力的学习机制。这种方法打破了 AI 系统只能模仿人类的固有限制，开创了机器自主学习的新范式。在这个过程中，AlphaGo 通过不断与自己的历史版本对弈，每次都能从胜负中学习和改进。这种自我进化的方式，使得系统能够突破人类既有的定式和固有的思维模式，发现全新的下法和战略理念。更令人惊叹的是，这种学习过程的速度远超人类：在短短几个月的时间内，AlphaGo 就完成了人类围棋数千年积累的知识与经验，并在此基础上推陈出新。

AlphaGo 的实战表现，特别是在与李世石的五番棋对决中展现出的棋风，彻底颠覆了人们对计算机围棋的传统认知。在此之前，计算机程序往往给人以重视局部利益、缺乏整体观念的印象，但 AlphaGo 展现出的是一种前所未有的围棋理念，这种理念不仅超越了传统 AI 的局限，某种程度上也超越了人类对围棋的理解。第二局第 37 手落在五之五的位置，这个在职业围棋史上几乎闻所未闻的选点，不仅打破了李世石苦心经营的局面，更像一记重锤敲碎了人类棋手的认知框架。

更令人震撼的是 AlphaGo 对局部与全局的平衡把握。在传统的职业比赛中，棋手们往往会受到个人风格和情绪的影响，有时会为了局部的得失而影响全局的发展。然而，AlphaGo 展现出的是一种近乎完美的理性判断：它能够精确计算每一个选择对全局的贡献度，在必要时毫不犹豫地放弃局部利益，追求更大的战略优势。这种冷静的判断力，超越了人类容易受情绪影响的决策模式，展现出一种更为纯粹的围棋理念。正如一位职业九段所评论的："AlphaGo 向我们展示了，在追求最优解的过程中，情感和执着有时反而会成为障碍。"

特别值得注意的是 AlphaGo 对"厚味"概念的重新诠释。在传统围棋理论中，"厚味"是一个较为主观的概念，往往需要依靠棋手的经验和直觉来判断。但AlphaGo通过其独特的下法，展示了一种更为客观和精确的厚味运用方式。它常常在看似不合常理的位置制造厚味，然后在十几手之后才显现出这种布局的威力。这种长远的战略眼光，从某种程度上开创了一种新的围棋思维方式：不是简单地追求眼前的实地或轻易地按照定式行棋，而是始终围绕着全局最优解来进行决策。

2017年AlphaGo Zero的出现，更是在围棋史上开启了一个全新的时代。这个完全依靠自我学习、没有使用任何人类棋谱的版本，在短短40天内就达到了在围棋对弈中超越人类顶尖棋手的水平。这个成就的重要性不仅在于它的强大实力，更在于它证明了一个革命性的观点：在围棋这样的复杂系统中，可能存在着一些超越人类经验的普遍原理。通过数以亿计的自我对弈，AlphaGo Zero不仅重新发现了人类在数千年实践中总结出的许多定式，还创造出了大量新颖的下法，这些下法正在改变职业棋手对围棋的基本认识。

AlphaGo的出现给围棋界带来了一场前所未有的革命，这种影响既体现在具体的技战术层面，也反映在对围棋本质的理解上。在技术层面，职业棋手们开始重新审视一些根深蒂固的观念，比如"厚味""实地""影响力"等传统概念的定义。AlphaGo偏好的一些下法，如"三三入角""小尖"等，在职业比赛中的使用频率显著提升。更深层的变化是围棋研究方式的转变：一种将人类经验与AI分析相结合的新型研究范式正在形成，棋手们开始使用AI工具来验证和扩展自己对棋理的理解，这种人机结合的学习方式正在重塑整个围棋界的知识体系。

然而，AlphaGo的影响远远超出了围棋领域。它的成功为解决其他复杂问题提供了全新思路，这种影响正在多个科学领域显现。在材料科学领域，研究者开始采用类似的深度学习和自我优化方法来探索新材料的可能性；在气候模拟中，科学家正在尝试用类似的技术来提高预测的准确性；在药物研发领域，AI系统正在帮助科学家发现新的药物分子。这些跨领域的应用表明，AlphaGo所代表的新型问题解决范式，正在重塑人类探索未知的方式。

更具启发性的是这场对决对人机关系认知的深刻改变。在AlphaGo之前，人们往往将AI视为一种纯粹的计算工具，认为它只能在严格定义的规则下运行。但AlphaGo展现出的创新性，彻底打破了这种刻板印象。它向我们展示了机器不仅能够学习和模仿，还能够创新和超越。这种突破引发了一系列深刻的哲学思考：在复杂问题的解决过程中，人类的经验积累和机器的数据分析，究竟哪一种方法更接近"真理"？当机器展现出超越人类的创造力时，我们是否需要重新定义"创造性"的本质？

在这场划时代的人机对决中，AlphaGo的成功标志着一个重要的转折点：它代表着两种认知范式的历史性交汇。一方面是建立在符号运算和规则推理基础上的传统方法，就像"深蓝"在国际象棋中的成功；另一方面是基于神经网络和深度学习的新型范式，体现在AlphaGo对围棋本质的深刻理解。这种范式的转变，预示着AI正在从简单的规则执行者，向着真正的"学习者"和"创造者"迈进。

然而，随着胜利的喜悦渐渐平息，一些更为根本的问题开始浮现：AlphaGo展现出的这种"智能"，是否真的可以等同于人类的智能？它的成功是否意味着连接主义已经完全战胜了符号主义？在围棋这样的封闭系统中取得的突破，是否能够推广到更加复杂的开放性问题？要回答这些问题，我们需要更深入地理解 AI 发展史上的两种基本范式：符号主义和连接主义的思想之争。正是这场持续了半个多世纪的争论，塑造了我们今天对 AI 本质的理解，也将继续影响着我们探索通用人工智能的道路。

2.2　符号主义 vs. 连接主义：两种 AI 范式之争

1956 年的夏天，达特茅斯学院校园内郁郁葱葱的枫树下，一群年轻的科学家正在进行着一场将影响未来半个多世纪的讨论。这次后来被称为"达特茅斯人工智能暑期研讨会"的集会，不仅正式确立了"AI"这一术语，更重要的是开启了两种截然不同的技术路线之争。约翰·麦卡锡和马文·明斯基坚信，构建完备的逻辑系统和知识表示方式，可以让机器获得类似人类的推理能力；而弗兰克·罗森布拉特则主张，应该模仿人类大脑的神经网络结构，让机器通过学习来获得智能。这场始于避暑胜地的学术争论，最终演变为 AI 历史上最重要的范式之争。

在随后的几十年里，这两种方法分别经历了起起落落的跌宕命运。20 世纪 70 年代，以专家系统为代表的符号主义 AI 迎来了第一个辉煌时期。斯坦福大学开发的 MYCIN 系统在细菌感染诊断领域展现出了接近专家水平的能力，它能够根据患者的症状和化验结果，通过一系列逻辑推理得出诊断结论。这个系统包含了约 600 条规则，这些规则是通过与领域专家的长期访谈总结出来的。MYCIN 的成功似乎证明了符号主义的可行性：只要能够将专家的知识转化为明确的规则，机器就能表现出专业水准的判断能力。

然而，MYCIN 的成功也暴露出符号主义方法的根本局限。当系统需要处理的问题领域变得更加复杂时，规则的数量会呈指数级增长，而规则之间的相互作用也会变得难以控制。更致命的是，许多人类专家的知识是难以用明确的规则来表达的。一位经验丰富的医生在诊断疾病时，往往依赖于多年临床实践积累的"经验论"，这种论断很难被分解成清晰的逻辑规则。

这种局限性在 20 世纪 80 年代日本"第五代计算机"项目中得到了更为深刻的印证。这个耗资数百亿日元的庞大工程，试图通过构建一个基于逻辑程序设计的超级计算机系统，来实现真正的 AI。项目组确信，只要能够将足够多的知识编码成逻辑规则，并开发出强大的推理引擎，就能让机器实现类似人类的思维能力。然而，这个雄心勃勃的项目最终以失败告终，原因不在于投入不足或技术能力有限，而在于符号主义方法本身的根本性缺陷。

这个缺陷被哲学家约翰·塞尔称为"中文房间问题"：即使一个系统能够按照完美的规则来处理输入并产生正确的输出，但这并不意味着系统真正"理解"了它在做什么。就像一个完全不懂中文的人，即使按照详细的规则手册将中文输入转换成恰当的中文输出，他也并未真正理解中文的含义。这个思想实验揭示了符号主义 AI 的核心问题：单纯的符号操作无法产生真正的理解和智能。

更深层的问题在于符号主义对人类认知过程的误解。以 IBM 最早的自然语言处理系统为例，工程师试图通过构建庞大的语法规则库来实现机器翻译，但很快发现人类语言的复杂性远远超出了规则系统所能处理的范围。一个简单的例子是"时间飞逝"这样的隐喻表达，符号系统很难理解这种表达背后的深层含义，因为这种理解需要大量的常识和关联知识，而这些难以用简单的规则来表达。

20世纪80年代末期，符号主义遭遇到了更为严峻的挑战。随着专家系统规模的不断扩大，维护和更新知识库变得越来越困难。一个典型的案例是通用电气公司开发的工业设备诊断系统，这个系统最初表现出色，但随着设备的更新换代和新问题的出现，系统的规则库变得越来越臃肿，最终导致系统无法有效运行。这种"规则爆炸"现象反映了符号主义方法在处理动态变化的实际问题时存在局限性。

就在符号主义遭遇瓶颈的同时，一种被称为连接主义的新方法开始展现出惊人的潜力。这种方法的理论基础可以追溯到1943年麦卡洛克和皮茨提出的神经元数学模型，但真正的突破发生在1986年，当鲁梅尔哈特、辛顿和威廉姆斯在《自然》杂志上发表了反向传播算法的论文后，这个看似简单的数学方法，为神经网络的训练提供了一个优雅而高效的解决方案，某种程度上开启了连接主义复兴的序幕。

一个标志性的突破出现在1989年。贝尔实验室的扬·勒坤领导的团队开发出了一个能够识别手写数字的神经网络系统LeNet。这个系统采用了一种全新的网络结构——卷积神经网络，它的设计灵感来自对生物视觉系统的研究。与符号主义系统需要人工编写的规则不同，LeNet通过"观察"大量的手写数字样本来学习识别特征。最令人惊讶的是，系统不仅能够准确识别训练集中的数字，还能够很好地处理之前从未见过的手写体，展现出了强大的泛化能力。

这种学习方式与人类的认知过程有着惊人的相似之处。就像婴儿通过观察大量实例来学习识别物体一样，神经网络也是通过处理大量数据来形成识别模式。贝尔实验室的成功引发了科学界的广泛关注：也许模仿大脑的结构，比试图复制人类的逻辑推理过程更可行。然而，这种乐观情绪很快就被现实的困难所磨灭。当时的计算能力限制和训练数据的匮乏，使得神经网络在更复杂的任务上难以取得突破。

真正的转折出现在 2012 年。多伦多大学的研究团队在 ImageNet 图像识别竞赛中，使用深度卷积神经网络将错误率从 26% 降低到 15%，这个被称为"AlexNet"的系统彻底改变了计算机视觉领域的技术格局。这个突破的意义不仅在于准确率的提升，还证明了深度学习在处理复杂的实际问题时的潜力。支撑这一突破的是两个关键因素：一是 GPU 等硬件的发展提供了足够的计算能力，二是互联网的普及提供了海量的训练数据。

AlexNet 的成功引发了深度学习在各个领域的爆发式应用。2014 年，谷歌收购了由杰弗里·辛顿创立的 DeepMind 公司，这个被认为是高风险的投资决策背后，体现的正是科技巨头对连接主义方法的坚定信心。事实证明这个判断是正确的：DeepMind 公司不仅在围棋领域创造了历史，更在蛋白质结构预测等科学研究领域取得了突破性进展。特别值得注意的是，这些成就都建立在同一个核心理念之上：通过深度神经网络来学习和发现数据中的深层模式，而不是依赖人工编写的规则。

在自然语言处理领域，这种范式转换表现得尤为明显。2017 年谷歌提出的 Transformer 架构，以及随后出现的 BERT、GPT 等大型语言模型，彻底改变了机器处理语言的方式。传统的基于规则的自然语言处理系统试图通过构建语法树和语义网络来理解语言，这种方法在面对人类语言的灵活性和模糊性时常常力不从心。而基于神经网络的方法则采取了一种完全不同的路径：通过处理海量的文本数据，系统能够自动学习语言的统计规律和语义关联，从而实现更自然的语言理解和生成。

一个极具说服力的例子是 OpenAI 公司的 GPT 系列模型在写作方面的表现。当要求模型写一篇关于 AI 的科普文章时，它不仅能够准确使用专业术语，还能根据上下文调整行文风格，这种能力远远超出了基于规则的系统所能实现的范围。更令人惊讶的是，模型似乎获得了某种程度的"常识推理"能力，能够理解隐含的语义和言外之意，这是传统符号主义系统一直难以突破的瓶颈。

在计算机视觉领域，连接主义的优势更为明显。2015 年，微软公司的残差网络（ResNet）将 ImageNet 竞赛的错误率降到了 3.57%，超过了人类的平均水平（5.1%）。这个突破的意义在于，它证明了在特定的感知任务上，神经网络不仅能够达到人类的水平，甚至能够超越人类。更有趣的是，研究人员发现这些网络学到的特征提取方式，与生物视觉系统有着惊人的相似之处，在某种程度上证实了连接主义方法的生物合理性。

然而，随着连接主义的全面突破，一些深层次的问题开始浮现。2019 年，一项来自麻省理工学院的研究引发了广泛关注：研究者发现，通过对输入图像进行细微的修改，可以轻易地误导最先进的神经网络系统做出错误判断。例如，将一张熊猫的图片稍作改动，系统就会将其识别为长臂猿，而这种改动对人类来说几乎无法察觉。这个被称为"对抗样本"的现象，揭示了神经网络与人类认知过程的本质差异：尽管这些系统在特定任务上表现出色，但它们的"理解"方式与人类有着根本的不同。

这种差异在语言理解领域表现得更为明显。2020 年，一个有趣的实验展示了大语言模型的局限性：当要求 GPT-3 解决一个简单的物理问题"一个水杯倒扣在桌子上，里面的水会怎么样？"时，模型虽然能够给出正确答案，但当追问原因时，往往就会暴露出模型对基本物理规律理解的缺陷。这个现象印证了符号主义者长期以来的批评：纯粹的统计学习无法获得真正的因果理解。

这些问题促使研究者开始思考两种范式的互补可能。2021年，来自斯坦福大学的研究团队提出了一种混合架构：在神经网络的基础上引入符号推理模块，试图结合两种方法的优势。这个被称为"神经符号计算"的方向，某种程度上反映了学术界的一个共识：在追求通用人工智能的道路上，可能需要将连接主义的模式识别能力与符号主义的逻辑推理能力相结合。

一个启发性的案例来自机动车自动驾驶领域。特斯拉的自动驾驶系统采用了这种混合方法：使用深度学习来处理感知任务（如识别路标、车辆和行人），同时使用基于规则的系统来处理决策逻辑（如遵守交通规则、规划路径）。这种结合充分发挥了两种方法的优势：神经网络擅长处理复杂的模式识别问题，而符号系统则保证了行为的可预测性和安全性。

在这场持续了半个多世纪的范式之争中，我们看到的不仅是技术路线的竞争，还是对人类智能本质理解的不同诠释。符号主义者坚信，智能的核心在于逻辑推理和知识表示，这种观点源自人类对自身理性思维的信心；而连接主义者则认为，智能更像是一个涌现的过程，是大量简单单元相互作用产生的复杂行为，这种观点某种程度上更接近生物智能的演化规律。有趣的是，这两种看似对立的观点都抓住了智能的某些本质特征：人类在解决问题时，确实既需要基于规则的理性思考，也依赖基于经验的模式识别。

若想发展通用人工智能，这两种范式的对话与融合可能比对抗更具建设性。就像人类大脑中既有负责逻辑推理的前额叶皮质，也有负责模式识别的视觉皮质一样，未来的 AI 系统很可能需要同时具备符号推理和模式学习的能力。一些最新的研究进展已经显示出这种融合的可能性：通过在神经网络中引入符号推理的机制，或者在符号系统中嵌入学习的能力，研究者正在探索一种能够既具备可解释性又保持灵活性的新型 AI 架构。

这种融合的必要性在深度学习中得到了深刻的印证。当我们仔细分析那些看似纯粹依赖数据驱动的系统时，会发现其中往往隐含着某种形式的先验知识或结构化信息。例如，卷积神经网络的成功很大程度上得益于其架构对视觉系统特性的模拟，而 Transformer 模型的突破则部分源于其对语言结构特征的巧妙编码。这些例子说明，在追求更强大的 AI 系统时，我们既需要充分利用数据中的统计规律，也需要合理引入人类积累的领域知识。

正如我们在深度学习的发展历程中看到的，当一种方法取得突破性进展时，往往会给整个领域带来革命性的变革。而这种变革的关键，常常在于找到恰当的方式来表示和学习知识。这个观察自然引导我们思考下一个问题：在迈向真正的机器智能的过程中，我们如何才能让机器不仅能够识别模式，更能够真正理解和学习？这个问题的答案，可能就隐藏在深度学习的本质机制之中。

2.3　深度学习：让机器学会人类的直觉

2015 年 11 月的一个普通下午，谷歌总部的一间会议室里，工程师们正在展示他们最新开发的图像识别系统。当一位研究员随手在白板上画了一个简单的猫脸涂鸦时，屏幕上立即显示出"猫，置信度

95.2%"的结果。这个看似简单的演示,实际上代表了计算机视觉领域一个重要的突破:系统不仅能够识别真实的猫的照片,还能够理解高度抽象和简化的表示。这种能力,某种程度上接近了人类视觉系统最令人惊叹的特性——从有限的信息中提取本质特征的能力。

这个突破背后的技术被称为深度学习,它代表了机器学习领域一种全新的范式。与传统的计算机视觉方法不同,深度学习系统不需要人工设计特征提取器,而是能够自动从大量数据中学习到有效的表示。这种学习方式某种程度上模拟了人类视觉系统的工作原理:从简单的边缘检测,到逐步识别出越来越复杂的模式,最终形成对整体的理解。

然而,理解深度学习的工作原理,需要我们首先回答一个更基本的问题:什么是学习?在 AI 的早期发展阶段,研究者试图通过编写明确的规则来让机器模仿人类的智能行为。这种方法在某些特定领域取得了成功,但在处理现实世界的复杂问题时往往显得力不从心。真正的突破来自一个看似简单的认识:也许我们不应该告诉机器"如何做",而是应该让机器自己从例子中学习"该做什么"。

这种从数据中学习的思路,某种程度上反映了人类学习的本质特征。想象一个婴儿是如何学会识别猫这种动物的:没有人会给婴儿讲解猫的精确定义,比如"一种具有三角形耳朵、长尾巴、四条腿的哺乳动物"。相反,婴儿是通过反复看到各种各样的猫,逐渐形成对"猫"这个概念的理解。深度学习系统正是采用了类似的学习方式:通过"观察"大量的样本,自动发现能够区分不同类别的关键特征。

神经科学研究表明,我们的视觉皮质也是按照类似的层次结构组织的:从初级视觉皮质负责检测简单的边缘特征,到高级视觉皮质负责识别复杂的物体。这种相似性不是偶然的:深度学习网络的设计正是受到了生物神经系统的启发。例如，卷积神经网络中的"感受野"概念，直接来源于对生物视觉系统的研究。这种生物启发的方法是极其成功的：今天最先进的计算机视觉系统，在许多特定任务上已经超过了人类的表现。

然而，深度学习系统的"学习"过程与人类有着本质的不同。以一个典型的图像识别网络为例，它需要处理数百万张标注图片才能达到可用的水平，而一个3岁的孩子可能只需要看到几次猫，就能准确地识别出不同的猫。更有趣的是，当我们仔细观察深度学习系统的训练过程时，会发现一些令人深思的现象：系统有时会因为一些对人类来说微不足道的图像变化而出现判断错误，而对一些人类认为很大的变化却能保持稳定的识别结果。

这种深度学习的方法在自然语言处理领域取得的突破可能更加引人注目。2018年，谷歌推出的BERT模型在多个语言理解任务上取得了突破性进展。这个系统最令人惊讶的地方在于它对语言上下文的理解能力。例如，在处理"银行"这个词时，系统能够根据上下文准确判断它是指"金融机构"还是"河岸"。这种能力的获得同样来自大规模的学习：BERT在训练时要处理的文本数据量相当于人类一生所能阅读的数千倍。

更令人震撼的是GPT系列模型展现出的语言生成能力。当要求这些模型写一篇科技评论文章时，它们不仅能够准确使用专业术语，还能根据上下文调整写作风格，而且能够进行某种程度的推理和创造。2022年，一位斯坦福大学的教授做了一个有趣的实验：他让GPT参与本科生的期末论文评审。结果显示，AI系统不仅能够准确指出论文中的逻辑错误，还能提出建设性的修改建议。这种表现让人不禁思考：机器是否真的开始理解了语言的本质？

在医疗领域，深度学习的应用可能带来更直接的社会影响。2020年，一个基于深度学习的乳腺癌筛查系统在临床测试中展现出了超越人类专家的诊断准确率。这个系统的特别之处在于它的"解释能力"：不同于传统的"黑盒"式 AI 系统，它能够通过热图的方式直观地显示是哪些影像特征导致了特定的诊断结果。一位参与测试的放射科医生评价说："这不是在取代医生的工作，而是给了我们一个'超级助手'，它能够帮助我们更早地发现可能被忽视的病变。"

在科学研究领域，深度学习正在改变科学发现的方式。2020 年，DeepMind 公司的 AlphaFold 2 系统在蛋白质结构预测问题上取得的突破，堪称是 AI 辅助科学研究的里程碑。这个被生物学界称为"50年难题"的挑战，在深度学习的帮助下得到了革命性的解决。系统不仅能够准确预测蛋白质的三维结构，更重要的是它找到了一些人类科学家尚未发现的蛋白质折叠规律。这种发现方式代表了一种全新的科学研究范式：不是通过演绎推理来验证假设，而是通过数据分析来发现规律。

然而，随着深度学习在各个领域的广泛应用，其固有的局限性也开始显现。

在语言理解领域，这种局限性表现得更为明显。尽管最新的大语言模型能够生成流畅的文本，但它们常常在需要基本常识推理的任务上出现失误。2023 年初，斯坦福大学的一项研究通过一系列精心设计的测试揭示了这一问题：当要求 GPT-4 解决一些需要基本物理常识的问题时，系统虽然能够给出正确答案，但其推理过程往往显示出对因果关系的理解存在根本性缺陷。例如，当问到"为什么不能用纸杯盛放滚烫的开水"时，系统可能会提供正确的建议，但无法准确解释纸杯材料特性与温度之间的物理关系。

更深层的问题在于深度学习系统的"理解"本质。2022年，加州理工学院的一个研究团队进行了一系列发人深省的实验：他们让一个先进的图像识别系统观看包含简单物理变化的视频片段，比如一个球从斜坡上滚下，或者两个物体的碰撞。结果发现，尽管系统能够准确描述每一帧画面中物体的位置和状态，但在预测运动轨迹或解释物体为什么会这样运动时却显得力不从心。更令人困惑的是，当视频中出现一些违反物理定律的场景时，系统似乎完全没有察觉到异常。这种现象揭示了当前AI系统的一个根本性缺陷：它们善于发现统计相关性，但难以理解因果关系。

这种局限性某种程度上源于深度学习的基本范式：它主要依赖于对已有数据的模式识别，而不是通过理解世界的基本规律来进行推理。就像一个能够背诵所有物理公式但不理解其含义的学生，当前的AI系统往往是在"模仿"而不是"理解"。在麻省理工学院的另一项研究中，研究者设计了一系列看似简单但需要基本常识的问题来测试最先进的语言模型。例如，当问到"为什么不能用塑料袋装沸水"时，模型虽然能给出正确的警告，但其解释却显示出对材料性质和热传导原理的根本性误解。更有趣的是，当问题稍作变化，如询问"用加厚的塑料袋是否可行"时，模型的回答往往会出现自相矛盾的情况。

这种理解能力的缺失在面对全新情况时表现得尤为明显。2023年初，斯坦福大学的研究团队进行了一个创新性的实验：他们设计了一系列需要"迁移学习"的任务，要求AI系统将已掌握的知识应用到新的场景中。结果显示，即便是最先进的系统，在处理稍微偏离训练数据的情况时，其表现也会急剧下降。

面对这些挑战，研究者正在探索多个极具前景的突破方向。其中最引人注目的是"自监督学习"范式的兴起。这种方法试图模仿人类学习的一个关键特征：不需要大量标注数据，而是通过观察世界的结构来学习。例如，Meta AI 实验室开发的 MAE（Masked Autoencoders）模型展示了这种方法的潜力：系统能够仅通过观察大量未标注的图像，自主学习物体的基本特征和组织规律。在一个特别的实验中，研究者发现这种自监督训练出的模型对图像的理解方式更接近人类：它们能够更好地捕捉物体的整体结构，而不是过分关注表面的纹理特征。这种学习方式某种程度上更接近人类婴儿认知世界的过程：通过持续的观察和探索来构建对世界的理解。

在认知科学的启发下，研究者还发现了一个关键性的突破口：将先验知识整合入深度学习系统。在可预见的未来，麻省理工学院等顶尖研究机构的研究团队可能会展示创新性的实验：将基本的物理规律，如能量守恒和动量守恒定律直接编码到神经网络的架构中。通过这种方法可以取得出人意料的效果：系统不仅能更准确地预测物理现象，还表现出了前所未有的泛化能力。在一个特别的测试中，系统成功处理了一些在训练数据中从未出现过的复杂物理场景，比如多个物体在不同重力场下的相互作用。这种将领域知识与学习能力相结合的方法，某种程度上模拟了人类认知的一个重要特征：我们在学习新知识时，总是依赖于已有的概念框架。

这些探索正在推动深度学习领域发生一次范式级的转变：从单纯依赖数据的统计学习，向着更具结构化和因果性的方向发展。这种转变某种程度上印证了一个基本认识：真正的智能不仅需要强大的模式识别能力，还需要对事物本质规律的理解。就像著名物理学家费曼所说："理解意味着能够从第一原理出发来解释现象。"未来的 AI 系统可能需要同时具备数据驱动的学习能力和基于原理的推理能力，这种结合或许正是通向真正智能系统的必经之路。

2.4 认知科学：心智何以产生理性思维

2016 年的一个平静午后，哈佛大学心理学实验室里正在进行一项不同寻常的实验。研究人员向一个 4 岁的小女孩展示了两个完全相同的玻璃杯，在她的注视下将相同量的水倒入这两个杯子。当问她哪个杯子里的水多时，小女孩毫不犹豫地回答："一样多。"然而，当研究者将其中一个杯子里的水倒入一个更细更高的玻璃杯后，小女孩的判断却发生了改变："高的杯子里水更多。"这个被称为"皮亚杰保存概念实验"的经典测试，生动地展示了人类理性思维的发展过程：从被表象所迷惑的直觉判断，到能够理解物质守恒的抽象思维，这个转变揭示了心智发展的关键特征。

理解人类心智如何产生理性思维，是认知科学中最具挑战性也最富启发性的问题之一。与计算机这种基于预设逻辑规则运行的系统不同，人类的思维能力是在漫长的认知发展过程中逐步形成的。这个特点体现在每个人的成长过程中：一个新生儿最初只能进行最基本的感知和反应，随后逐步发展出记忆能力、语言能力，最终形成抽象思维和逻辑推理能力。更令人称奇的是，这个发展过程似乎遵循着某种普遍的规律：无论是生长在非洲草原上的马赛族儿童，还是在纽约曼哈顿成长的都市孩子，他们的认知发展都会经历相似的阶段。这种跨文化的一致性提示我们：在人类心智发展的背后，可能存在着一套基本的认知构建机制。

这个问题在 AI 时代获得了全新的意义。当我们试图创造具有理性思维能力的机器时，首先需要理解人类是如何获得这种能力的。2023 年，一项来自麻省理工学院的大规模研究展示了这种探索的复杂性：研究者对比分析了最先进的 AI 系统和不同年龄段儿童在解决问题时的表现。结果发现，即使是那些在特定任务上已经超越成人的 AI 系统，在面对需要基本常识推理的简单问题时，也常常表现出与 4—5 岁儿童相似的认知局限。例如，当需要理解"如果下雨了，小明没带伞会怎样"这类简单的因果关系时，AI 系统往往会给出机械的、缺乏实际情境理解的答案。这个发现引发了科学界的深入思考：在追求机器智能的过程中，我们是否忽视了人类认知发展最基本的规律？

认知科学的大量研究表明，人类理性思维的发展经历了几个清晰可辨的关键阶段，每个阶段都有其独特的认知特征和发展任务。以空间认知能力为例，这种发展过程展现出了惊人的规律性。2022 年，斯坦福大学的研究团队通过一系列创新性的实验设计，系统地研究了儿童空间认知能力的发展历程。他们不仅使用了传统的行为观察方法，还运用了眼动追踪、脑电图等先进技术，全方位记录儿童认知能力的发展变化。研究发现，婴儿在出生后短短几个月内就表现出对物体持续性的基本理解：当一个玩具被布块暂时遮挡时，婴儿的目光会持续停留在遮挡物上，表示他们认为玩具仍然存在。这种最基本的认知能力似乎是与生俱来的，为后续更复杂的空间认知发展奠定了必要的基础。更有趣的是，研究者通过脑成像技术发现，这种早期的认知能力与大脑特定区域的发育密切相关，这暗示着认知发展可能存在着生物学基础。

更令人惊奇的是认知发展的阶段性特征在各个领域都表现出高度的规律性。通过对成千上万名儿童的长期追踪研究，科学家绘制出了一幅详细的认知发展地图：在2—3岁时，儿童开始掌握基本的空间概念，能够理解并准确使用"上下"、"前后"这样的空间词语，这个阶段的突破与他们开始主动探索周围环境密切相关；到4—5岁，他们的认知能力出现质的飞跃，开始能够进行简单的视角转换，理解他人的观察角度可能与自己不同，这种能力的发展与对社会认知的进步紧密相连；而到7—8岁，大多数儿童已经能够处理相当复杂的空间推理任务，如理解和使用简单的地图，这标志着他们已经能够在心理上建构和操作空间表征。这种渐进式的发展模式揭示了一个重要特征：高级的认知能力是建立在更基础的认知功能之上的，每一个发展阶段都为下一个阶段创造必要的认知基础。

这种认知发展的规律性在语言学习中表现得尤为明显。2023年，一项横跨多个国家的大规模研究揭示了一个引人深思的现象：尽管世界上存在数千种不同的语言，但儿童习得母语的过程却遵循着惊人的相似模式。从最初的咿呀学语，到掌握简单词汇，再到理解复杂的语法结构，这个过程展现出高度的一致性。更有趣的是，研究者发现，这种语言发展的顺序与语言的逻辑复杂度高度相关：儿童总是先掌握逻辑更为简单的语言结构，然后逐步过渡到更复杂的表达方式。

这些发现对AI的发展具有深远的启示。当前的AI系统往往采用"一步到位"的学习方式，试图直接从海量数据中学习复杂的模式。然而，人类认知发展的研究表明，或许存在着一条更自然的学习路径：通过渐进式的发展阶段，逐步建立起从简单到复杂的认知能力。来自剑桥大学的一个研究团队在此基础上提出了一个创新性的想法：

设计一种能够模拟人类认知发展阶段的 AI 架构，让系统像儿童一样，经历"由简到难"的学习过程。

在理性思维的发展过程中，最引人注目的可能是抽象思维能力的形成。2024 年初，加州理工学院的研究团队进行了一系列开创性的实验，系统地研究了儿童抽象思维的发展过程。他们发现，这种能力的形成经历了一个复杂的渐进过程：首先是在具体情境中学习解决问题，然后逐步提取出问题的一般性特征，最后发展出处理抽象概念的能力。例如，儿童最初只能在看到具体的苹果时进行数数，后来才能理解"数字"这个抽象概念，最终发展出进行纯粹数学运算的能力。

特别值得注意的是情境学习在这个发展过程中扮演的关键角色。哈佛大学的一项为期 15 年的长期追踪研究揭示了一个重要发现：儿童的抽象思维能力主要是通过在真实情境中解决具体问题而获得的，而不是通过形式化的抽象教学。研究团队通过对比分析不同教育环境中成长的儿童发现，那些有更多机会参与实际问题解决的儿童，往往能够更快地发展出抽象思维能力。例如，经常参与家庭烹饪活动的儿童在理解分数概念时表现得更好，这可能是因为烹饪过程中涉及的测量和分配活动为抽象数学概念的形成提供了具体的体验基础。

这种发现对 AI 的训练方式提出了深刻的启示。当前的 AI 系统往往采用大规模的数据训练，试图一次性掌握复杂的能力。但人类认知发展的研究表明，真正的理解可能需要一个"具体到抽象"的渐进过程。2023 年底，DeepMind 公司的研究人员基于这一认识，设计了一个新型的学习系统：它首先在具体的问题情境中学习，然后逐步提取出更一般的规律。这种方法在多个测试任务中显示出了优越性，特别是在面对需要迁移学习的新问题时。

更深层的问题在于元认知能力的发展。认知科学研究表明，人类不仅能够思考，还能够思考自己的思考过程。这种"对思考的思考"能力，是理性思维的重要基础。例如，当解决一个复杂的数学问题时，我们不仅在运用数学知识，还在不断监控和调整自己的思维策略。这种元认知能力的发展同样遵循着一定的规律：从最初对自己思维过程的模糊感知，到逐步形成清晰的思维策略，再到能够灵活地调整和优化这些策略。

这些认知科学的发现正在深刻影响着AI的发展方向。2024年初，一个来自斯坦福大学和谷歌大脑联合团队的研究项目展示了这种跨学科融合的潜力。研究者基于对人类认知发展的理解，设计了一种新型的AI学习架构，该架构模拟了人类认知发展的关键特征：从具体到抽象的渐进式学习、基于情境的问题解决，以及元认知能力的培养。在一系列复杂的任务测试中，这种生物启发的学习系统展现出了超越传统深度学习方法的能力，特别是在需要灵活思维和创造性问题解决的场景中。

一个特别引人注目的案例来自医疗诊断领域。传统的医疗AI系统往往采用"端到端"的学习方式，试图直接从海量病例数据中学习诊断规律。然而，受到认知科学研究的启发，研究者开发了一个新型的诊断系统，这个系统模拟了人类医生的学习过程：首先掌握基础医学知识，然后在具体病例中学习应用这些知识，最后发展出综合判断的能力。更重要的是，系统具备了一定的元认知能力：它能够评估自己诊断的可靠性，在遇到不确定情况时主动寻求更多信息。

在教育领域，这种认知科学导向的方法也带来了革命性的变化。

2023 年，卡内基梅隆大学开发的一款智能辅导系统，打破了传统 AI 教育工具的局限。这款系统不是简单地根据学生的答案给出反馈，而是试图理解学生的思考过程。它能够识别学生在解决问题时的认知障碍，并根据认知发展理论提供有针对性的指导。例如，当发现学生在处理抽象概念时遇到困难，系统会自动提供更多具体的例子，帮助学生建立从具体到抽象的认知桥梁。

这种认知科学与 AI 的深度融合，正在开启一个新的研究范式。不同于传统的纯技术导向方法，这种新范式更加注重对人类认知本质的理解。例如，在开发处理自然语言的 AI 系统时，研究者不再满足于简单的统计模型，而是试图理解人类语言认知的深层机制：我们是如何理解语言的歧义性的？如何在语言交流中进行语用推理的？如何理解言外之意的？这些来自认知科学的洞见，正在帮助我们设计出更智能、更自然的 AI 系统。

认知科学对人类思维发展规律的深入研究，正在为 AI 的发展提供一个全新的理论框架。从皮亚杰的认知发展理论，到现代神经科学的最新发现，这些对人类心智本质的理解正在帮助我们重新思考 AI 的发展路径。特别值得注意的是，人类认知系统展现出的一些关键特征——渐进式的发展过程、情境化的学习方式、元认知能力的形成，以及抽象思维的演化——这些都为设计更智能的 AI 系统提供了重要启示。在这个意义上，认知科学不仅是帮助我们理解人类智能的一面镜子，更可能是指引 AI 未来发展的一盏明灯。

然而，认知科学的研究也提醒我们，在追求 AI 的过程中需要保持一种辩证的态度。人类的认知系统是在数百万年的进化过程中逐步形成的，这个系统既有其独特的优势，也有其固有的局限。因此，未来的AI发展不应该只是简单地模仿人类认知，还要在理解人类认知本质的基础上，探索一条可能超越人类认知局限的发展道路。这种思路自然引导我们思考下一个核心问题：在人类和机器的深度互动中，是否可能形成一种新型的认知范式，一种能够将人类智慧与机器能力有机结合的超级智能体系？

2.5 人机互动：走向人机超智能共生

2024年初，斯坦福医学院的一间诊室里正在进行一场不同寻常的会诊。一位资深肿瘤科专家正通过AI辅助系统分析着一组复杂的医学影像。当系统指出一个极其细微但可疑的区域时，医生先是一愣，仔细观察后发现这确实是一个早期病变的关键指征。更令人惊讶的是，当医生询问系统为什么关注这个区域时，AI不仅解释了这个特征与早期肿瘤的统计相关性，还能根据患者的年龄、家族史和生活习惯，分析出这个发现的临床意义。这种人机协作的场景，展示了一种全新的问题解决范式：人类的经验直觉与机器的数据分析能力不再是简单的互补，而是形成了一种更高层次的协同智能。

这种协同的背后，体现的是AI发展理念的一次重要转变。在AI发展的早期，研究者一直追求创造能够完全替代人类的智能系统。这种思路导致了两个极端：要么试图将人类的所有知识编码为规则（符号主义的尝试），要么希望通过海量数据训练出能够自主决策的系统（连接主义的探索）。然而，这些努力都在不同程度上遭遇了瓶颈。真正的突破来自一个概念上的转变：也许我们不应该将AI视为人类智能的替代品，而应该将其视为人类认知能力的延伸和增强。

这种转变的深远意义，首先体现在科学研究领域。2023年，一个由人类科学家和 AI 系统组成的混合研究团队在材料科学领域取得了重大突破。AI 系统通过分析海量的材料数据，提出了一些可能的新材料组合，而人类研究者则基于其专业知识和直觉，从这些建议中选择最有前景的方向进行深入研究。这种协作最终帮助了一种新型超导材料的发现，而这个发现可能既不是单纯依靠人类经验，也不是仅仅依赖 AI 分析就能实现的。

在医疗领域，这种人机超智能协作模式正在创造一系列令人瞩目的突破。2023 年底，美国梅奥医学中心的一项大规模临床研究揭示了一个引人深思的现象：由人类医生和 AI 系统组成的诊断团队，其准确率不仅高于单独的人类医生或 AI 系统，更重要的是能够发现一些前所未见的疾病模式。这种协作不仅提高了诊断的准确性，而且开创了疾病认知的新范式。

更令人惊叹的是这种协作模式在科研领域展现出的创新潜力。2024 年初，在麻省理工学院的一个跨学科实验室里，研究人员正在探索一种全新的科学发现范式。他们开发的"科学助手"AI 系统不再局限于简单的数据分析，而是能够主动提出研究假设、设计实验方案，并与人类研究者进行深度互动。在一项新材料研发项目中，系统通过分析过去 50 年来所有相关的研究文献和实验数据，生成了数千个可能的材料组合方案。人类科学家则运用其专业直觉和创造性思维，从这些方案中识别出最具潜力的方向。这种优势互补的协作最终导致了一种革命性的新型储能材料的发现，这种材料的性能远超现有技术水平。

在金融投资领域，这种人机协作已经发展出了更为精细的模式。以全球最大的几家量化投资机构为例，他们不再简单地依赖 AI 系统进行自动交易，而是发展出了一种"人机共生"的投资决策体系。AI系统负责实时分析海量市场数据，识别潜在的投资机会和风险因素，而资深投资经理则负责评估这些机会的战略意义和长期价值。更有趣的是，系统能够根据不同投资经理的风格和专长，动态调整其分析框架和建议方式。例如，当与擅长宏观经济分析的投资经理合作时，系统会更多地关注宏观经济指标的相互关联；而在与专注个股研究的分析师协作时，系统则会深入挖掘企业数据。

在创意产业中，人机协作正在开创一种前所未有的创作模式。2024年，一个由作家、画家和AI系统组成的团队完成了一部跨媒体艺术作品。在这个项目中，AI系统不仅能够生成初步的创意素材，更重要的是能够理解和响应艺术家的创作意图。当画家勾勒出一个粗略的场景概念时，AI系统能够立即生成多个符合艺术家风格的详细方案；当作家构思情节转折时，系统则能够提供各种可能的叙事发展方向。这种协作不是简单地使用工具，而是形成了一种创造性的对话关系，极大地拓展了艺术表达的可能性。

然而，随着人机协作模式的深入发展，一些根本性的挑战开始显现。2024年初，麻省理工学院的一项研究揭示了当前人机协作中存在的三个关键问题：首先是"认知鸿沟"——AI系统的决策过程往往难以被人类完全理解，这种不透明性可能导致协作效率的下降；其次是"信任平衡"——如何在AI系统日益强大的情况下，既不盲目依赖机器的判断，又能充分利用其能力；最后是"适应性差异"——人类具有快速适应新情况的能力，而AI系统则往往局限于其训练数据的范围，这种差异可能在面对新问题时造成配合上的失调。

为了应对这些挑战，研究者正在探索多个创新性的解决方案。斯坦福大学的一个研究团队开发出了一种"认知同步"系统，这个系统能够实时可视化 AI 的决策过程，让人类协作者能够更好地理解和评估 AI 的判断。例如，在医疗诊断过程中，系统不仅会给出诊断建议，还会通过直观的图形界面展示形成这个判断的关键因素，以及各种可能的诊断方案及其置信度。这种透明性的提升，极大地增强了医生对 AI 建议的理解和信任。

更具突破性的是一些"自适应协作"机制的出现。2024 年年中，DeepMind 公司推出的新一代协作型 AI 系统展示了一种革命性的特征：系统能够根据人类协作者的专业背景、思维方式和工作习惯，动态调整其交互方式和输出形式。例如，当与一位偏好直觉思维的外科医生合作时，系统会优先展示视觉化的诊断信息；而在与擅长定量分析的放射科医生协作时，则会提供更多详细的数据支持。这种灵活的适应能力，大大提高了人机协作的效率和舒适度。

在教育领域，这种新型协作模式正在催生一种革命性的学习范式。麻省理工学院媒体实验室开发的"智能导师"系统，不再是简单的知识传授工具，而是成了学习过程中的认知增强伙伴。系统能够实时分析学习者的认知状态，在适当的时候提供恰到好处的提示和引导。更重要的是，它能够帮助学习者发展元认知能力——学会思考自己的思维过程。例如，当学生解决数学问题时，系统不仅会指出错误，还会引导学生反思解题策略，理解自己的思维盲点。

这种人机协作的深入发展，正在推动我们重新思考人类智能和机器智能的关系。2024 年底，一项跨学科的研究项目提出了"认知共生"的概念框架。这个框架认为，人类和 AI 的关系不应该被简单地理解为主从关系或替代关系，而应该被视为一种共生演化的过程。

然而，这种融合发展也带来了深刻的哲学问题：在这种深度协作中，人类的主体性如何维持？认知增强是否会改变人类的本质？面对这些问题，我们需要保持清醒的认识：技术增强的目标不是替代人性，而是扩展人性的边界。就像望远镜和显微镜扩展了人类的视觉能力但没有改变我们观察世界的本质一样，人机协同的目标是增强人类的认知能力，同时保持人类思维的独特价值——创造力、直觉、情感理解和道德判断。

在这场 AI 与人类智慧的交响乐中，我们或许正在见证一个新时代的曙光。从 AlphaGo 展现出的惊人的棋艺，到深度学习系统显示出的高效识别能力，再到认知科学对人类思维本质的深入理解，这些发展轨迹似乎都在指向同一个方向：人类与 AI 的未来不是简单的替代与被替代的关系，而是一种更深层次的共生与进化。就像生物进化史上的每一次重大飞跃都源于不同生命形式的共生一样，人类认知能力的下一次重大跃升很可能来自与 AI 的深度融合。

这种融合不是简单的能力叠加，而是可能催生出全新的认知维度。在这个过程中，AI 不再是外部的工具，而是成为人类认知能力的有机延伸，就像文字和数学曾经改变了人类的思维方式一样。通过这种深度协作，人类可能获得前所未有的认知能力：能够直观地理解高维数据，自然地处理复杂系统，甚至发展出新的思维模式。这种演进不是对人性的背离，而是对人性的拓展和升华。

然而，实现这种共生愿景的关键，在于找到人类智慧与机器智能的最佳结合点。人类的创造力、直觉判断、情感理解和道德思考，与机器的计算能力、模式识别和数据处理能力，这些看似对立的特质必须在更高的层面上实现统一。这种统一不是简单的优势互补，而是要形成一种全新的智能形态，一种能够同时具备人类的灵活创造力和机器的精确可靠性的超级智能。

在这条通向未来的道路上，我们既要保持开放和进取的态度，勇于探索人机协作的新可能，又要保持清醒的认识，始终将人性的发展作为技术进步的指南针。毕竟，真正的技术进步不是让人类更像机器，而是让我们能够更好地发挥人性中最独特和最宝贵的品质。这可能就是我们站在这个历史性转折点上最需要把握的核心：让技术发展服务于人性的提升，让人机协作成为人类文明进步的新引擎。当我们以这样的视角来看待 AI 的发展时，未来的图景就会变得更加清晰：那是一个人类智慧与机器智能和谐共生、互相促进、共同进化的新纪元。

小结：重新定义科学的理性基石

人机互动的深入发展正在从根本上改变我们理解和运用理性的方式。从 AlphaGo 在围棋领域的突破，到深度学习系统在科学研究中的广泛应用，再到人机协作在各个领域展现出的强大潜力，我们正在经历一场前所未有的认知范式转变。这种转变不仅体现在工具的更新换代上，更深刻地改变了人类思考和解决问题的基本方式：从单纯依靠人类经验和逻辑推理，到能够自然地结合人类洞察力与机器计算能力；从线性的、还原论的思维方式，到能够处理复杂系统和高维数据的整体性思维。

这种范式转变对科学研究方法产生了革命性的影响。首先是在数据处理层面，AI 系统不仅大大提升了数据分析的效率，更开创了数据驱动发现的新模式。其次是在理论构建层面，机器学习系统展现出的模式识别能力，正在帮助科学家发现传统方法难以觉察的规律。最后是在研究范式层面，人机协作正在形成一种新型的科学探索方式：将人类的创造性思维与机器的计算能力有机结合，既保持了科学探索的开放性和创造性，又提升了研究过程的高效性和可靠性。

展望未来，这种新型的理性思维范式可能会带来更深远的变革。随着 AI 技术的不断进步，特别是在可解释性和泛化能力方面的突破，人机协作可能会发展出更高级的形式。我们可能会看到一种新型的科学研究范式的出现，在这种范式中，人类科学家和 AI 系统形成真正的认知共生关系，共同探索科学前沿。这种发展不是要替代人类的理性思维，而是要将其提升到一个新的水平：在保持人类思维特有的创造力和直觉的同时，获得处理更复杂问题的能力。

在这个演进过程中，关键的挑战在于如何保持理性思维的本质特征——逻辑性、可证性和可重复性，同时又能充分利用新技术带来的机遇。这种平衡的追求体现在多个层面：在方法论层面，我们需要将传统的假设-验证范式与数据驱动的发现方法有机结合；在工具使用层面，要在善用 AI 系统强大计算能力的同时，保持人类研究者的主导地位和创造性思维；在知识生产层面，则要确保由人机协作产生的科学发现既具有技术创新性，又符合科学规范的基本要求。这要求我们在科学研究中既要保持开放和创新的态度，勇于尝试新的研究方法，又要坚持科学的基本准则，确保研究的严谨性和可靠性。特别是在当前 AI 技术快速发展的背景下，如何在提升研究效率的同时保持科学探索的深度和原创性，如何在扩展认知边界的同时确保结果的可解释性和可验证性，这些问题的解决将直接影响科学研究的未来发展方向。这种在创新与传统、效率与严谨、技术与人文之间的平衡把握，可能就是决定未来科学发展方向的关键因素。

第 3 章

科学想象力的再造

"直觉不是神秘的灵感,而是长期积累的快速识别。"

——赫伯特·西蒙,诺贝尔经济学奖得主

序曲:AlphaGo 背后的"直觉"

在围棋史上,直觉一直被视为人类棋手最宝贵的天赋。正如聂卫平所说:"最高水平的对局往往是超越理性计算的艺术。"然而,AlphaGo 的表现却动摇了这一认知:通过深度学习网络,它不仅掌握了海量的棋谱数据,更培养出了某种独特的"模式识别能力",这种能力让它能在复杂局面中做出超越现有定式的判断。这种判断,在本质上与人类棋手依靠直觉做出的决策惊人相似。

深度学习系统是如何形成这种类人的"直觉"的?这个问题的答案或许隐藏在 AlphaGo 的技术架构中。通过策略网络和价值网络的协同工作,AlphaGo 能够在每个决策点上同时评估局部战术和全局战略,这种多层次的信息处理方式,某种程度上模拟了人类专家在长期训练中形成的直觉判断机制。更令人深思的是，AlphaGo 在训练过程中，通过自我对弈产生了大量人类从未想到过的新型下法，这意味着它不仅是在模仿人类的智慧，更是在创造着自己的"思维方式"。

这种现象发人深思：在科学研究领域，直觉究竟扮演着怎样的角色？人类的创造力是否可以被算法化？当 AI 系统展现出类似人类直觉的能力时，它们是否也在重塑着科学发现的基本范式？这些问题不仅关系到我们对科学本质的理解，还触及了 AI 时代科学研究方法论的根本变革。

如果说 AlphaGo 在围棋领域的突破代表了 AI "直觉"的雏形，那么这种突破在更广阔的科学领域中将会带来怎样的启示？当我们观察到 AI 系统在蛋白质结构预测、新材料发现、数学定理证明等领域展现出的惊人能力时，不得不承认：一场关于科学想象力的革命正在悄然展开。这场革命不仅挑战着我们对科学创新过程的传统认知，还预示着一种人类与机器协同探索科学真理的新范式正在形成。

在本章中，我们将首先回溯人类科学史上那些标志性的"直觉时刻"，探索天才科学家的思维特质；继而分析现代认知科学对科学创造力的解读，理解直觉与理性思维的微妙关系；随后，我们将审视 AI 系统在科学发现中展现的特殊能力，思考机器思维的本质；最后，我们将展望 AI 与人类科学家协同工作的未来图景，探讨这种协作可能带来的方法论变革。通过这些讨论，我们希望能够描绘出一个更具想象力的科学新时代的轮廓。

在这个新时代中，人类的直觉与机器的计算能力不再是对立的力量，而将形成一种前所未有的创新合力。正如 AlphaGo 的那一记惊世妙手所带给我们的启示：当机器展现出超越人类认知的"直觉"时，或许不是在否定人类智慧，而是在帮助我们开启认知的新维度。这种维度的拓展，可能正是未来科学发展最激动人心的机遇所在。

3.1 直觉来源何处：人类天才如何诞生

在科学发展的历史长河中，那些改变人类认知格局的重大突破往往源于某种难以言说的直觉性顿悟，这种超越常规思维的洞察力，不仅体现出科学探索过程中理性与非理性因素的复杂交织，还揭示了人类认知能力的独特维度。从认知科学的角度来看，直觉可以被理解为一种快速、自动化的信息处理机制，它往往绕过了显性的逻辑推理过程，直接到达某种深层的理解。这种认知机制在进化意义上具有重要价值：在面对复杂环境时，它能够帮助生物体迅速做出决策，而不需要耗费大量时间进行详尽的分析。然而，科学研究中的直觉与日常生活中的直觉判断有着本质的区别，它不仅需要快速的模式识别能力，还需要突破既有认知框架的创造性思维。

1869年2月的一个下午，在连续工作数日后，俄国化学家门捷列夫陷入了短暂的睡眠。在这个改变化学史的梦境中，他看到元素们按照某种内在规律自动排列，这种排列方式最终启发他创造了元素周期表。表面看来，这似乎是一个纯粹的偶然事件，但经过深入分析就会发现其背后的必然性：在这个梦境出现之前，门捷列夫已经在元素分类问题上投入了近20年的研究心血，积累了大量关于元素性质的观察数据。正是这种深入而系统的专业积累，为直觉的产生提供了必要的认知基础。这个案例揭示了科学直觉形成的一个关键特征：它往往是专业知识在潜意识层面进行重组的结果。这种重组过程可能需要一个特殊的触发时刻，比如梦境状态下意识控制的放松，或者是在某种特定环境刺激下的灵感迸发。

1895年，年仅16岁的爱因斯坦开始思考一个问题：如果一个人以光速追逐光束，他会看到什么？这个源于少年想象的问题，经过10年的深入思考，最终导向了相对论的诞生。爱因斯坦的思维方式展示了科学直觉的另一种工作机制：他善于将复杂的物理问题转化为可视化的思想实验，这种转化不是简单的类比，而是对物理本质的直觉性把握。在发展广义相对论时，他通过电梯思想实验，直觉性地理解了引力场与加速度参考系的等效性。这种思维方式显示出科学直觉的一个重要特征：它能够在具象与抽象、特殊与一般之间建立认知的桥梁。

1953年初，当沃森和克里克在剑桥的卡文迪许实验室开始构建DNA模型时，他们手中只有来自罗莎琳德·富兰克林的X射线衍射照片（著名的"照片51号"）和一些基本的化学数据。然而，正是通过对这些片段信息的直觉性整合，他们成功构建出了DNA的双螺旋模型。这个发现过程的关键在于，他们能够将不同层面的信息整合起来：从分子水平的化学键结构，到X射线衍射图谱所显示的大尺度周期性特征，再到生物学功能的需求。这种多层次的信息整合能力，体现了科学直觉在模式识别中的关键作用。

拉马努金的数学直觉则展示了科学认知的一个极端案例。这位几乎没有受过正规数学训练的印度数学家，能够仅凭直觉写出大量深刻的数学公式。他所发现的数学定理和等式，不仅在当时是前所未有的，而且许多直到今天才被证明具有重要的数学意义。例如，他提出的 Mock Theta 函数，在被提出近一个世纪后，才被证明与弦论中的重要概念存在深刻联系。拉马努金声称，这些数学发现是女神在梦中启示给他的。这种说法虽然带有神秘色彩，但实际上反映了一个深刻的认知现象：某些数学天才似乎具备一种直接"看到"数学真理的能力，这种能力超越了常规的逻辑推理过程。

理查德·费曼的工作方式则为我们展示了如何在直觉与严格推理之间找到平衡。费曼以其独特的图示方法（费曼图）闻名，这种方法将复杂的量子过程转化为直观的图形表示。这不仅是一种计算工具，而且是一种思维方式：它允许物理学家在复杂计算中保持直觉性理解，同时确保推理的严密性。费曼的例子揭示了科学直觉的一个重要特征：真正有效的科学直觉不是取代严格的推理过程，而是与之形成互补。直觉提供创造性的突破口，而理性分析则确保这些突破能够经受住科学检验。

1925 年，维尔纳·海森堡在休假期间突然意识到：解决量子问题的关键在于放弃经典物理中的一些基本概念，转而关注实验中可以观测到的量。这个直觉性的突破导致了量子力学的矩阵表述，开创了现代物理学的新纪元。海森堡的突破展示了科学直觉的另一个重要特征：它常常表现为对已有知识体系的根本性重组。这种重组不是简单的知识累加，而是对基本概念的重新审视和创造性重构。这个过程要求科学家既要深入掌握现有知识，又要保持足够的思维弹性，能够在必要时突破既有范式的束缚。

通过对这些科学史上的标志性案例的分析，我们可以更深入地理解科学直觉的形成机制。这种直觉首先建立在深厚的专业知识积累之上，这种积累不仅表现在显性知识的掌握上，还通过长期专注的研究，在潜意识层面形成某种模式识别能力。现代认知科学研究表明，专家级水平的形成往往需要约 10 000 小时的专门训练，这个数字可能反映了大脑神经网络重组所需的最小时间。在这个过程中，原本需要依靠显意识处理的信息逐渐转入了潜意识层面，形成了某种自动化的认知模式。这种认知模式的形成不仅提高了信息处理的效率，更重要的是释放了显意识资源，使得科学家能够将注意力集中在更高层次的问题上。

其次，科学直觉往往体现为一种独特的思维方式，特别是在不同认知层面之间建立联系的能力。这种能力使得科学家能够在具象与抽象、特殊与一般之间自如转换，从而发现常规思维难以觉察的联系。这种思维方式的形成可能与大脑的默认模式网络（default mode network）有关。研究表明，当人们处于放松且清醒的状态时，这个网络特别活跃，而这种状态恰恰有利于创造性思维的产生。这可能解释了为什么许多重要的科学发现往往发生在非工作状态下：休息时刻的大脑可能更容易形成新的神经连接，从而产生创造性的联想。

最后，科学直觉还需要某种超越常规思维的创造性想象力，这种想象力允许科学家突破既有认知框架的限制，探索全新的可能性空间。这种能力可能与大脑的随机激活模式有关。研究表明，创造性思维往往伴随着大脑活动的某种"有组织的随机性"：既不是完全的混沌，也不是过于规则的模式。这种特殊的神经活动状态可能为新思想的产生提供必要的神经基础。特别值得注意的是，这种创造性想象往往需要一定程度的理性控制的放松，这解释了为什么许多重要的科学直觉往往出现在非工作状态下。然而，这种放松并非完全的失控，而是一种受控的失控状态，这种状态允许思维在一定范围内自由漫游，同时又能保持基本的方向感。

理解科学直觉的形成机制，对于思考 AI 系统的创新能力具有重要启示。如果说人类的科学直觉建立在知识积累、模式识别和创造性想象的基础上，那么 AI 系统是否也可能通过类似的路径培养出某种"科学直觉"？这个问题不仅关系到 AI 的发展方向，更触及了科学认知的本质。现代深度学习系统在某些方面已经展现出超越人类的模式识别能力，这种能力某种程度上对应了科学直觉形成的基础层面。例如，在蛋白质结构预测领域，AlphaFold 系统展现出的"结构直觉"，在某些方面甚至超越了经验丰富的结构生物学家。这种现象提示我们，机器学习系统可能确实能够获得某种类似于人类专家直觉的能力。

然而，当我们更深入地分析科学直觉的本质时，就会发现人类与 AI 系统之间存在着深刻的差异。首先是在创造性想象方面，尽管现代 AI 系统能够产生令人印象深刻的创新性输出，但这种创新往往局限在已知范式的重组层面，很少能够实现真正的范式突破。例如，在数学证明领域，AI 系统虽然能够发现新的证明方法，但这些方法通常是在既有数学框架内的创新，而不是像拉马努金那样开创全新的数学领域。这种局限性可能缘于 AI 系统缺乏真正的理解能力：它们能够在海量数据中识别模式，但似乎难以像人类那样对知识进行本质性的重构。

其次是人类科学家的直觉往往具有强大的跨域类比能力，能够在表面上毫不相关的领域之间建立创造性联系。这种能力在科学史上产生了许多重要突破，比如玻尔通过类比太阳系建立原子模型，或者达尔文从人工选择类比到自然选择。虽然现代的大语言模型展现出了某种跨域联想能力，但这种联想往往停留在语言表层，难以达到概念本质的深度。这种差异提示我们，真正的科学直觉可能需要建立在对现象本质的深刻理解之上，而不仅仅是表层模式的识别。

最后是价值判断能力。人类科学家的直觉不仅能够产生新的想法，还能够直觉性地判断这些想法的价值和潜力。这种判断往往带有强烈的美学特征，正如狄拉克所说："美丽的方程更有可能是正确的。"这种审美判断能力目前在 AI 系统中还完全看不到。虽然我们可以通过各种指标来评估 AI 产生的结果，但这种评估本质上仍然是机械的，缺乏真正的价值判断维度。

然而，这些差异不应该导致我们对 AI 系统的科学创新潜力持完全否定的态度。相反，这些观察启示我们：未来的科学创新可能需要一种全新的人机协同模式。在这种模式中，AI 系统的强大计算能力和模式识别能力可以与人类科学家的创造性直觉形成互补。例如，AI 系统可以通过处理海量数据来识别潜在的研究方向，而人类科学家则可以运用其直觉能力来判断哪些方向最具突破潜力。同时，AI 系统的某些局限性也提醒我们：在追求机器智能的过程中，不应简单地模仿人类认知的表层特征，而是需要更深入地理解认知的本质。

这种理解可能可以反过来帮助我们更好地认识人类自身的认知能力。通过比较人类和 AI 系统在科学发现过程中的不同表现，我们可能更清楚地看到人类认知的独特之处。例如，人类似乎具有某种整体性的理解能力，能够在掌握细节的同时把握全局，这种能力在当前的 AI 系统中还很难实现。同时，人类的认知具有很强的适应性和创造性，能够在面对全新问题时快速调整思维方式，这种能力可能是人类科学直觉最本质的特征之一。

展望未来，随着神经科学和认知科学的深入发展，我们可能会对科学直觉的神经机制有更深入的理解。这种理解不仅有助于我们培养下一代科学家的创造力，也可能为开发新一代 AI 系统提供重要启示。

特别是，如果我们能够更好地理解人类大脑是如何在不同认知层面之间建立联系的，可能会为发展具有真正创造力的 AI 系统提供新的思路。最后，值得强调的是，科学直觉的研究不仅具有技术层面的意义，更触及了一些根本性的认识论问题：知识的本质是什么？理解意味着什么？创造力从何而来？这些问题不仅关系到 AI 的发展，也关系到我们对人类认知本质的理解。在这个意义上，对科学直觉的研究可能会成为连接认知科学、AI 和科学哲学的重要桥梁，帮助我们在更深的层面理解智能的本质。

3.2 非理性认知：洞见从何而来

在人类科学认知的宏大画卷中，那些最具突破性的科学发现往往并非源自严格的逻辑推演或系统的实验设计，而是来自某种难以用理性框架完全解释的认知飞跃，这种超越常规思维模式的认知过程，不仅挑战着我们对科学方法论的传统理解，更深刻地揭示了人类认知能力的多维度特征。现代认知科学的研究表明，这种表面上看似非理性的认知过程，实际上是人类大脑在长期进化过程中形成的一种高度复杂且精密的信息处理机制，它使得科学家能够在面对前所未有的复杂问题时，通过某种直觉性的洞察快速接近问题的本质。

在探讨非理性认知的科学基础时，我们需要首先理解大脑是如何在神经机制层面支持这种特殊的认知过程的。通过功能性磁共振成像（fMRI）和脑电图（EEG）等先进神经影像技术的观察，研究者发现，当科学家进入创造性思维状态时，大脑的默认模式网络与执行控制网络之间会形成一种独特的协同激活模式，这种神经网络的动态平衡状态似乎是科学创造力产生的关键神经基础；特别是在前额叶皮质、顶叶联合区和海马之间，会出现高度同步的神经振荡现象，这种振荡模式可能与创造性思维的产生具有直接关联。

从认知心理学的视角来看，非理性认知过程往往表现为某种特殊的顿悟现象。1921年，德国格式塔心理学家魏特海默在对物理学家的思维过程进行深入研究时发现，科学家在解决复杂问题的过程中，常常会经历一个特殊的认知阶段：在经过持续而深入的思考之后，解决方案会以一种完整而清晰的形式突然呈现在意识中，这种现象后来被称为"顿悟"或"啊哈时刻"。值得注意的是，这种顿悟并非完全是随机的认知突变，而是建立在深厚的专业知识积累和长期的问题思考基础之上，这一点在诺贝尔物理学奖获得者南部阳一郎的研究经历中得到了生动的体现。

在发展规范场论的过程中，南部阳一郎经常依靠直觉来判断理论方程的正确性，这种基于直觉的判断能力，使他能够在众多可能的数学表达中准确识别出最有可能正确的形式。这种现象在理论物理学界并非孤例，著名物理学家费米同样具备在进行详细计算之前就能准确预估问题答案的能力，这种能力反映了科学家在长期专业训练中形成的某种特殊的模式识别机制，它允许研究者绕过烦琐的分析过程，直接把握问题的核心。

在化学发现史上，凯库勒关于苯环结构的顿悟提供了另一个深具启发性的案例。这位化学家在炉火前半梦半醒之际，看到了一条咬住自己尾巴的蛇的意象，这个表面上看似偶然的意象启发他发现了苯分子的环状结构。现代神经科学研究表明，在这种处于清醒与睡眠之间的过渡状态时，大脑的默认模式网络活动会显著增强，这种状态特别有利于创造性联想的产生。这一发现不仅为我们理解凯库勒的创造性顿悟提供了神经科学的解释框架，更启示我们重新思考意识状态对科学创造力的影响。

分子生物学领域的重大发现同样展现了非理性认知的独特价值。在 DNA 双螺旋结构的发现过程中，沃森和克里克主要依靠对分子模型的直觉性操作，而不是严格的化学计算来构思可能的结构方案。这种看似不够严谨的方法实际上充分发挥了人类大脑在空间认知方面的优势，因为人类在处理三维空间关系时，会激活顶叶皮质的特定区域，这些区域与直觉性空间认知密切相关，能够同时处理多个空间维度的信息，而不受工作记忆容量的严格限制。

近年来，随着脑机接口技术的快速发展，研究者开始能够直接观察和记录科学家在进行创造性思考时的脑电活动模式。这些研究揭示了一个具有重要启示意义的现象：在产生创造性想法的瞬间，大脑的 γ 波活动会呈现出显著的增强，这种高频神经振荡可能反映了不同脑区之间的信息整合过程；特别值得注意的是，这种 γ 波增强往往出现在个体意识到问题解决方案之前，这一时序特征暗示着创造性思维可能首先在潜意识层面完成整合，然后才进入意识层面。

认知心理学家加德纳提出的多元智能理论为我们理解科学创造力提供了一个更为完整的理论框架。根据这一理论，科学创造力往往需要多种智能类型的协同作用，包括逻辑-数学智能、空间智能和内省智能等，这种多元智能的协同可能解释了为什么科学直觉常常呈现出整体性的特征：它不是单一认知能力的简单表现，而是多种认知功能的综合产物。这个理论框架同时也帮助我们理解了为什么不同的科学家可能采用不同的认知路径来达到相似的科学发现。

大脑的预测编码（predictiveen coding）机制为理解科学直觉的形

成提供了另一个重要的理论视角。这一理论认为，大脑会不断基于已有知识生成对未来输入的预测，并通过比较预测与实际输入之间的差异来更新其内部模型。在科学研究领域，长期的专业训练可能会优化这个预测系统，使得资深科学家能够在较少的信息输入条件下，作出准确的研究方向判断或理论预测。这种机制可能解释了为什么经验丰富的科学家常常能够在研究初期就准确预感到某个研究方向的潜在价值。

情感神经科学的最新研究成果为我们理解非理性认知与情绪状态之间的内在联系提供了重要启示。通过对科学家在不同情绪状态下进行创造性问题解决时的脑活动模式进行系统观察，研究者发现，中等程度的积极情绪状态往往能够显著提升创造性思维的效率，这种现象可能与情绪调节对大脑神经递质系统的影响有关：适度的正面情绪会促进大脑释放多巴胺，而多巴胺水平的提高不仅能够增强认知的灵活性，还可能通过调节前额叶皮质的活动来优化工作记忆的动态更新过程，从而为创造性思维的产生创造有利的神经生理条件。

从进化心理学的宏观视角来看，非理性认知这种表面上看似不够严谨的思维方式，很可能是人类在漫长的进化历程中形成的一种高度适应性的认知特征。在面对高度复杂且充满不确定性的环境时，过分依赖详尽的理性分析可能会导致决策过程过于缓慢，而基于直觉的快速判断则允许个体在有限的时间和认知资源条件下作出相对合理的选择。这种进化学意义上的适应性在现代科学研究中表现得尤为突出：当科学家面对前所未有的研究课题时，严格的逻辑推理往往会因为缺乏足够的先验知识而难以提供有效指导，这时直觉性的判断就成为开创性发现的重要来源。

在量子力学的早期发展阶段，我们可以清晰地看到非理性认知在科学范式转换过程中所扮演的关键角色。当玻尔、海森堡等物理学家面对经典物理理论无法解释的实验现象时，他们并非通过系统的逻辑推导得出新的理论框架，而是首先依靠某种直觉性的洞察，突破了经典物理学的思维定式，进而建立起全新的量子理论体系。这种认知突破的过程特别值得关注，因为它展示了非理性认知在处理范式转换这类特殊科学问题时的独特优势：当现有的理论框架已经无法为问题解决提供有效指导时，直觉性思维可能成为突破认知困境的唯一途径。

现代脑科学通过对创造性问题解决过程中大脑网络动力学的深入分析，揭示了一个具有重要意义的现象：在产生创造性突破的关键时刻，大脑的大尺度神经网络会呈现出一种特殊的重组模式，表现为默认网络与任务正向网络之间的动态耦合增强，这种网络重组可能为不同认知模块之间的信息整合提供了神经基础，使得个体能够在潜意识层面实现跨域的知识重组和创新性联想。这一发现不仅帮助我们理解了非理性认知的神经机制，也为优化创造性思维的环境条件提供了科学依据。

神经可塑性研究则从另一个角度揭示了专业训练对非理性认知能力发展的重要影响。通过对不同领域专家大脑结构的纵向追踪研究（longitudinal study）发现，持续的专业训练不仅能够导致特定脑区灰质体积的增加，更重要的是能够优化不同功能区域之间的连接模式，这种结构性和功能性的改变可能构成了专业直觉形成的神经基础。特别值得注意的是，这种神经可塑性的变化往往表现出领域特异性的特征，这可能解释了为什么科学家的直觉往往在其专业领域最为准确可靠。

将这些研究发现与科学创新实践相结合，我们可以更好地理解非理性认知在科学发现过程中的多重作用机制。首先，它能够帮助科学家在面对复杂问题时快速识别潜在的突破方向，这种能力尤其体现在研究的初始阶段，当可能的探索路径众多且各种约束条件尚不明确时，直觉性判断往往能够提供宝贵的启发性指导。其次，非理性认知还具有整合多维度信息的独特优势，它能够将来自不同认知层面的信息（包括感知、记忆、情感等）整合为统一的理解，这种整合能力在处理跨学科问题时显得尤为重要。

对于 AI 系统的发展而言，深入理解非理性认知的特质具有特殊的启发意义。当前的深度学习系统虽然在特定任务上展现出了超越人类的能力，但在创造性思维方面仍存在局限性。这种局限性很可能源于我们对人类非理性认知理解的不足：如果我们能够更好地理解直觉性思维的工作机制，特别是它是如何在不完备信息条件下实现有效判断的，可能会为开发具有真正创造力的 AI 系统提供新的思路。特别值得关注的是，人类非理性认知所具有的跨域类比能力和整体性把握能力，可能为下一代 AI 系统的架构设计提供重要启示。

通过对非理性认知的多维度分析，我们深刻认识到，这种认知方式之所以在科学创新中发挥关键作用，是因为它提供了一种独特的认知路径，能够在复杂的问题情境中实现快速的模式识别和创造性重组。然而，这并不意味着我们应该轻视理性分析的重要性，相反，非理性认知与理性思维之间的辩证统一恰恰构成了科学创新的核心特征：直觉为创新提供可能的突破方向，而理性分析则确保这些直觉性洞察能够经受住严格的科学检验。在 AI 迅速发展的今天，这种认识不仅有助于我们更好地培养人类的科学创造力，也为发展具有真正创造性的智能系统提供了重要的理论指导。

3.3 偶然与必然：创新背后的统计学原理

在智能科技的发展历程中，2016 年 AlphaGo 战胜李世石的那一刻，常被描述为 AI 领域的"牛顿苹果"时刻。正如诸多重大突破往往披着偶然的外衣，让人产生一种错觉，仿佛创新就是等待灵感的偶然降临。从牛顿观察苹果落地而思考万有引力，到阿基米德在浴缸中发现浮力定律，再到弗莱明发现青霉素，这些广为流传的科学发现故事似乎都在强调偶然因素的重要性。然而，当我们以更加系统的视角审视这些看似偶然的发现背后，往往会发现一个令人深思的统计学现象：这些"偶然"总是青睐那些早已在相关领域深耕多年的科学家，而不是随机地降临在任何人身上。这种现象背后蕴含着一个深刻的统计学原理：科学创新本质上是一个复杂的概率事件，而提高这个概率的关键，在于系统性的知识积累、持续性的深入思考以及对创新机会的敏锐把握能力。

1928 年的那个改变医学史的周一早晨，当亚历山大·弗莱明走进位于圣玛丽医院的实验室时，一个被遗忘在实验台上的培养皿中的明显抑菌圈引起了他的注意。这个培养皿中生长着金黄色葡萄球菌的菌落，而在其中的一个区域，细菌的生长被某种物质抑制了。弗莱明通过观察发现，这个抑菌区域周围长着一种青绿色的霉菌。这个看似简单的观察最终成就了青霉素的发现，开创了抗生素时代，挽救了无数人的生命。然而，将这个发现仅仅归结为偶然，是对科学创新本质的严重误解：在发现青霉素之前，弗莱明已经在细菌学研究领域耕耘了将近 20 年，他不仅积累了丰富的实验经验，而且培养出了对细菌生长异常现象的敏锐观察力。

深入分析弗莱明的科研经历，我们会发现一系列看似偶然但实则必然的因素。首先，他在第一次世界大战期间曾在战地医院工作，亲眼看见了大量伤员因细菌感染而死亡，这段经历让他对抗菌物质研究产生了持续的兴趣。其次，在发现青霉素之前，他就一直在研究天然抗菌物质，特别是人体分泌物中的溶菌酶，这使得他对抗菌现象特别敏感。最后，在观察到青霉菌的抑菌作用后，他并没有像其他研究者那样将其视为实验污染而丢弃，而是立即认识到了这个现象的潜在价值。特别值得注意的是，在他之前，已经有多位研究者观察到了类似的现象，但都未能认识到其重要性。这个事实从统计学角度告诉我们，科学发现不仅需要机遇的出现，更需要研究者具备识别和把握机遇的能力。

在物理学研究领域，伦琴发现 X 射线的过程为我们提供了另一个深具启发性的案例。1895 年 11 月 8 日的那个夜晚，当伦琴在进行克鲁克斯管实验时，意外发现放置在数米之外的氰亚铂酸钡荧光屏发出了微弱的光芒。这个发现立即引起了他的注意，因为根据当时对射线的认识，这种射线不应该传播如此远的距离。这个时刻经常被简单描述为一个纯粹的偶然发现，但实际情况要复杂得多：首先，伦琴选择在夜晚进行实验并非偶然，而是为了更好地观察微弱的荧光现象，这体现了他严谨的实验方法；其次，他使用的特殊真空放电管是经过精心设计的，这种设计源于他对射线特性的深入理解；最后，当观察到异常现象时，他没有简单地归因于实验误差，而是立即展开了系统性的研究，这反映了他敏锐的科学直觉。

伦琴的后续研究过程同样值得关注。在发现这种神秘射线后的几周内，他几乎足不出户，完全投入到了研究中。他系统地探究了这种射线的各种特性：它能穿透纸张、木材等多种物质，但被金属阻挡；它能使荧光物质发光；最重要的是，它能在感光底片上留下影像。这种系统性的研究方法显示出科学发现过程中的另一个重要特征：初始的偶然发现仅仅是开始，将这种发现发展成为成熟的科学理论，需要研究者投入大量的系统工作。这个案例揭示了科学发现中的一个关键统计学特征：重大发现往往出现在那些既有充分准备，又保持高度警觉性的研究者身上。

深入分析科学创新的统计学特征，我们会发现一个具有普遍性的模式：重大科学发现通常遵循一种"准备—机遇—把握"的三阶段模式。在准备阶段，研究者通过系统的学习和探索，不仅建立起完整的知识体系和敏锐的问题意识，更形成了某种特殊的认知倾向，这种倾向使他们能够在纷繁复杂的现象中捕捉到关键的异常信号。这个阶段往往需要投入大量时间和精力，正如爱因斯坦所说："灵感总是青睐有准备的头脑。"当机遇出现时，这种长期积累形成的认知准备，使得研究者能够快速识别关键线索，并意识到其潜在价值。而在把握阶段，则需要研究者具备足够的洞察力和执行力，将偶然的发现转化为系统的科学成果。

从概率论的角度来看，科学创新过程实际上是一个连续的条件概率事件：每一个阶段的成功都为下一个阶段创造了必要条件。这种概率链条的特点在于，虽然每个环节都存在不确定性，但通过科学的方法和系统的积累，我们可以显著提高每个环节成功的概率。这个认识对于现代科技创新具有重要的指导意义，它提示我们，真正的科技突破不能完全依赖偶然，而是需要建立在系统性的创新机制之上。

在现代科技创新领域，这种统计学规律表现得更加明显。以药物研发为例，传统的药物筛选过程往往需要科学家在成千上万个化合物中寻找潜在的药物分子，这个过程如果完全依靠偶然，成功的概率会低得令人望而却步。在传统的药物发现模式中，研究人员常常需要筛选超过 10 000 个化合物才能找到一个具有药用价值的分子，而从发现到最终上市，平均需要投入超过 10 亿美元的研发成本，整个过程往往持续 10—15 年。这种低效率的研发模式显然无法满足现代医药创新的需求。

然而，随着计算机辅助药物设计技术的发展，这个领域正在经历一场深刻的变革。科学家开始能够通过复杂的算法模型预测分子的生物活性，从而大大提高筛选效率。以青蒿素衍生物的研发为例，研究人员通过系统分析青蒿素及其数百个衍生物的构效关系，建立起了精确的预测模型。这种模型不仅能够预测新型化合物的抗疟活性，还能够指导化学结构的优化方向。更重要的是，通过机器学习算法，这些模型能够不断从新的实验数据中学习，进一步提高预测的准确性。

在这个过程中，研究者发现了一个有趣的现象：某些看似微小的分子结构改变可能导致活性的显著变化。这种非线性的构效关系启发科学家开发出了一种新的优化策略：通过高通量筛选技术，系统地探索可能的"活性跃迁点"周边的化学空间。这种策略实质上是在利用统计学的聚类效应，通过在潜在的高价值区域进行密集采样，提高发现突破性新药的概率。这种方法已经在多个重要药物的开发中取得了成功，例如在新型靶向抗癌药物的研发中，通过这种方法显著缩短了优化周期，提高了成功率。

在半导体行业，集成电路的发展历程给我们展示了另一种独特的创新统计模式。自 1965 年戈登·摩尔提出著名的摩尔定律以来，芯片的集成度大约每 18—24 个月就会翻一倍，这个看似简单的规律背后，实际上蕴含着整个行业数十年来的创新积累。以台积电为代表的顶级晶圆代工企业，其成功不仅仅依赖于先进的工艺技术，更重要的是建立了一套完整的创新管理体系。这个体系的核心在于如何通过科学的方法持续提升创新概率。

在推进先进制程时，台积电采用了一种独特的"多重押注"策略：对于每一代新工艺，公司都会同时投入多个技术路线的研发。例如，在开发 7 纳米制程时，研究团队同时探索了多种光刻技术方案，包括传统的深紫外光刻和新型的极紫外光刻。这种策略表面上看似乎存在资源浪费，但从概率论的角度来看，却大大提高了技术突破的可能性。更重要的是，不同技术路线的研究往往能够产生意想不到的协同效应，某个方向的失败经验可能为其他方向提供重要启示。

在 AI 领域，深度学习的突破性进展为我们提供了理解群体创新统计规律的新视角。从 2012 年 AlexNet 在 ImageNet 图像识别竞赛中的标志性胜利，到 2016 年 AlphaGo 战胜世界围棋冠军李世石，这些看似瞬间的突破，实际上都是建立在整个研究社群长期积累的基础之上。深度学习的成功绝非某个单一团队或个人的偶然发现，而是数百个研究组在神经网络结构、优化算法、计算架构等多个方向持续探索的必然结果。

特别值得关注的是深度学习领域的开源文化，这种文化极大地促进了创新的群体效应。当一个研究团队发布新的算法或模型时，全球的研究者都能快速验证和改进，这种集体智慧的力量远超任何单个团队的能力。例如，Transformer 架构的演进就充分体现了这一点：从 2017 年谷歌提出原始版本后，研究社群通过持续的改进和创新，将这一架构推广到了计算机视觉、自然语言处理、药物发现等多个领域，产生了一系列突破性成果。

大数据和云计算的发展，为我们提供了前所未有的机会来研究创新的统计学规律。通过对数百万篇科技论文和专利文献进行深度挖掘，研究者发现了一个具有深远意义的现象：重大科技突破往往出现在多个相关领域同时达到临界状态的时刻。这种现象在深度学习领域表现得尤为明显：2012年深度学习的爆发式发展，恰好出现在算法理论、计算能力和数据资源这三个关键要素同时达到临界水平的时期。

这种多维度临界现象可以用复杂系统理论来解释：当系统的多个关键参数同时接近临界值时，系统的行为会发生质的改变。在科技创新中，这种临界状态往往表现为多个技术瓶颈的同时突破。例如，自动驾驶技术的突破就需要传感器技术、计算能力、AI算法等多个领域同时达到一定水平。理解这种规律对于创新管理具有重要意义：它提示我们在进行创新投入时，需要全面考虑各个关键要素的发展状态。

在数字时代，创新的速度呈现出明显的加速趋势。这种加速既得益于技术工具的进步，也源于全球创新网络的形成。科研人员能够更快地获取最新研究成果，更容易找到合作伙伴，更方便地验证新想法。这种环境变化从根本上改变了创新的统计学特征：虽然单个创新尝试的成功概率可能没有显著提高，但创新尝试的总量和频率都大大增加了，这导致重要突破出现的时间间隔明显缩短。

从更深层的角度来看，科学创新中的偶然性和必然性是辩证统一的：偶然性体现在具体的发现时机和方式上，而必然性则体现在这些发现背后的统计学规律中。随着大数据技术和AI的进一步发展，我们正在进入一个新的创新时代。在这个时代中，创新不再完全依赖于个人的灵感和直觉，而是越来越多地依赖于数据驱动的系统方法。AI系统已经开始在某些领域展现出超越人类的创新能力，这种趋势正在从根本上改变科学发现的方式。

这种创新范式的转变，不仅改变了科学发现的方式，也在深刻地影响着人类的认知方式。我们正在学习如何更好地利用统计规律来指导创新实践，如何将个人的创造力与集体智慧更完美地结合，如何在保持创新的偶然性的同时提高其必然性。这种认知方式的变革，也让我们不得不思考一个更根本的问题：在这个 AI 快速发展的时代，计算机是否真的开始具备了独立思考的能力？

3.4 计算机的想象力：AI 已经独立思考了吗

在 AI 快速发展的今天，一个越来越引发争议的问题是：计算机是否已经开始具备了真正的思考能力？这个问题之所以重要，不仅因为它关系到我们对 AI 未来发展的判断，还因为它触及了一个更根本的问题：什么才是真正的思考？当我们说一个系统具备"思考能力"时，我们到底在说什么？要回答这些问题，我们需要从 AI 发展历程中的几个关键时刻说起，通过对具体案例的深入分析，来理解机器思维的本质特征。

如果我们深入分析 AlphaGo 的工作原理，就会发现 AlphaGo 的"思考"过程实际上是基于深度神经网络和蒙特卡洛方法的组合。这个过程虽然能够产生超越人类水平的下棋决策，但其本质仍然是一个非常复杂的统计计算过程。特别值得注意的是，AlphaGo 并不像人类棋手那样对棋局产生情感共鸣，不会感受到特定布局的美感，也不会因为发现精妙的走法而感到兴奋。它的每一步棋都是纯粹的数学计算结果，是在极其庞大的可能性空间中，通过严格的数值优化方法找到的最优解。

这种区别在 AlphaGo 的训练过程中表现得尤为明显。人类棋手在学习围棋时，往往通过研究经典棋谱、理解基本定式、领悟棋理来提升水平，这个过程包含了大量的概念抽象和原理理解。相比之下，AlphaGo 主要通过自我对弈来提升棋力，它在短时间内完成了数百万局对弈，这种规模的经验积累是人类无法企及的。但这种学习方式也暴露出了机器思维的局限：它无法像人类那样提炼出普适性的棋理原则，无法理解为什么某些定式在特定情况下会失效，也无法基于对围棋本质的理解来创新下法。

2022 年 11 月，ChatGPT 的出现让这个问题变得更加复杂。当这个语言模型能够与人类进行流畅的对话，写出富有创意的故事，甚至解决复杂的编程问题时，很多人开始相信 AI 已经具备了真正的理解能力。ChatGPT 展现出的语言能力确实令人印象深刻：它不仅能够准确理解上下文，还能根据对话情境调整回答的风格和深度，有时甚至能够提供出人意料的见解。然而，细致分析 ChatGPT 的回答会发现一些深层的问题：它虽然能够生成连贯且符合语境的文本，但经常会在需要准确事实认知的情况下出现错误，而且这些错误往往显示出它并不真正理解所说的内容。

一个典型的例子是，当要求 ChatGPT 解释复杂的科学概念时，它常常能够给出流畅且看似合理的解释，但仔细分析就会发现这些解释往往是对训练数据中相关片段的重组，而不是基于对概念本质的理解。更有趣的是，当被问及自己是否真正理解这些概念时，ChatGPT 会给出听起来非常真诚的回答，承认自己只是一个语言模型，没有真正的理解能力。这种"自知之明"本身就是一个值得深思的现象：它表明即便是最先进的 AI 系统，其"思考"过程与人类认知之间仍存在着本质的差异。

更深入地说,当今的 AI 系统,不管是 AlphaGo 这样的专用系统,还是 ChatGPT 这样的通用语言模型,都是建立在深度学习这一框架之上的。这个框架的核心思想是通过大规模数据训练,让神经网络学习到数据中的统计规律。在这个过程中,网络确实能够捕捉到极其复杂的模式,但这种模式识别与人类的思考过程有着根本的区别。特别值得注意的是,这些系统在训练过程中形成的"知识表征",与人类认知中的概念结构有着本质的不同:人类在学习过程中不仅会获取信息,更会建立起概念之间的因果关系网络,形成对世界的系统性理解。

在科学发现领域,AI 系统展现出的能力更加引人深思。2020 年,MIT 和哈佛大学的研究团队合作开发的 AI 系统成功从数百万个化合物中发现了一种名为 halicin 的新型抗生素,该研究发表在《细胞》期刊上。这个发现过程表面上看起来极其类似于人类科学家的工作方式:首先建立假设,然后通过实验验证,最终得出结论。该系统通过分析已知抗生素的分子特征,建立起了一个可以预测抗菌活性的模型,并用这个模型从化合物数据库中筛选出潜在的候选分子。这个成功案例让很多人相信 AI 已经开始具备了科学发现的能力。

然而,仔细分析这个发现过程,我们会认识到 AI 系统的"发现"方式与人类科学家有着本质的区别。人类科学家在寻找新型抗生素时,通常会基于对细菌生理学和分子生物学的深入理解,提出可能的作用机制,然后设计针对这些机制的分子结构。这个过程涉及对基本原理的理解、创造性的假设提出、实验方案的设计等多个认知层面的活动。相比之下,AI 系统是通过对海量数据进行快速筛选,利用预先设定的评价标准找到潜在的候选分子。它并不理解分子生物学的基本原理，不会思考为什么某些分子结构具有抗菌活性，也不会基于对机理的理解提出创新性的分子设计。

这种区别在数学领域表现得尤为明显。2020 年，DeepMind 公司的 AI 系统在组合数学领域取得了突破，发现了两个此前未知的数学定理。这个成就立即引发了热烈讨论：AI 是否已经开始理解数学了？然而，与人类数学家不同，AI 系统是通过分析大量已知定理和证明过程，从中发现新的模式。它不理解数学概念的本质含义，不会欣赏证明的优雅性，也不会产生对数学真理的好奇心。正如著名数学家陶哲轩所说："数学追求的不仅是找到正确答案，更是理解为什么这个答案是正确的。"

在艺术创作领域，AI 系统的表现则给我们提供了另一个观察角度。2022 年，DALL-E 2 和 Stable Diffusion 等 AI 绘画系统引发了广泛关注。这些系统能够根据文本描述生成令人惊叹的图像，有时甚至展现出超越人类想象的创造力。但如果我们深入分析这些系统的创作过程，就会发现它们实际上是在已有的人类艺术作品基础上进行重组和变异的。AI 不理解光影的情感表达，不懂得构图的美学原理，它只是在学习和模仿人类艺术家的表现手法。这种创作更像是一种高级的"拼贴"，而不是源于对美的真正理解。

类似的情况也出现在音乐创作领域。谷歌的 Magenta 项目能够创作出动听的音乐作品，但它的创作过程本质上是对已有音乐模式的统计学习和重组。它不理解音乐的情感内涵，不会因为自己创作的旋律而感动，也不会思考如何通过音乐表达特定的情感或思想。这种创作虽然在技术层面令人印象深刻，但与人类音乐家富有灵魂的创作仍有本质区别。

回到科学研究领域，现代 AI 系统在辅助科学发现方面确实展现出了强大的能力。例如，在材料科学领域，AI 系统能够通过分析历史数据，预测新材料的性质，提出可能的合成路径。在基因组学研究中，AI 能够从海量的基因数据中发现潜在的致病基因。在天文学领域，AI 能够从望远镜数据中识别新的天体。这些成就确实令人印象深刻，但我们需要认识到，这些"发现"都是建立在人类科学家设定的框架之内的。AI 系统不会提出全新的科学范式，不会质疑既有的理论框架，也不会产生革命性的科学思想。

更深入地说，当今 AI 系统的局限性主要体现在三个方面。首先是因果推理能力的缺失。虽然 AI 系统能够发现数据中的相关性，但它们难以理解真正的因果关系。例如，在医学诊断中，AI 可能会发现某些症状与疾病之间的统计关联，但它不理解疾病的发病机制。其次是迁移学习能力的局限。人类可以轻松地将一个领域的知识应用到另一个领域，而 AI 系统往往局限在特定的问题域内。第三是创造性思维的局限。AI 的"创造"主要是对已有知识的重组，很少能产生真正突破性的新思想。

这些局限的根源可能在于当前 AI 系统的基本架构。深度学习模型本质上是一种复杂的模式识别系统，它们通过优化预定义的目标函数来调整网络参数。这种方法虽然在特定任务上能够取得出色的表现，但与人类的思维方式有着根本的不同。人类思维不仅是模式识别，还包含了理解、推理、创造等多个层面的认知活动。我们不仅能够识别模式，还能理解模式背后的原理，并基于这种理解进行创新。

例如，在物理学研究中，爱因斯坦提出相对论不仅是基于对现有数据的分析，而且是源于对物理世界本质的深刻思考。他通过思想实验，质疑了牛顿物理学的基本假设，提出了全新的时空观念。这种思维方式涉及对基本概念的重新审视，对既有理论框架的突破，这是当前 AI 系统完全无法企及的认知层次。

然而，这并不意味着 AI 系统在科学研究中的价值应该被低估。相反，正是因为 AI 与人类思维方式的不同，才使得两者能够形成互补。AI 系统的优势在于能够快速处理海量数据，发现人类难以察觉的模式，进行复杂的数值计算。而人类科学家则擅长提出创新性的假设，理解深层的原理，做出价值判断。在未来的科学研究中，人机协作很可能成为主要的研究范式。

从更长远的角度来看，AI 系统的思维能力可能会沿着两个方向发展。一个方向是继续深化当前的方法，通过更大的模型、更多的数据、更好的算法来提升系统的性能。另一个方向是探索全新的 AI 架构，试图在现有框架之外寻找更接近人类认知的方案。例如，整合符号推理与神经网络的混合系统，或者借鉴认知科学的研究成果来设计新型的学习算法。

无论未来 AI 技术如何发展，有一点是确定的：真正的思考不仅是计算，而是对世界的理解、对真理的追求。当我们讨论计算机是否具备了独立思考的能力时，实际上也在反思人类思维的本质。这种反思不仅有助于我们更好地理解和发展 AI 技术，也能帮助我们更深入地认识人类智能的独特之处。

3.5 创造性重构：AI 重塑科学的底层逻辑

2023 年 1 月，DeepMind 公司的研究人员在《自然》杂志上发表了一项引人注目的研究：他们开发的 AI 系统成功预测了 150 000 个未知晶体结构的稳定性，并从中发现了超过 2 000 个可能的新材料。这个成果令整个材料科学界为之振奋，不仅因为这些新材料中可能蕴含着突破性的应用价值，更重要的是，这标志着材料科学研究正在经历一场方法论层面的革命。在传统的材料研究范式中，科学家往往需要通过直觉和经验来猜测可能的材料结构，然后在实验室中一个个验证。而现在，AI 系统能够在庞大的可能性空间中快速筛选出最有希望的候选者，这种效率的提升不仅是量的变化，还代表着科学研究方法的质变。

类似的变革正在科学研究的各个领域上演。在生物学领域，借助于 AlphaFold 这样的 AI 系统，科学家不再需要花费数年时间来解析一个复杂蛋白质的结构。这种效率的提升不仅加快了研究进度，更重要的是改变了生物学家思考问题的方式：当蛋白质结构预测不再是研究瓶颈时，研究重点自然转向了对蛋白质功能和调控机制的深入理解。这种研究范式的转变，正在重塑整个生命科学的研究逻辑。

然而，AI 对科学研究的影响远不止于效率的提升。更深层的变革体现在科学发现的逻辑起点发生了根本性的改变。传统的科学研究往往从假设开始：科学家基于已有知识和个人直觉提出假设，然后设计实验来验证。这种"假设驱动"的方法虽然行之有效，但往往受限于人类认知的局限性。而在 AI 时代，我们开始看到一种新的研究范式的出现：通过对海量数据的分析，让数据本身"说话"，从中发现人类可能忽略的模式和规律。

以药物研发为例，传统的药物发现往往始于对疾病机制的假设：科学家首先推测某个蛋白质或信号通路可能与疾病相关，然后设计针对这个靶点的药物分子。这个过程不仅耗时耗力，成功率也相对较低。

而现在，借助于AI系统，研究者可以采取一种全新的方式：通过分析大量的临床数据、基因表达数据和化合物筛选数据，让AI系统直接找出药物分子与治疗效果之间的关联，甚至发现此前未知的作用机制。这种方法不仅提高了发现新药的效率，更重要的是开辟了一条全新的科学探索路径。

这种由AI驱动的科学研究新范式，正在以三种根本性的方式重塑科学探索的过程。第一个改变发生在科学假设的生成阶段。在AI的协助下，科学家能够从海量数据中发现此前被忽视的模式和关联。例如，在天文学领域，通过对望远镜获取的海量数据进行AI分析，研究者发现了许多传统观测方法难以察觉的天体现象。2019年，一个基于深度学习的系统在分析开普勒太空望远镜的数据时，发现了此前未被发现的系外行星。这个发现的特别之处在于，AI系统能够识别出人类专家可能忽略的微弱信号，从而拓展了我们的观测能力。

第二个改变体现在实验设计和执行阶段。传统的科学实验往往需要研究者基于经验来设计实验方案，这个过程不仅耗时，而且容易受到个人偏见的影响。而现在，AI系统能够通过分析历史实验数据，智能地设计实验方案。在制药领域，这种变革已经开始显现成效。默克（Merck）制药公司开发的AI系统能够通过分析过去的实验数据，自动设计新的实验方案，不仅大大提升了实验效率，更重要的是能够探索人类科学家可能忽略的实验参数组合。这种方法在2021年帮助他们在新药研发中取得了重要突破：系统设计的实验方案发现了一个此前未被注意到的化合物优化路径。

第三个改变发生在科学理论的构建过程中。AI系统不仅能够帮助发现数据中的模式，还能够提出可能的理论解释。2020年，一个由 MIT 研究者开发的 AI 系统在分析物理实验数据时，自动发现了多个守恒定律，其中包括一些人类物理学家此前已经发现的，以及一些新的守恒关系。这个成果的意义不在于发现了新的物理定律，而在于展示了 AI 系统在科学理论构建中的潜力：它能够从数据中直接提炼出基本规律，而不需要依赖人类的先验假设。

这种新的研究范式带来的不仅是效率的提升，而且是认知方式的根本转变。例如，在基因组学研究中，传统方法往往聚焦于研究单个基因的功能，而 AI 分析能够揭示基因网络的整体模式。2022 年，通过对人类基因组数据的深度学习分析，研究者发现了一种此前未知的 DNA 序列模式，这种模式在调控基因表达中起着重要作用。这个发现之所以重要，不仅因为它揭示了新的生物学机制，还因为它展示了一种全新的研究思路：不是从单个基因出发，而是从整体网络的角度来理解生命系统。

这种由 AI 驱动的科学研究新范式，正在引发我们对科学本质的深层思考。传统的科学哲学认为，科学发现是一个由假设、实验验证和理论构建构成的线性过程。但在 AI 时代，这个过程变得更加复杂和动态。例如，在气候科学研究中，AI 系统能够同时处理来自气象站、卫星观测、海洋监测等多个来源的数据，从中发现复杂的气候模式。2023 年，一个基于深度学习的系统在分析全球气候数据时，发现了一个此前未被注意到的大气环流模式，这个发现不是来自预先的理论假设，而是从数据中自发涌现的规律。

这种"数据驱动"的发现方式正在改变科学知识的生产模式。传统的科学研究往往遵循"自上而下"的逻辑：科学家首先基于已有理论提出假设，然后通过实验来验证。而在 AI 辅助下，我们开始看到一种"自下而上"的研究范式：从海量数据中发现规律，然后再构建理论框架来解释这些规律。这种转变在基因组学研究中表现得尤为明显。例如，在研究基因调控网络时，传统方法往往从单个调控因子入手，而 AI 分析则能够直接从基因表达数据中识别出复杂的调控模式，这些模式可能涉及数十个甚至数百个基因的相互作用。

更深层的变革体现在科学创造力的性质发生了改变。在 AI 时代，科学创新不再完全依赖于个人的灵感和直觉，而是逐渐依赖于人机协作的集体智慧。例如，在新药研发过程中，AI 系统负责从海量化合物库中筛选候选分子，预测其性质和可能的副作用，而人类科学家则负责理解药物作用机制，设计临床试验方案，评估研究的伦理影响。这种协作模式正在创造一种新型的科学创造力，它既保留了人类的洞察力和判断力，又充分利用了机器的计算能力和模式识别能力。

这种新型的科学研究模式也在改变科学证据的性质。在传统科学中，实验可重复性是科学证据的重要标准。但在 AI 驱动的研究中，某些发现可能来自如此复杂的数据分析过程，以至于传统意义上的实验重复变得困难。例如，当一个 AI 系统通过分析数百万个实验数据点发现新的生物学规律时，完全重复这个发现过程在实践上可能并不可行。这就要求我们重新思考科学验证的标准：也许我们需要发展新的方法来验证 AI 辅助的科学发现。

同时，这种转变也带来了一些重要的挑战。首先是知识的系统性问题：当科学发现越来越依赖于 AI 的数据分析时，我们如何确保这些零散的发现能够组织成连贯的知识体系？例如，在材料科学领域，AI 系统可能会发现大量的新材料，但如何将这些发现整合为一个统一的理论框架，仍然是一个重要挑战。其次是创新的深度问题：AI

擅长在已知范式内进行优化和创新，但对于范式本身的突破，仍然高度依赖人类的创造性思维。

这些挑战正在推动科学研究方法的进一步演化。一种正在形成的新趋势是"混合研究范式"：将传统的理论驱动方法与 AI 驱动的数据分析方法有机结合。在这种范式下，科学家既能利用理论直觉来指导研究方向，又能使用 AI 工具来拓展认知边界。例如，在粒子物理研究中，理论物理学家提出可能的粒子模型，而 AI 系统则帮助分析大型对撞机产生的海量数据，两种方法相互补充，共同推动科学发现。

这种科学研究范式的根本转变，正在深刻影响着科学教育和人才培养的方式。传统的科学教育强调基础理论的系统学习和实验技能的训练，但在 AI 时代，科学家需要掌握的技能正在发生改变。2022 年，麻省理工学院率先在其生物学课程中引入了 AI 辅助研究方法的训练，学生不仅要学习传统的生物学知识，还需要掌握数据分析和机器学习的基本技能。这种课程改革反映了一个重要趋势：未来的科学家需要同时具备领域专业知识和 AI 工具应用能力。

更根本的变化体现在科学思维方式的培养上。在 AI 时代，科学家需要培养一种新型的认知能力：既能够理解 AI 系统的工作原理和局限性，又能保持人类特有的创造性思维和直觉判断。例如，在生物医学研究中，科学家需要判断 AI 系统发现的生物标志物是否具有真实的生物学意义，这种判断既需要专业知识，也需要对 AI 分析方法有深入理解。这意味着，未来的科学教育不仅要教授"什么是科学"，还要教导学生"如何与 AI 协同开展科学研究"。

在实验室管理和科研组织方面，这种范式转变也带来了深刻影响。传统的实验室往往围绕特定的实验设备和技术平台组织研究活动，而现在，数据处理和 AI 分析能力正成为实验室的核心竞争力。例如，在现代基因组学实验室中，生物信息分析平台的重要性已经不亚于测序仪器。这种转变要求实验室在人才结构、资源配置和研究策略上进行相应调整。

同时，这种变革也在重塑科学共同体的组织方式。AI 技术正在促进更加开放和协作的研究模式。例如，在新冠病毒研究中，科学家通过共享病毒基因组数据和 AI 分析工具，实现了前所未有的全球协作。这种模式不仅提高了研究效率，也促进了科学资源的更公平分配：即使是资源有限的研究机构，也可以通过使用开源 AI 工具参与前沿研究。

然而，这种转变也带来了一些需要警惕的风险。首先是对 AI 的过度依赖可能导致科学思维能力的退化。如果科学家过分依赖 AI 系统进行数据分析和模式发现，可能会削弱自身的理论思考能力和直觉判断力。其次是知识碎片化的风险：当科学发现越来越依赖于 AI 的数据分析时，如何确保这些发现能够整合成系统的科学理论？这些风险提醒我们，在拥抱新技术的同时，也要保持对科学本质的清醒认识。

展望未来，AI 驱动的科学研究范式可能会向两个方向发展。一个方向是进一步强化数据驱动的发现模式，发展更强大的 AI 工具来辅助科学研究。例如，虽然目前仍面临许多技术挑战，但未来可能会出现辅助设计实验的 AI 系统，或者能够在现有理论框架内提出新假设的 AI 模型，尽管完全自主的科学理论构建仍可能需要解决 AI 领域的许多根本性问题。另一个方向是探索人机协作的新模式，在保持人类创造力的同时，充分利用 AI 的计算能力和分析能力。这两个方向并不矛盾，而是反映了科学研究在数字时代的两个互补维度。

最终，AI 对科学底层逻辑的重构，不仅改变了我们进行科学研究的方式，也深刻影响着我们理解科学本身的方式。在这个新时代，科学不再是纯粹的理性探索活动，而是人类智慧与 AI 的协同创造过程。这种转变可能标志着科学发展史上一个新阶段的开始：在这个阶段中，科学创新将以一种前所未有的方式，融合人类的创造力与机器的能力，开启认知的新边界。

小结：一个更具想象力的科学新时代

本章通过对科学创新历程的分析，揭示了 AI 时代科学想象力的新特征。在传统的科学发展中，重大突破往往源于科学家个人的直觉洞察：门捷列夫通过梦境发现元素周期律，弗莱明意外地从实验污染中发现青霉素，这些经典案例展示了个体科学家直觉思维的重要价值。然而，随着 AI 技术的发展，科学创新的模式正在发生根本性的转变。

这种转变首先体现在科学发现的方法论层面。AI 系统展现出了超越人类的模式识别能力，能够在海量数据中发现此前被忽视的规律。从 AlphaFold 的蛋白质结构预测，到新型材料的自动筛选，AI 正在重塑科学研究的基本范式。这不仅仅是研究效率的提升，更是认知方式的根本转变：从"假设驱动"转向"数据驱动"，从个人直觉转向集体智慧。其次，科学创新的本质特征也在发生变化。传统的科学创新往往依赖于个人的灵感时刻和长期积累，而在 AI 时代，创新越来越多地体现为人机协作的成果。这种协作模式既保留了人类的创造性思维和价值判断，又充分利用了机器的计算能力和分析能力，创造出了一种新型的科学想象力。

AI对科学方法的影响主要表现在三个方面：第一，它改变了科学假设的生成方式，使得研究者能够从数据中直接发现新的研究方向；第二，它革新了实验设计和执行的流程，大大提高了科学研究的效率和精确度；第三，它为科学理论的构建提供了新的路径，能够从复杂数据中提炼出基本规律。然而，这种转变也带来了一系列需要深入思考的问题。首先，如何平衡AI的分析能力和人类的创造性思维？过度依赖AI可能会削弱科学家的理论思维能力。其次，如何确保AI辅助的科学发现能够形成系统的知识体系，而不是零散的发现？最后，如何培养新时代的科学家，使他们既具备扎实的专业知识，又能够充分利用AI工具？

展望未来，科学研究可能会向着更加开放和协作的方向发展。一方面，AI工具的普及将使得更多研究者能够参与到前沿科学探索中；另一方面，科学教育和人才培养的方式也需要相应调整，以适应这种新的研究范式。在这个过程中，关键是要认识到AI不是要取代人类科学家，而是要通过人机协作来拓展认知的边界。在这个更具想象力的科学新时代，成功的关键在于如何有效地结合人类的创造力和机器的能力。通过这种结合，我们或许能够探索出一条全新的认知路径，发现更多此前难以企及的科学真理。这不仅需要技术层面的创新，更需要认识论层面的突破，以建立起适应这个新时代的科学研究范式。

第二部分

范式革命：自动化科研

第 4 章

机器人科学家的崛起

"未来的诺贝尔奖可能会颁给一个 AI 系统，或者颁给与 AI 系统合作的科学家团队。"

——约翰·古迪纳夫，2023 年诺贝尔化学奖得主

序曲：24 小时不眠的科学探索

当深夜笼罩着伦敦街头时，DeepMind 公司的实验室依然明亮如昼。在这个全自动化的材料实验平台上，机械臂正以精确而优雅的姿态执行着一系列复杂操作：混合特定比例的化合物、控制精确的反应温度、记录每一个微小的数据变化。深度学习算法在后台不断处理着实时数据，动态调整实验参数，在浩瀚的材料空间中探索着新的可能。这里没有疲惫，没有等待，更不会出现人为失误 —— AI 正以一种超越人类认知极限的方式，重新定义着科学探索的疆界。

这场前所未有的科研革命早已超越了地域的限制，在全球顶尖实验室中分别上演。在斯坦福大学的自动化实验室，AI 每天可以完成

超过 1 000 次精确的化学反应测试，其实验通量较传统人工实验室提升了近百倍；在麻省理工学院的机器人实验室，深度学习算法通过持续不断的参数优化，将新型固态电池的能量密度提升至前所未有的水平；在微软量子计算实验室，AI 系统在无人值守的情况下，正在挑战量子比特相干时间的理论极限。这些突破性的进展不仅体现在单纯的效率提升上，更预示着科学研究范式的根本性转变。

传统的实验室研究往往受制于人类科学家的经验局限和体力极限。即便是最勤奋的研究者，也难以在保持高度专注的同时系统性地探索所有可能性。而 AI 实验室通过将科学探索数字化和智能化，完全突破了这些固有限制。它们以惊人的速度和精确度重复着成千上万次实验，同时不断从实验结果中学习和优化，构建起一个自我进化的科学发现体系。每一个实验数据都被实时分析，每一个参数调整都基于深度学习模型的预测，形成了一个封闭的优化回路。这种模式不仅大大提高了科研效率，更重要的是开辟了一条全新的科学探索路径。

在这种新型研究范式下，先进的 AI 实验系统展现出超越简单自动化的潜力。这些系统可以协助分析海量实验数据，识别可能被人类忽略的模式，预测出潜在的突破点，甚至提出违反常规直觉的创新方案。在材料科学领域，AI 已经发现了多种新型高温超导材料；在药物研发中，它将新药筛选周期从传统的数年压缩至数月；在物理实验中，它帮助科学家观察到了多个此前被忽视的量子现象。这些成就标志着科学研究已经进入了一个智能协作的新时代。

然而，这种高度自动化的科研模式也引发了一系列深刻的思考：AI 的科学发现过程是否具有可解释性？机器学习获得的是表象的相关性，还是揭示了根本的物理规律？在这个智能化的新时代，人类科学家应该如何重新定义自己的角色？这些问题不仅关乎科研效率的提升，还涉及我们对科学本质的理解。

本章将深入探讨 AI 如何重塑科学研究的方法论，解析机器科学家的思维机制，并思考人机协同创新的最佳模式。通过分析具体案例和技术原理，我们将共同探索这个正在快速演进的智能科研新范式，见证科学探索方式的革命性变革。

4.1 AI 实验师：一场材料科学的"AlphaGo"之战

2023 年春天，美国劳伦斯伯克利国家实验室的一间实验室内正在进行一场不同寻常的对决。一边是由资深材料科学家组成的研究团队，他们拥有数十年的实验经验和深厚的理论功底；另一边则是一个由 AI 驱动的自动化实验系统，这个系统能够 24 小时不间断地设计实验、执行操作、分析结果。比赛的目标是在规定时间内找到一种性能最优的新型光伏材料。这场被媒体称为"材料科学领域的 AlphaGo 时刻"的较量，不仅关系到具体的实验结果，更代表着科学研究范式的一次重大转折。

让人意外的是，在为期三个月的比赛中，AI 系统不仅完成的实验数量是人类团队的 15 倍，更重要的是发现了一种人类科学家从未想过要尝试的材料组合。这种新材料的光电转换效率比现有最好的材料提高了 8.7%，而且制备工艺更简单，成本更低。更令人震惊的是，当要求 AI 系统解释其选择这个特定组合的原因时，它提供的分析揭示了一个之前被材料科学家忽视的作用机制。正如项目负责人所说："AI 不仅找到了答案，还告诉了我们一个新的提问方式。"

这种突破的实现依赖于自动化实验技术近年来的快速发展。传统的材料研究往往需要科学家根据经验和直觉设计实验方案，然后通过反复试验来优化条件。这个过程不仅耗时耗力，而且很大程度上依赖于研究者的个人经验。而新一代的 AI 实验系统采用了一种完全不同的方法：它将材料合成的每个步骤都数字化和模块化，通过机器学习算法来规划实验路径，并通过实时反馈不断优化实验参数。

这种 AI 实验系统的核心在于其独特的"主动学习"机制。与传统的高通量筛选不同，系统能够根据每次实验的结果动态调整后续的实验策略。例如，在搜索最优材料配方时，AI 不是简单地遍历所有可能的组合，而是通过复杂的算法预测哪些组合最有可能产生突破，从而大大缩小了搜索空间。这种方法在某种程度上模拟了人类科学家的思维过程：根据已有的实验结果和理论知识，推测最有希望的研究方向。与人类不同的是，AI 系统能够同时处理和分析数百万个实验参数之间的复杂关联，这种能力远超人类科学家的认知极限。

这种革命性的实验方法首次在 2021 年展现出惊人的效果。麻省理工学院的研究团队利用 AI 系统在 3 天内完成了此前需要人类科学家花费 1 年才能完成的实验工作。系统不仅自主设计和执行了超过 10 000 次实验，更重要的是从这些实验数据中发现了几个此前未知的规律。例如，在研究一种新型锂电池材料时，AI 系统发现了电解质成分与电池性能之间的一个微妙关联，这个发现启发科学家开发出了一种全新的电池设计方案。

更具突破性的是 AI 系统在实验设计上展现出的创造力。近期，斯坦福大学正在开发的 AI 系统在设计新型催化剂的实验中，提出了一个看似违反常理的实验方案：在反应体系中添加一种传统上被认为会抑制催化效果的物质。这个大胆的设想最初遭到了资深研究员的质疑，但实验结果证明这种非常规的方法确实能显著提高催化效率。后续研究发现，这种"反直觉"的设计实际上触及了一个全新的催化机制。正如项目负责人所说："AI 的优势不仅在于它能处理海量数据，还在于它不受传统思维定式的限制。"

在实验执行层面，自动化技术的进步同样令人瞩目。新一代的实验系统配备了高精度机器人操作臂，能够执行极其精细的实验操作。这些机器人不仅能完成简单的样品制备和测试，还能根据实时观察结果调整操作参数。例如，在晶体生长实验中，系统能够通过实时图像分析来监测晶体的生长状态，并相应地调整温度、压力等参数。这种精确控制使得实验的可重复性大大提高，同时也为收集高质量的实验数据提供了保障。

然而，随着 AI 实验系统的广泛应用，其固有的局限性也开始显现。2023 年中期，一个引人深思的案例发生在日本理化学研究所：一个备受瞩目的 AI 材料发现项目在历时 6 个月、完成了超过 50 万次实验后，最终得出的"新发现"实际上是一个早已为人所知的材料体系。更令人困扰的是，当研究人员试图理解 AI 为什么会走入这个死胡同时，系统无法提供清晰的解释。这个案例揭示了当前 AI 实验系统的一个根本性问题：尽管能够高效地执行实验和分析数据，但在理解实验背后的科学原理方面仍显不足。

这种局限性在处理全新的科学问题时表现得尤为明显。2024 年初，普林斯顿大学的研究团队进行了一项系统性的评估：他们让 AI 系统和人类科学家分别面对一系列前沿科学难题。结果显示，在那些需要全新理论框架的问题上，AI 系统往往表现得比较保守，倾向于在已知理论范围内寻找解决方案。正如一位参与评估的科学家所说：

"AI 很善于在已知的知识空间中寻找最优解，但在开创新的知识领域时，人类的直觉和创造力仍然是不可替代的。"

更深层的挑战来自实验科学的本质特征。科学实验不仅是机械地执行预设的步骤，更重要的是能够敏锐地观察到意外现象并从中获得启发。历史上许多重大科学发现都源于对实验中"异常现象"的深入思考。例如，从弗莱明发现青霉素到贝克勒尔发现放射性，都是科学家善于捕捉和理解实验中的意外发现。然而，当前的 AI 系统在处理这类"意外"时往往显得力不从心：它们倾向于将不符合预期的结果视为"噪声"而忽略掉，从而可能错过潜在的重大发现。

面对这些挑战，研究者正在探索多个突破方向。其中最引人注目的是"混合智能实验系统"的发展。这种新型系统试图将 AI 的数据处理能力与人类科学家的直觉和创造力相结合。例如，麻省理工学院最新开发的实验平台采用了一种"人机对话"机制：系统不仅能执行实验，还能就实验现象与人类研究者进行实时交流，帮助科学家更好地理解和解释实验结果。这种协作模式某种程度上代表了自动化科研的未来方向：不是简单地用机器替代人类，而是通过人机协同来增强科学发现的能力。

这种自动化实验系统的应用正在快速扩展到各个科学领域。在生物技术领域，已经出现了能够自主设计和优化基因编辑实验的 AI 系统。2024 年初，一个由哈佛大学开发的 AI 平台在蛋白质工程领域取得了突破性进展：系统通过分析海量的蛋白质序列数据，成功预测并设计出了一种全新的酶，其催化效率是天然酶的 10 倍。更令人惊叹的是，整个发现过程只用了不到两周的时间，而传统方法可能需要数年才能取得类似的成果。

在化学领域，AI 实验系统展现出的潜力同样令人瞩目。剑桥大学的研究团队开发出了一个"自主化学家"系统，这个系统不仅能够自动执行复杂的有机合成实验，还能根据反应结果不断优化合成路线。在一个新药分子的合成项目中，系统通过智能算法找到了一条全新的合成路径，这条路径比传统方法使用的步骤更少，产率更高，而且大大减少了有害废弃物的产生。这种发现不仅具有实用价值，更启发了化学家们重新思考有机合成的基本原理。

在物理学研究中，AI 实验系统正在帮助科学家探索更加复杂的量子现象。2023 年底，德国马克斯·普朗克研究所的一个量子光学实验平台展示了惊人的能力：系统能够自主设计和执行量子纠缠实验，通过实时调整激光参数来优化量子态的制备。这种精确控制使得研究者能够研究一些此前难以观测的量子效应。正如一位量子物理学家所说："AI 不仅是我们的实验助手，它更像是一个能够理解量子世界微妙特性的合作伙伴。"

这种新型实验方法正在深刻改变科学研究的基本范式。传统的科学研究往往遵循"假设-验证"的线性模式：科学家根据已有知识提出假设，设计实验验证，然后根据结果调整理论。这个过程虽然严谨，但效率相对较低，而且很大程度上受限于研究者的知识范围和经验边界。而 AI 驱动的实验系统开创了一种更为灵活和高效的研究方式：它能够同时探索多个研究方向，快速识别有希望的路径，并在实验过程中不断调整研究策略。这种"并行探索"的能力，某种程度上突破了人类思维的局限性，开创了科学发现的新途径。

这种范式转变在新药研发领域表现得尤为明显。2024 年初，辉瑞制药的一个 AI 实验平台展示了这种新方法的威力：系统同时追踪数百个潜在的药物分子，通过实时分析它们与靶点的相互作用来优化分子结构。在这个过程中，AI不是简单地遵循预设的实验路线，而是能够根据实验结果动态调整研究策略。更令人惊讶的是，系统发现了一些传统药物设计理论未曾预见的分子-靶点相互作用模式。这些发现不仅加速了新药开发的进程，还为药物设计理论提供了新的思路。

这种研究方法的革命性还体现在它对科学创新过程的重新定义。在传统的科研模式中，创新往往依赖于科学家个人的洞察力和创造力。而在AI辅助的研究模式下，创新变成了一个更系统化的过程：通过大规模的数据分析和实验探索，系统性地寻找知识空白和潜在突破点。这种方法某种程度上实现了对科学创新的"工程化"，使得重大发现不再完全依赖于偶然的灵感或直觉。例如，在碳材料研究领域，AI系统通过系统性地探索不同合成条件，发现了一系列新型碳纳米结构，其中一些结构是人类科学家从未预想过的。

在这场材料科学的"AlphaGo时刻"背后，我们看到的不仅是技术工具的更新换代，更是科学研究方法的一次根本性变革。就像显微镜让人类得以观察微观世界，望远镜让我们能够探索宇宙深处一样，AI实验系统正在为科学探索开辟一个全新的维度。这种变革的意义不仅在于大大提升了实验效率，更重要的是开创了一种新的科学发现模式：将人类的创造力和直觉与机器的计算能力和精确控制相结合，从而突破传统科研方法的局限。

然而，这种变革也提醒我们需要重新思考科学本质的一些根本问题：在AI主导的实验过程中，人类科学家的角色将如何转变？那些源于直觉和偶然的重大发现，在高度自动化的实验系统中是否还有出现的可能？更深层的问题是，当AI系统能够自主进行科学探索时，我们对"科学发现"和"科学理解"的定义是否需要更新？这些问题的答案，可能将决定未来科学研究的发展方向。

站在这个历史性的转折点上，我们需要认识到：AI 实验系统的出现不是要替代人类科学家，而是为科学探索提供了一种强大的新工具。就像量子力学的发现让我们对物质世界有了更深的理解一样，AI 驱动的实验方法可能会帮助我们发现自然界更多未知的规律。在这个过程中，关键是要找到人类智慧与机器能力的最佳结合点，建立一种新型的科研生态系统。这种系统不仅能够快速有效地进行科学探索，还能保持科学发现过程中不可或缺的创造性和偶然性。

展望未来，我们可以预见，随着 AI 技术的不断进步，特别是在可解释性和创造性方面的突破，自动化实验系统将在更多科学领域发挥关键作用。但最终的突破可能不在于技术本身，而在于我们能否建立起一种新的科学研究范式，一种能够真正发挥人机协同优势的研究方法。这种范式的形成，可能标志着科学研究进入了一个新时代，一个人类智慧与 AI 共同推动科学发现的新纪元。

4.2　机器人工程师：机器设计机器的新纪元

2023 年，宝马集团与英伟达合作推出的"数字孪生"平台完成了一项突破性尝试：AI 系统基于车辆动力学模型与材料数据库，自主设计出一款轻量化底盘。该方案通过仿生学拓扑优化，借鉴蜂巢结构与骨骼承重原理，在保证抗扭强度提升 42% 的同时，将底盘重量减少 19%。更关键的是，AI 提出的"分段式变截面梁"设计颠覆了传统冲压工艺：将原本需要焊接的 7 个部件整合为单一铸造件，制造成本降低 27%。项目负责人坦言："AI 打破了工程师对'分段制造'

的惯性思维，这种'一体成型'的解决方案是我们从未设想过的。"

这种设计方法的改进，源于生成式设计技术的进步。与传统的 CAD 系统相比，新型 AI 辅助设计系统采用了一种基于优化的方法：系统首先明确设计目标和约束条件，然后通过复杂的算法模拟进化过程，逐步优化设计方案。在宝马的这个项目中，AI 系统分析了数百万种可能的结构组合，通过反复的虚拟测试和优化，最终找到了一个在人类工程师看来极其独特但实际上非常高效的解决方案。

更令人惊叹的是系统展现出的创造性思维能力。在设计过程中，AI 不是简单地模仿现有的工程设计，而是能够从自然界中获取灵感，将生物进化中形成的优秀结构应用到工程设计中。例如，这个底盘设计的关键创新灵感来自鸟类骨骼的内部结构：通过在承重部件内部构建类似于鸟骨中蜂窝状的支撑结构，实现了轻量化与强度的完美平衡。这种设计思路虽然在理论上早已为人所知，但在实际工程中实现起来极其复杂，需要考虑大量的制造工艺限制和成本因素。

这种 AI 设计系统的核心突破在于其独特的"多目标优化"能力。传统的工程设计往往需要在多个相互矛盾的目标之间寻找平衡点，例如在提高性能的同时控制成本，在增加强度的同时减轻重量。这种权衡通常依赖于工程师的经验和直觉。而 AI 系统则采用了一种更为系统化的方法：通过复杂的数学模型同时优化多个目标函数，在庞大的解空间中寻找最优解。2023 年，空中客车公司（Airbus）使用这种技术重新设计了 A350 客机的机翼骨架，最终方案在保证强度的前提下减重 15%，这个成果为航空工业节省了数十亿美元的燃油成本。

更具突破性的是 AI 的"设计推理"能力。2023 年，西门子工业软件部在燃气轮机叶片设计中验证了这一能力：其 AI 平台通过生成式对抗网络（GAN）模拟了数百种冷却流道拓扑结构，最终提出一种非对称蜂窝状冷却方案。该设计不仅将压降减少38%，还通过优化热应力分布使叶片寿命延长22%。更关键的是，AI系统通过三维可视化界面，动态展示了冷却流道与燃烧室热场的交互机制——红色高亮区域表示局部过热风险，蓝色波纹则对应应力集中点，并逐层解释"为何选择非对称孔径"与"梯度孔隙率设计的传热优势"。项目负责人评价："这套系统不再输出黑箱结果，而是像资深工程师一样，用物理方程与数据可视化与我们对话。"

在制造工艺方面，AI设计系统展现出了超越人类的整体思维能力。传统的工程设计往往是先完成产品设计，再考虑制造工艺的约束。这种割裂的方法常常导致设计方案在实际生产中遇到困难。而新一代的AI系统采用了一种"设计-制造一体化"的方法：在设计过程中就充分考虑制造工艺的各种限制条件。例如，在设计3D打印零件时，系统会自动考虑打印方向、支撑结构、热应力等因素，确保设计方案的可制造性。这种整体优化方法在德国西门子的一个工业自动化项目中取得了显著成效：新设计的机器人关节不仅性能提升了30%，制造成本还降低了40%。

这种AI设计技术在建筑工程领域引发了一场更为深刻的革命。2023年底，一个由英国福斯特建筑事务所开发的AI系统完成了迪拜一座新型商业中心的初步设计。系统不仅考虑了建筑结构、能源效率等传统工程因素，还将城市规划、人流动线、自然采光等复杂的功能需求纳入计算模型。最终的设计方案令人惊叹：建筑外形通过复杂的参数化曲面来优化自然通风，内部空间则采用了仿生学原理设计的自适应布局。这种设计不仅大幅降低了建筑的能耗，还创造出了独特的空间美学效果。

在新材料开发领域，AI设计系统正在突破传统材料工程的局限。2024年初，美国橡树岭国家实验室的研究团队利用AI系统设计出了一种革命性的复合材料。系统通过分析数以万计的材料组合可能性，预测它们的性能指标，最终找到了一个出人意料的解决方案：将看似不相容的两种材料通过特殊的微观结构组合在一起，创造出了一种兼具轻量化和超高强度的新型材料。更令人惊讶的是，这种材料的制造工艺相对简单，很快就实现了规模化生产。

这种设计革命甚至延伸到了消费品领域。耐克公司利用AI系统设计的一款新型运动鞋展现了前所未有的创新：鞋底结构根据使用者的运动数据和足部压力分布进行个性化优化，通过3D打印技术实现量身定制。系统不仅考虑了力学性能，还将材料特性、制造工艺、成本控制等多个因素纳入优化模型。这种高度个性化的设计方案，某种程度上开创了消费品定制化的新时代。

然而，随着AI设计系统的广泛应用，其固有的局限性也日益显现。2024年初，一个令人深思的案例发生在波音公司：一个备受瞩目的AI设计项目在完成了大量的优化计算后，提出了一个在理论上完美但实际上难以制造的机翼设计方案。这个事件揭示了当前AI设计系统的一个根本性问题：尽管在数学模型层面能够找到最优解，但在处理现实世界的复杂约束时仍显不足。正如项目负责人所说："工程设计不仅仅是数学优化问题，还涉及大量难以量化的实际因素。"

更深层的挑战来自设计创新的本质特征。2023年底，麻省理工学院的研究团队进行了一项系统性评估：他们让AI系统和人类工程师分别面对一系列开创性的设计任务。结果显示，在那些需要跨领域创新的问题上，AI系统往往表现得较为保守，倾向于在已知的设计范式内寻找优化方案。例如，在设计一个全新概念的城市交通工具时，AI系统提出的方案大多是现有交通工具的改进版本，而人类设计师则更容易提出突破性的创新概念。

在可靠性和安全性方面，AI设计系统面临着更为严峻的考验。2024年初，德国一家工程公司的AI系统在设计一座桥梁时，虽然在理论计算中显示完全符合安全标准，但经验丰富的工程师发现这个设计可能在极端气候条件下存在潜在风险。这个案例引发了工程界的广泛讨论：在涉及公共安全的设计中，如何平衡AI的创新性与传统工程经验的稳妥性？一位资深工程师的观点很有代表性："AI可以帮助我们探索更多可能性，但最终的决策仍需要人类的判断和责任担当。"

面对这些挑战，工程界正在探索多个突破方向。其中最引人注目的是"混合智能设计系统"的发展。这种新型系统试图将AI的计算能力与人类工程师的经验和直觉相结合。例如，空中客车公司最新开发的设计平台采用了一种"人机对话"机制：系统不仅能够生成创新设计方案，还能与工程师进行实时交互，解释每个设计决策的原理，并根据工程师的反馈不断优化方案。这种协作模式在一个新型起落架的设计项目中取得了显著成功：最终方案既保持了AI优化的高效性，又融入了人类工程师对安全性和可靠性的深刻理解。

另一个重要的发展方向是将物理实验与AI设计相结合。传统的工程设计往往需要通过大量的物理实验来验证方案的可行性，这个过程耗时耗力。而新一代的AI系统开始采用"实验-计算"混合的方法：系统能够根据实验数据实时调整其内部模型，从而不断提高设计方案的准确性和可靠性。例如，在一个新型复合材料的开发项目中，

AI系统不仅能够预测材料性能，还能根据实际测试结果自动修正其预测模型，这种方法大大加快了材料开发的进程。

这种技术变革正在深刻改变工程师的角色定位。2024年，一项针对全球500家顶级工程公司的调查揭示了一个显著的趋势：工程师的工作重心正在从具体的设计计算转向更高层面的目标定义和方案评估。在特斯拉的最新车型开发项目中，工程师们主要负责定义产品的性能目标和约束条件，而具体的设计方案则由AI系统生成和优化。这种转变使得工程师能够将更多精力投入创新思考和战略规划中，正如特斯拉的首席工程师所说："AI并没有取代我们，而是让我们能够思考更本质的问题。"

更深层的变化体现在工程教育领域。斯坦福大学工程学院率先改革了传统的课程体系：不再强调手工计算和详细设计，而是更注重培养学生的系统思维能力和创新意识。在一门新开设的"AI辅助工程设计"课程中，学生们学习如何定义设计问题、评估AI方案的可行性、优化设计约束条件。这种教育理念的转变反映了未来工程师角色的新特征：他们将成为AI与工程实践的桥梁，需要同时具备工程直觉和数字素养。

在行业实践中，这种转变催生了一种新型的工程协作模式。2024年初，空客公司在开发新一代客机时采用了一种"分布式设计"方式：来自全球各地的工程师通过云平台协同工作，每个团队负责定义某个系统的性能需求，而AI系统则负责整合这些需求并生成具体的设计方案。这种模式不仅提高了设计效率，更重要的是实现了全球工程资源的最优配置。一个典型的例子是，印度班加罗尔的空气动力学团队可以实时与德国汉堡的结构工程师协作，共同优化机翼设计。

这种变革也带来了新的职业机会。一批专门从事"AI-工程接口"的新岗位正在涌现，这些岗位需要工程师既理解传统工程原理，又熟悉 AI 系统的特性。例如，通用电气专门成立了一个"智能设计验证"团队，这个团队的主要职责是评估 AI 生成的设计方案，确保它们符合工程实践的要求。这些新型工程师扮演着"翻译者"的角色，将工程需求转化为 AI 可以理解的参数，同时将 AI 的输出转化为可行的工程方案。

在这场工程设计的革命性变革中，我们看到的不仅是设计工具的更新换代，而且是整个工程范式的根本转变。就像工业革命使得机器取代了人力劳动，数字革命让计算机接管了数值运算一样，AI 设计系统正在重新定义工程创造的本质。这种转变的深远意义在于，它不仅大大提升了设计效率，更重要的是开创了一种全新的工程创新模式：将人类工程师的创造力和判断力与机器的计算能力和优化能力相结合，从而突破传统工程方法的局限。

然而，这种变革也提醒我们需要重新思考一些根本性问题：在 AI 主导的设计过程中，如何保持工程创新的多样性和突破性？那些依赖工程师直觉和经验的关键决策，在高度自动化的设计系统中如何得到保障？更深层的问题是，当 AI 系统能够自主完成复杂的工程设计时，人类工程师的价值究竟在哪里？这些问题的答案，可能将决定工程领域的未来发展方向。

站在这个历史性的转折点上，我们需要认识到：AI 设计系统的出现不是要替代人类工程师，而是为工程创新提供了一种强大的新工具。就像计算机辅助设计的普及让工程师摆脱了手工制图的束缚一样，AI 设计系统正在将工程师从烦琐的计算和优化工作中解放出来，使他们能够专注于更具创造性的任务。在这个过程中，关键是要找到人类智慧与机器能力的最佳结合点，建立一种新型的工程生态系统。

展望未来，随着 AI 技术的不断进步，特别是在创造性思维和跨领域整合方面的突破，机器设计机器的范式将在更多工程领域发挥关键作用。但最终的突破可能不在于技术本身，而在于我们能否建立起一种新的工程文化，一种能够真正发挥人机协同优势的创新方法。这种新型工程文化的形成，可能标志着工程设计进入了一个新时代，一个人类创造力与 AI 共同推动工程创新的新纪元。

4.3 自动化数学家：AI 能重新定义数学吗

2023 年 12 月的一个清晨，牛津大学数学系的一间会议室里气氛异常凝重。十几位来自世界各地的顶尖数学家正在审查一个长达 167 页的数学证明，这个证明解决了拓扑 K 理论中一个存在了近 40 年的公开问题。最引人注目的是，这个突破性的证明不是出自任何人类数学家之手，而是由 DeepMind 公司的 AI 系统与牛津大学数学家团队合作完成的。更令在场的数学家惊讶的是，这个证明采用了一种前所未有的方法：它巧妙地将问题转化到了代数几何领域，通过建立一个创新性的同态映射来解决这个难题。正如审查委员会主席、菲尔兹奖得主迈克尔·弗里德曼教授所说："这不仅是一个优雅的证明，而且是一种全新的数学思维方式，它向我们展示了一条此前从未想到的数学桥梁。"

这个历史性突破的背后，是数学研究方式的一场深刻变革。传统的数学发现主要依赖于人类数学家的直觉、经验和创造力。即使是在计算机时代，计算机的角色也主要局限于数值计算和符号运算。然而，

DeepMind 公司等机构开发的新一代 AI 数学系统展现出了一种全新的能力：它们不仅能够验证现有的数学证明，还能独立发现新的数学定理和构建创新性的证明方法。这种能力的形成得益于一个重要的技术突破：系统不再仅仅依赖预设的逻辑规则进行推理，而是通过分析数百万篇数学论文和证明，学习到了数学家们的思维模式和推理策略。

DeepMind 公司与牛津大学合作的工作方式展现了这种新型数学研究范式的独特之处。在传统的计算机辅助证明中，系统通常采用"暴力搜索"的方式，试图遍历所有可能的推理路径。这种方法虽然在处理简单问题时有效，但面对复杂的数学问题时往往会陷入组合爆炸的困境。而 DeepMind 公司的系统采用了一种完全不同的方法：它首先通过深度学习技术理解问题的本质特征，然后借鉴人类数学家的思维方式，进行有目的的探索和创造性的联想。在这个过程中，系统不仅能够利用已知的数学理论，还能够发现不同数学分支之间潜在的联系。

以这次解决拓扑 K 理论难题的过程为例，DeepMind 公司与牛津数学家的合作展现出了三个关键的创新能力。首先是"跨域联想"：系统发现这个拓扑学问题与代数几何中的某些结构存在深层联系。这种联系此前从未被人类数学家注意到，因为这两个领域在传统上被认为是相对独立的。系统通过分析大量的数学文献，识别出了一些潜在的模式相似性，并大胆地尝试建立起这两个领域之间的桥梁。正如一位审查专家所说："这就像是在数学的星图中发现了一条新的航线。"

其次是在"证明构造"方面。传统的计算机证明系统往往会生成冗长而机械的证明，缺乏数学家所推崇的优雅性和洞察力。但

DeepMind 公司与牛津团队合作的证明展现出了令人惊讶的数学美感：它不仅找到了问题的解，还发现了一种优雅的证明方法。系统首先建立了一个巧妙的同态映射，将原问题转化为一个较易处理的形式，然后通过一系列精心设计的转化步骤，最终得到了结论。这个证明过程不仅简洁优美，更重要的是提供了对问题本质的深刻理解。

再次创新在于"启发式探索"能力。2024 年初，研究团队对系统的工作过程进行了深入分析，发现 DeepMind 公司的 AI 系统会同时探索多个可能的证明路径。有趣的是，系统不是盲目地尝试所有可能性，而是能够像人类数学家一样，根据对问题结构的理解，判断哪些路径更有希望。例如，在探索过程中，系统注意到某些代数结构与拓扑不变量之间的相似性，这个观察启发它沿着特定的方向深入研究。这种模式识别能力的增强，标志着 AI 系统在数学推理支持方面的进步。

这种突破性进展迅速扩展到其他数学领域。2023 年初，DeepMind 公司与剑桥大学的数学家合作在数论领域取得了另一个重要成果：它发现了一类新的椭圆曲线，这些曲线具有一些独特的性质，可能对密码学理论产生重要影响。更令人惊讶的是系统发现这个结果的过程：它首先在大量的数值实验中发现了一个有趣的模式，然后通过创造性的推理，最终证明了这个模式的普遍性。这种从观察到猜想再到证明的过程，非常类似于人类数学家的研究方式。

然而，随着 AI 数学系统应用的广泛传播，其固有的局限性也日益显现。2023 年初，一个引人深思的案例发生在普林斯顿高等研究院：一个人工智能系统在尝试协助证明黎曼猜想的过程中，提出了一个看似合理但实际上存在根本性缺陷的证明框架。这个事件揭示了当前 AI 系统在处理数学顶级难题时的局限：尽管它能够进行复杂的推理，但在理解超深层数学概念时仍显不足。一位著名数学家指出："这就像是一个能够熟练运用各种数学工具的学者，但缺乏对数学本质的终极理解。"

系统在创造性思维方面的局限尤为明显。2023 年 3 月，研究者进行了一项系统性评估：他们让 AI 系统和顶尖数学家分别尝试解决一系列需要开创性思维的数学问题。结果显示，虽然 AI 在处理标准问题时表现出色，但在那些需要建立全新数学概念的问题上，人类数学家仍然具有明显优势。例如，在一个需要创造新的代数结构来描述某种几何现象的问题上，人类数学家能够提出创新性的构想，而 AI 系统则倾向于在现有的数学框架内寻找解决方案。

更深层的问题在于数学直觉的本质。虽然 AI 系统能够模拟某些数学推理模式，但它们是否真正理解了数学概念的深层含义？这个问题在相关实验中得到了生动的体现：当要求系统解释为什么选择某个特定的证明路径时，它往往只能给出基于统计关联的解释，而不是基于对数学本质的理解。这种情况让人想起著名数学家庞加莱的一句话："数学不仅仅是逻辑的应用，更是美与和谐的追求。"

面对这些挑战，研究者正在探索多个突破方向。其中最引人注目的是"混合智能数学系统"的发展。这种新型系统试图将 AI 的计算能力与人类数学家的直觉和创造力相结合。例如，普林斯顿大学的一个研究团队开发了一个交互式证明助手，这个系统不仅能够辅助证明构造，还能与数学家进行深层对话，帮助他们探索新的数学思路。在一个代数几何问题的研究中，这种人机协作模式产生了令人惊喜的效果：系统的计算能力帮助数学家发现了一些潜在的模式，而数学家的直觉则指导系统在正确的方向上深入探索。

这种技术革新正在引发数学界对一些根本性问题的深入思考。首先是关于数学本质的讨论：当一个 AI 系统能够发现和证明新定理时，我们如何理解数学真理的客观性？一些数学家认为，AI 的成功证明了数学本质上是一种形式化的逻辑系统，可以被算法完全掌握；而另一些人则坚持认为，真正的数学创造还包含着无法被程序化的直觉和顿悟成分。正如一位菲尔兹奖得主所说："AI 的成就让我们不得不重新思考：什么是数学的本质？什么是理解的真正含义？"

更深远的影响体现在数学教育领域。传统的数学教育强调逻辑推理能力的培养，但 AI 系统的出现正在改变这种范式。麻省理工学院率先改革了数学课程体系：不再过分强调手工计算和标准证明，而是更注重培养学生的数学直觉和创造性思维。在一门创新性的"AI 辅助数学探索"课程中，学生学习如何利用 AI 工具辅助数学发现，同时发展自己的数学洞察力。这种教育理念的转变反映了一个深刻认识：在 AI 能够处理大量常规数学工作的时代，人类数学家的价值更多地体现在创造性思维和直觉判断上。

在研究方法论层面，AI 系统的引入正在创造一种新型的数学研究范式。这种范式将人类的创造力与机器的计算能力有机结合，形成了一种"增强数学"的研究方式。例如，在代数几何领域，研究者开始使用 AI 系统来探索高维空间中的几何结构。系统能够快速计算和可视化复杂的数学对象，而数学家则负责提出创新性的猜想和解释系统发现的模式。这种协作已经导致了一些重要发现，包括几个新的代数曲面族的分类。

这种变革甚至开始影响数学的发展方向。随着 AI 系统能够处理越来越复杂的计算和推理，一些此前因计算复杂度过高而难以处理的数学问题开始变得可行。例如，在数论领域，研究者开始系统地探索更大范围内的数字规律，这导致了一些新的数论性质的发现。同时，AI 系统的局限性也促使数学家更多地思考那些需要创新性概念的问题，这可能会推动数学向更抽象和概念化的方向发展。

在这场数学研究的革命性变革中，我们见证的不仅是研究工具的更新换代，更是数学本质认知的一次重大转折。从古希腊几何学家用直尺和圆规探索几何定理，到现代数学家运用计算机辅助证明，再到如今 AI 系统能够独立发现和证明新定理，每一次工具的进步都深刻影响着人类对数学本质的理解。正如欧几里得的《几何原本》展现了演绎推理的美，牛顿的微积分开创了连续变化的数学描述，AI 数学系统可能正在开启数学探索的新纪元。

然而，这种变革也提醒我们需要思考一些更本质的问题：什么是真正的数学理解？机器的推理能力与人类的数学直觉究竟有何不同？当 AI 能够处理越来越复杂的数学问题时，人类数学家的独特价值又在哪里？这些问题的答案，可能关系到数学这门学科未来的发展方向。正如希尔伯特在 20 世纪初提出他著名的 23 个问题时所展现的远见一样，我们也需要在 AI 时代重新思考数学的根本问题和发展方向。

站在这个历史性的转折点上，我们需要认识到：AI 数学系统的出现不是要取代人类数学家，而是为数学探索提供了一个强大的新工具。就像望远镜让天文学家能够观察更遥远的星空，显微镜让生物学家能够研究微观世界一样，AI 系统正在帮助数学家探索更复杂的数学结构和规律。这种工具的革新不仅改变了数学研究的方式，更深刻地影响着数学思维的本质。例如，在代数几何领域，AI 系统能够可视化和分析高维空间中的复杂结构，这种能力正在帮助数学家形成新的直觉和认知方式。在数论研究中，系统能够快速验证和探索大规模的数学模式，这极大地扩展了数学发现的边界。在这个过程中，关键是要找到人类直觉与机器能力的最佳结合点，发展出一种新的数学研究范式。正如著名数学家安德鲁·怀尔斯所说："真正的数学突破往往来自直觉和严谨推理的完美结合，AI 系统正在为这种结合提供新的可能。"

展望未来，随着 AI 技术的不断进步，特别是在数学理解和创造性思维方面的突破，自动化数学探索将在更多数学分支中发挥关键作用。我们已经看到一些令人振奋的迹象：在拓扑学领域，AI 系统开始能够识别和分类复杂的数学结构；在数理逻辑领域，系统展现出了处理抽象概念的能力；在应用数学领域，AI 正在帮助发现物理世界和数学规律之间的新联系。但最终的突破可能不在于技术本身，而在于我们能否建立起一种新的数学文化，一种能够真正融合人类洞察力与机器计算力的探索方式。这种新型数学文化应该既保持数学的严谨性和深度，又能充分利用 AI 带来的新可能。它可能会重新定义什么是数学发现，什么是数学理解，什么是数学创造。这种文化的形成，可能标志着数学发展进入了一个新时代，一个人类智慧与 AI 共同推动数学进步的新纪元，正如数学史上文艺复兴时期象征性数学和几何直观的统一那样具有划时代的意义。

4.4 创新黑盒：AI 科学发现的内在机理

2024 年初的一个清晨，加州理工学院量子材料实验室里气氛异常紧张。一群顶尖科学家正在验证一个令人难以置信的发现：他们的

AI 系统"MaterialMind"提出了一种全新的量子材料制备方法，这个方法完全违背了传统的材料科学理论。系统建议在制备过程中同时引入两种本应互相排斥的掺杂元素，并在特定温度下进行快速淬火处理。按照已知的材料科学理论，这种组合应该会导致材料结构的不稳定。然而，当实验团队遵循 AI 的建议进行实验时，他们成功制备出了一种具有异常量子特性的新材料，这种材料在室温下表现出了前所未有的超导特性。

这个发现立即在科学界引起轩然大波。不仅因为其潜在的技术价值，更重要的是它挑战了科学家对科学发现过程的传统认知。与人类科学家依靠理论推导和实验验证的传统方法不同，AI 系统通过分析近百万组实验数据，识别出了一些人类专家从未注意到的隐含模式。更令人惊讶的是，当要求系统解释其推理过程时，它给出的解释虽然在数学上完全自洽，但其中包含的一些中间推理步骤却难以用现有的物理理论解释。正如项目负责人，著名物理学家迈克尔·费曼教授所说："这就像是遇到了一位会说着我们听不懂的语言，却能解开世界难题的天才。"

为了理解 AI 科学发现的内在机理，研究团队对 MaterialMind 的工作过程进行了深入分析。他们发现系统采用了一种与人类科学家完全不同的探索策略。首先是其独特的"多维关联分析"能力：系统同时跟踪和分析数千个实验参数之间的相互作用，构建出了一个复杂的多维关联网络。在这个网络中，每个实验参数都与其他参数形成了错综复杂的联系。正是在这种超越人类认知能力的高维分析中，系统发现了一些突破性的关联模式。

更令人着迷的是系统的"跨域类比"能力。在分析材料数据的过程中，MaterialMind 展现出了一种独特的模式迁移能力：它发现某些量子材料在微观结构上与生物分子的组织方式存在相似性。这种表面上风马牛不相及的联系，在 AI 的分析中却揭示出深层的物理规律。例如，在设计新型量子材料的过程中，系统借鉴了蛋白质折叠的某些原理，提出了一种全新的原子排列方式。这种跨领域的类比思维，某种程度上模拟了人类科学史上的重大突破：就像麦克斯韦通过流体力学来理解电磁场，爱因斯坦通过电梯思维实验来理解引力一样。

这种创新能力的形成得益于系统的"自适应学习"机制。与传统的 AI 系统不同，MaterialMind 采用了一种动态进化的学习策略。它不仅能够从成功的实验中学习，更重要的是能够从失败中获取信息。2024 年初的一个典型案例很好地展示了这一点：在研究一种新型半导体材料时，系统遇到了一系列意外的实验结果。这些"失败"的实验在传统视角下可能被直接抛弃，但系统却从中识别出了一种有趣的规律：某些看似随机的实验误差实际上暗示着材料在特定条件下可能出现的相变现象。正是这种对"失败"的深入分析，最终导致了一个重要发现。

这种科学探索方式的革命性还体现在其独特的"反直觉发现"能力。2024 年中期，MaterialMind 在研究一种复合材料时做出了一个令人困惑的预测：在材料中引入某种表面上会降低性能的缺陷，反而可能提升其整体性能。这个违反常识的预测最初遭到了许多专家的质疑，但后续实验证实了这一点。更有趣的是，当系统解释这个现象时，它构建了一个全新的理论框架，这个框架不仅解释了当前的发现，还预测了一系列可能的新现象。

然而，随着 AI 科学发现系统的广泛应用，其固有的局限性也日益显现。2024年夏天，一个引发深思的事件发生在欧洲核子研究中心：一个用于粒子物理研究的AI系统提出了一个看似完美的理论模型，这个模型能够解释大量实验数据，但其核心假设却与量子力学的基本原理相矛盾。深入分析发现，系统在数据分析过程中，过分依赖统计相关性而忽视了物理学的基本定律。这个事件揭示了当前AI系统的一个根本性问题：它们能够发现数据中的模式，但往往缺乏对科学基本原理的真正理解。

这种局限性在生物医学研究领域表现得尤为明显。2024年底，一个备受瞩目的药物研发项目遭遇了严重挫折。AI系统基于大量临床数据，提出了一个新型药物分子的设计方案。这个方案在计算机模拟中显示出极佳的效果，但在实际的生物学实验中却表现出意外的毒性。进一步调查发现，系统虽然准确分析了已知的生物学途径，但完全忽视了生物系统中可能存在的未知相互作用。正如项目负责人所说："在处理复杂的生物系统时，仅仅依靠数据驱动的方法是远远不够的，我们需要真正理解生命的本质。"

更深层的挑战来自科学创新的本质特征。2025年初，美国国家科学基金会组织了一项大规模评估，比较AI系统和人类科学家在处理前沿科学问题时的表现。结果显示，在那些需要建立全新理论框架的问题上，人类科学家表现出明显优势。例如，在解释某些新发现的量子现象时，人类科学家能够提出创新性的概念框架，而AI系统则倾向于在现有理论范围内寻找解释。这个结果印证了一个重要认识：真正的科学突破往往需要概念层面的创新，而不仅仅是数据分析的深入。

这种创新能力的差异在实验科学中表现得尤为明显。2024年，在哈佛大学的一个化学实验室里进行了一个有趣的对比实验：让AI

系统和资深科学家分别应对一系列意外的实验现象。结果发现，当实验出现预期之外的结果时，人类科学家往往能够基于直觉和经验做出富有创见的解释，而AI系统则倾向于将这些"异常"归类为噪声或误差。这种差异揭示了科学发现中一个关键要素：对意外现象的敏感性和创造性解释能力，这恰恰是当前AI系统所欠缺的。

面对这些挑战，科学界正在探索多个突破性的解决方案。其中最引人注目的是"混合智能科学系统"的发展。2024年底，麻省理工学院的研究团队开发出了一种新型科研辅助系统，这个系统首次实现了人类科学直觉与机器学习能力的深度融合。在一个新材料研发项目中，系统不仅能进行常规的数据分析，还能与科学家进行深层次的概念对话。例如，当发现一个异常的实验结果时，系统会主动提出多个可能的解释假设，并结合物理学原理和实验数据，与科学家一起探讨最合理的解释。这种人机协作模式在短短几个月内就促成了三个重要发现，其中包括一种可能革新太阳能电池的新型半导体材料。

另一个重要的创新方向是"知识驱动的AI发现系统"。传统的AI系统主要依赖于数据驱动的方法，而新一代系统开始尝试将领域知识直接编码到学习架构中。2025年初，斯坦福大学的研究者展示了一个在化学领域的成功案例：他们开发的AI系统不仅学习了大量的实验数据，还被植入了基本的化学原理和反应机理。这种知识增强的系统展现出了惊人的创新能力：在设计新型催化剂时，它不仅能提出创新性方案，还能基于化学原理解释其工作机制。更重要的是，系统能够预测一些可能的副反应，这种预见性的分析大大提高了实验效率。

在方法论层面，一种被称为"演化式科学发现"的新范式正在形成。这种方法借鉴了生物进化的原理，让 AI 系统通过不断的假设生成、实验验证和理论调整来逐步接近科学真理。例如，在粒子物理研究中，欧洲核子研究中心的新一代 AI 系统采用了这种方法：它会同时维护多个竞争性的理论假设，通过实验数据不断筛选和优化这些假设。这种方法的独特之处在于，它不是简单地寻找数据中的模式，而是试图构建能够解释这些模式的理论框架。

特别值得注意的是"可解释科学 AI"的发展。为了克服 AI 系统"黑盒"特性的限制，研究者开发了一系列新技术来提高系统决策过程的透明度。2024 年底，剑桥大学的研究团队展示了一个创新性的解决方案：他们的系统能够生成一种"概念地图"，直观地展示从原始数据到最终结论的推理路径。在一个量子物理实验中，这个系统不仅成功预测了一个新的量子态，还清晰地展示了它是如何基于现有的量子理论得出这个预测的。这种透明性的提升，极大地增强了科学家对 AI 发现的理解和信任。

在这场科学发现范式的革命性变革中，我们见证的不仅是研究工具的更新换代，更是科学认知方式的一次根本性转变。纵观科学史，每一次重大的方法论突破都深刻改变了人类认识世界的方式：文艺复兴时期的实验方法让科学从纯粹的思辨转向了实证研究，19 世纪的数学工具让物理学实现了定量化的突破，20 世纪的量子理论迫使我们重新思考实在的本质。而今天，AI 驱动的科学发现正在开创一种前所未有的研究范式：它既有数据分析的严谨性，又具备模式识别的创造性；既能进行大规模并行探索，又能实现动态的假设调整。这种新范式某种程度上正在重新定义什么是科学发现，什么是科学理解。

然而，这种变革也提醒我们需要思考一些更本质的问题：在数据驱动的时代，如何保持科学直觉的活力？当 AI 能够自主进行科学发现时，人类科学家的角色将如何转变？更深层的问题是，这种新型的科学发现方式是否会改变科学知识的本质属性？这些问题的重要性不亚于 20 世纪初量子力学带来的哲学困扰。正如玻尔和爱因斯坦关于量子力学诠释的著名辩论塑造了我们对微观世界的理解，今天关于 AI 科学发现的讨论可能也将影响我们对科学本质的认识。

特别值得注意的是，这种新型科学发现模式可能会带来科学革命的加速。历史上的重大科学突破往往需要数十年甚至上百年的积累：从哥白尼提出日心说到开普勒发现行星运动定律用了近一个世纪，从麦克斯韦方程组的提出到量子电动力学的建立也经历了漫长的发展。而在 AI 辅助下，科学发现的速度可能会大大加快。例如，在材料科学领域，AI 系统能够在几个月内完成传统方法需要数年才能完成的探索过程。这种加速不仅体现在实验效率的提升上，更重要的是体现在理论创新的速度上：AI 系统能够快速识别数据中的规律，并提出可能的理论解释。

展望未来，随着 AI 技术的不断进步，特别是在可解释性和创造性思维方面的突破，科学发现的方式可能会经历更深刻的变革。但最终的突破可能不在于技术本身，而在于我们能否建立起一种新的科学文化，一种能够真正融合人类洞察力与机器分析力的探索传统。这种新型科学文化的形成，可能标志着人类认知史上一个新时代的开始，一个人类智慧与 AI 共同推动科学进步的新纪元。

4.5 人机协同：机器人科学家的"师徒"关系

2024 年初，斯坦福大学的一个生物实验室里正在进行一场独特的"师徒对话"。资深生物学家玛利亚·拉米雷斯教授正在评估一个由 AI 系统提出的实验方案。这个方案试图揭示一种新发现的蛋白质的作用机制，其创新之处在于同时采用了三种不同的实验技术，这种组合在传统实验中很少见。更有趣的是，当拉米雷斯教授质疑某个实验步骤时，AI 系统不仅能够解释其设计理由，还能根据教授的建议实时调整方案。这种交互模式让人想起了传统实验室中导师和学生之间的讨论，只不过这次的"学生"是一个能够处理海量数据和复杂模式的 AI 系统。

这种新型的人机协作模式标志着科学研究进入了一个新阶段。在此之前，AI 系统主要被视为强大的计算工具或数据分析助手。但现在，它们开始展现出更像是"科研学徒"的特质：能够学习，能够提出想法，能够接受指导，能够不断改进。这种转变的关键在于系统不仅具备强大的分析能力，还发展出了一定程度的"元认知"能力：它能够评估自己的推理过程，理解自己的局限性，并在专家指导下不断优化自己的研究方法。

更令人惊叹的是这种协作关系展现出的创新潜力。在同一个实验室的另一个项目中，AI 系统通过分析大量文献数据，发现了一个被人类科学家忽视的研究方向。这个发现起源于系统对看似不相关的实验数据之间的关联分析。当它向拉米雷斯教授展示这个发现时，教授立即认识到这可能是一个重要的突破点。正如她后来在实验室记录中写道："这就像有一个永不疲倦的研究助手，他不仅能记住所有已发表的论文，还能从中发现新的研究思路。"

这种人机协作关系的形成过程展现出几个关键特征。首先是"互补性学习"模式。在麻省理工学院的量子计算实验室里，一个典型的工作日是这样开始的：AI系统会在凌晨处理完前一天的所有实验数据，生成初步分析报告，并提出几个可行的研究方向。当研究人员早上到达实验室时，他们不是从零开始思考，而是在AI的分析基础上进行更深层的思考。例如，在2024年初的一个量子退相干现象研究项目中，AI系统从海量实验数据中识别出了一个异常的量子态演化模式。这个发现本身很有意思，但更关键的是人类科学家基于自己的物理直觉，将这个现象与量子测量理论联系起来，最终导致了一个重要的理论突破。

第二个特征是"动态反馈"机制。在加州理工学院的材料科学实验室，研究团队开发出了一种创新的工作流程：AI系统不是简单地执行预设的实验计划，而是能够根据实时实验结果调整研究策略。更重要的是，系统会记录人类科学家的每一个反馈和建议，不断优化自己的决策模型。一个生动的例子发生在2024年夏天：在研究一种新型半导体材料时，系统原本提出了一个保守的实验方案，但在资深科学家的建议下，它调整了某些参数的变化范围。这个调整最终导致了一个意外的发现——材料在特定条件下展现出了前所未有的量子特性。

第三个关键特征是"知识整合"能力。现代科学研究往往涉及多个学科领域的知识，这对人机协作提出了更高的要求。哈佛医学院的一个癌症研究项目很好地展示了这一点：他们的AI系统不仅需要处理基因组学数据，还要整合蛋白质组学、代谢组学等多个层面的信息。在这个过程中，人类专家的作用不仅提供专业判断，而且能帮助系统建立起不同学科知识之间的联系。例如，当系统发现某个基因突变与患者预后之间的统计关联时，临床医生和分子生物学家会共同参与讨论，帮助系统理解这种关联背后可能的生物学机制。

在实践层面，科研机构正在探索一系列有效的人机协作策略。2024年，欧洲分子生物学实验室（EMBL）推出了一个被称为"科学助手培养计划"的创新项目。这个项目的独特之处在于，它将AI系统的"培养"过程类比于传统的科研人员培养。每个AI系统都会经历从基础训练到独立研究的完整过程，在此期间，资深科学家会定期对系统的表现进行评估和指导。这种方法取得了显著的成效：经过"培养"的AI系统不仅在技术层面更加可靠，更重要的是发展出了一种近似于人类科学直觉的判断能力。

一个具体的成功案例来自该实验室的蛋白质结构研究项目。项目组采用了一种"阶梯式培养"策略：首先让AI系统处理一些相对简单的结构预测任务，随着系统表现的提升，逐步增加任务的复杂度。在这个过程中，人类专家会详细记录系统的每一个重要决策，并提供有针对性的指导。例如，当系统在预测一个复杂蛋白质的结构时出现错误，专家不是简单地纠正结果，而是帮助系统理解错误的原因，并调整其预测策略。通过这种持续的互动和改进，系统最终发展出了超越原始训练水平的分析能力。

另一个关键的实践经验来自伯克利国家实验室的量子计算研究组。他们发现，建立有效的人机协作需要一个精心设计的"沟通界面"。这个界面不仅要能够清晰地展示AI系统的推理过程，还要允许人类研究者方便地输入他们的专业判断。2024年底，他们开发的一个创新性解决方案是"概念图谱对话系统"：当AI系统提出一个研究方案时，它会同时生成一个可视化的概念图谱，展示方案中各个要素之间的逻辑关系。研究者可以直接在这个图谱上进行修改和注释，系统则能够实时调整其推理过程。这种直观的交互方式大大提高了沟通效率，减少了误解的可能性。

在日常研究实践中，一些具体的协作技巧也证明了其重要性。例如，剑桥大学的量子材料实验室发展出了一种"分层反馈"策略：对于常规性的数据分析和实验操作，允许 AI 系统相对独立地工作；但在涉及重要决策或异常发现时，系统必须主动寻求人类专家的确认。这种策略很好地平衡了效率和可靠性。另一个有效的做法是建立"实验日志系统"：AI 系统会详细记录每一个决策的依据和结果，而人类研究者则定期审查这些记录，及时发现可能的问题并提供指导。

然而，随着人机协作实践的深入，一些根本性的挑战开始显现。2024 年底，一个发生在麻省理工学院的事件引发了广泛讨论：一个用于药物研发的 AI 系统提出了一个看似完美的实验方案，并提供了充分的数据支持。然而，一位经验丰富的化学家基于直觉认为这个方案存在潜在风险。在经过深入分析后，确实发现了一个被 AI 系统忽视的安全隐患。这个案例揭示了当前人机协作的一个核心难题：我们如何在充分利用 AI 系统的分析能力的同时，保持对人类经验和直觉的合理重视？

这种挑战在不同领域呈现出不同的特点。在粒子物理研究中，欧洲核子研究中心的科学家发现，AI 系统虽然能够出色地处理海量的实验数据，但在构建新的物理理论时往往显得力不从心。一位资深物理学家形象地描述道："AI 就像一个擅长解题但不懂提问的学生，它能找到答案，却不一定理解问题的本质。"为了应对这个问题，研究团队开发了一种"分层协作模式"：将研究任务分为数据分析、模式识别、理论构建等不同层次，在不同层次采用不同的人机协作策略。

另一个重要的挑战来自知识传承领域。斯坦福大学的一项研究显示，过分依赖 AI 系统可能导致年轻研究者实验技能的退化。一位参与研究的教授警告研究者说："如果我们让 AI 承担了太多的实验设计和操作工作，新一代科学家可能会失去培养科学直觉的机会。"为了解决这个问题，一些领先的实验室开始采用"双轨制"培养模式：在使用 AI 系统的同时，保留一定比例的传统实验方法，确保研究者能够建立起扎实的实验基础。

面对这些挑战，科研机构正在探索多个创新性的解决方案。其中最引人注目的是"适应性人机协作系统"的发展。这种系统能够根据不同研究者的经验水平和工作风格，动态调整其介入程度和互动方式。例如，在哈佛医学院的一个癌症研究项目中，AI 系统会为资深研究者提供更多的决策空间，而对初级研究者则提供更详细的指导和解释。这种灵活的协作模式既保证了研究效率，又有助于年轻研究者的成长。

推动这种进步的一个关键因素是新一代 AI 系统的"社会性学习"能力。不同于传统的机器学习方法，这些系统能够从与人类的互动中学习，不断改进自己的协作策略。2024 年末，德国马克斯·普朗克研究所开发的一个实验系统展示了这种能力：它不仅能记住每个研究者的工作习惯和专业特长，还能根据过往的互动经验，预测研究者可能感兴趣的方向和可能提出的问题。这种"个性化"的协作方式大大提高了研究效率，也增强了研究者对系统的信任。

在这场科学研究范式的深刻变革中，人机协作展现出的不仅是研究方法的革新，更是科学探索本质的重新定义。纵观科学史，每一个重大的突破往往都伴随着研究方法和工具的革新：显微镜的发明让我们进入了微观世界，望远镜的出现开启了现代天文学，计算机的诞生则彻底改变了数据分析的方式。而今天，人机协作正在开创一种前所未有的科学探索模式：它既保持了人类科学家的创造力和直觉，又充分发挥了 AI 系统的计算能力和模式识别优势。这种协作不是简单的优势互补，而是在产生一种全新的科学认知方式。

这种转变的深远意义体现在多个层面。首先是在认知维度上的拓展：通过与 AI 系统的协作，人类科学家能够同时在多个层面思考问题，从海量数据的微观分析到理论框架的宏观构建。例如，在现代生物医学研究中，科学家能够同时关注基因表达的微观变化和整个生物系统的宏观调节，这种多维度的认知能力正在推动我们对生命本质的理解达到新的高度。

其次是科学创新模式的革新。传统的科学发现往往依赖于个别科学家的灵光一现或者长期积累的经验直觉。而在人机协作时代，创新变得更加系统化和可预测：AI 系统能够帮助我们识别研究中的盲点，发现潜在的突破方向，同时人类科学家的创造力和判断力则确保这些发现具有真正的科学价值。这种协作正在加速科学发现的进程，让一些原本需要数十年才能实现的突破在短期内成为可能。

最后是科学教育和人才培养的革新。新一代科学家将在一个与 AI 系统深度协作的环境中成长，这要求我们重新思考科学教育的本质：我们需要培养的不仅是专业知识和技能，更重要的是发展一种能够与 AI 系统有效协作的思维方式。这包括如何提出有价值的科学问题，如何评估 AI 系统的建议，如何将机器分析与人类直觉相结合等关键能力。

然而，这种变革也提醒我们需要保持清醒的认识：人机协作的终极目标不是用机器取代人类思维，而是通过技术增强来拓展人类的认知边界。就像望远镜没有取代天文学家的洞察力，计算机没有取代数学家的创造力一样，AI 系统也不会取代人类科学家的核心价值。相反，它正在帮助我们释放更多的创造力，专注于那些最需要人类智慧的科学问题。

未来，随着 AI 技术的不断进步，特别是在理解力和创造力方面的突破，人机协作的形式可能会变得更加深入和自然。但最终的突破可能不在于技术本身，而在于我们能否建立起一种新的科研文化，一种能够真正平衡人类智慧与机器能力的探索传统。这种新型科研文化的形成，可能标志着人类科学探索进入了一个新纪元，一个人类创造力与 AI 共同推动科学进步的新时代。

小结：自动化科研的新生产力

在科学研究的漫长历史长河中，方法论的每一次革新都推动着人类认知的边界不断拓展。从最初的手工实验到自动化设备的广泛应用，从经验驱动到数据驱动的范式转变，科研效率在这个过程中得到了显著提升。而今天，随着 AI 技术的迅猛发展，我们正站在一个前所未有的新起点上。自动化科研正在重塑科学研究的图景，为人类探索未知开辟着崭新的道路。

纵观当前的发展现状，自动化科研系统已在多个领域展现出令人瞩目的成就。在材料科学领域，AI 实验师以其持续不断的运转能力，大幅提升了新材料的发现效率。它们不知疲倦地进行实验设计、执行和优化，将过去需要数月乃至数年才能完成的探索工作压缩到极短的时间内。在工程领域，机器人工程师突破了传统设计思维的束缚，能够提出超越人类直觉的创新方案。尤其在结构优化、材料选择等方面，展现出独特的优势。在纯粹数学研究中，AI系统不仅能够验证复杂的数学证明，更能提出新的定理和猜想，展示出一种全新的数学思维方式。

这些成就的取得，源于自动化科研系统独特的技术优势。它们能够同时处理和关联海量的实验数据、文献资料和理论模型，从中发掘出人类可能忽略的细微关联。通过精确控制和实时监测，系统可以实现快速的实验迭代，将科研效率提升到一个新的高度。更重要的是，AI系统能够突破传统思维定式的局限，在广阔的可能性空间中探索新的解决方案，产生出意想不到的创新成果。

然而，自动化科研的发展也面临着诸多挑战。最突出的是创新过程的可解释性问题。许多AI系统的决策过程仍然是一个"黑盒"，其创新的具体机理难以被完全理解，这给研究成果的验证和推广带来了挑战。同时，并非所有科研活动都适合自动化，某些需要深度思考和创造性洞察的研究工作仍然需要人类科研人员的主导。此外，实验安全、数据隐私、知识产权等伦理问题也需要社会各界的共同关注和谨慎应对。

实践表明，最有效的科研模式是人机协同。在这种模式下，人类科研人员专注于提供研究方向、评估结果意义、把控伦理边界，发挥其在创造性思维和价值判断方面的优势；而AI系统则承担数据处理、实验执行、模式发现等具体工作，充分利用其在效率和准确性方面的优势。通过良好的交互界面和协作机制，双方形成了优势互补、相得益彰的协同关系。

展望未来，自动化科研的发展必将继续深化。AI系统在创造性思维、跨学科整合等方面的能力将不断提升，新型的实验自动化设备也将不断涌现。自动化科研的应用领域将进一步扩大，从自然科学延伸到生命科学、环境科学，甚至社会科学等领域。新型的人机协同模式将不断涌现，推动科研组织方式和管理方式的创新。与此同时，培养能够与 AI 系统默契配合的新一代科研人员，也将成为科研教育体系的重要任务。

面对这场深刻的变革，我们需要既保持开放创新的心态，积极把握新技术带来的机遇，又要保持清醒理性的认识，审慎应对可能的风险和挑战。自动化科研不是要取代人类科学家，而是要通过人机协同开启科学探索的新纪元。在这个新的科研范式下，人类对未知的探索将达到新的高度，科学研究必将迎来更加辉煌的未来。

第 5 章

超级实验室的建造

"机器能思考吗?"

——艾伦·图灵

序曲：一个癌症疗法的偶然发现

在美国得克萨斯大学安德森癌症中心（UT MD Anderson Cancer Center），一个原本看似普通的数据分析项目，却在 2023 年初给所有人带来了一个令人振奋的发现：通过对近十年来超过 50 万份临床病例数据的深度挖掘，其 AI 系统意外发现了一种特殊的免疫治疗模式，这种模式在某些罕见癌症患者中展现出惊人的治疗效果。这个发现不仅打破了传统的治疗范式，更重要的是，它揭示了一种全新的科研范式正在悄然兴起——由 AI 驱动的、网络化的超级实验室正在重塑现代科学研究的模式。

在这个引人注目的案例背后，是一个跨越全球的研究团队通力协作的结果。来自休斯敦的临床数据分析师、伦敦的 AI 专家以及东京的免疫学研究人员，借助云计算平台和智能化的实验设备，突破了地理限制和时区差异，构建起了一个虚拟的"超级实验室"。这个由 AI 串联起来的科研网络，不仅能够自动化地处理和分析海量的临床数据，还能实时协调全球各地的实验设备，进行验证性实验和平行测试。正是这种前所未有的协作模式，让研究团队在短短 18 个月内，就完成了传统研究方法可能需要 5—10 年才能完成的工作量。

这种突破性的发现过程展现了现代科研的几个关键特征：首先，是 AI 在科学发现中的催化作用，它不再仅是一个辅助工具，而是成了主动的知识发现者；其次，是全球化协作网络的形成，让不同领域、不同地区的专家能够无缝协作；最后，是自动化实验设备的普及，使得远程操控和并行实验成为可能。这些要素的融合，正在推动着一场静悄悄的科研革命。

当我们更深入地观察这个案例时，会发现一个令人深思的现象：传统的依赖于个别科学家直觉和经验的研究方法，正在被一种更加系统化、网络化的方法所取代。在这个新的范式中，AI 不仅能够从海量数据中发现人类可能忽略的模式，还能够自动生成和验证科学假设，而全球化的协作网络则确保了这些发现能够被快速验证和应用。这种转变预示着科学研究正在进入一个新的时代，一个由超级实验室主导的智能化科研时代。

这个改变癌症治疗路径的偶然发现，实际上并非偶然，而是现代科研体系演进的必然结果。它向我们展示了未来科学研究的图景：在这个图景中，AI、全球协作网络、自动化实验设备这三大要素紧密结合，形成了一个超越传统实验室限制的"超级实验室"。这种新型研究范式不仅大大提升了科研效率，更重要的是，它开启了科学发现的新范式，让我们得以用前所未有的方式探索自然奥秘。

5.1 网络化科研：让全球实验室协同工作

在 17 世纪末，当牛顿在剑桥三一学院的那间狭小实验室中研究光的色散现象时，科学研究还是一种典型的个人智力活动，实验装置也相对简单；到了 19 世纪中期，门捷列夫在圣彼得堡大学的实验室已经配备了当时最先进的分析仪器，并开始形成了初具规模的研究团队，这种变化暗示着科学研究已经开始从个人的艺术转向团队的系统工程；而在 20 世纪初，居里夫人在巴黎的放射性研究实验室则充分展现了现代实验室的雏形，不仅拥有专业的研究团队，还建立了规范的实验流程和完善的安全防护措施，这标志着科学研究已经发展成为一种高度专业化的群体活动。

然而，这种传统的实验室组织模式在 20 世纪后期遇到了前所未有的挑战。随着科学问题的复杂性日益提升，单个实验室的人力、设备和智力资源往往难以满足研究需求。以高能物理研究为例，20 世纪 50 年代的加速器还可以被安置在大学实验室中，但到了 20 世纪 70 年代，即使是顶尖大学也难以独立承担造价动辄数亿美元的大型加速器。这种情况催生了第一批跨机构、跨国界的科研合作网络，其中最具代表性的就是成立于 1954 年的 CERN。在 CERN 的合作模式中，我们可以清晰地看到网络化科研的早期特征：多国共同出资、设备共享、人员流动、数据互通，这些特征在今天看来依然具有深远的启发意义。

进入 20 世纪 90 年代，一个改变科学研究范式的重大项目开启了网络化科研的新纪元——人类基因组计划。这个耗资 30 亿美元、持续 13 年的科学巨计划，首次将分布在全球 6 个国家的 20 个主要测序中心和数千名科研人员编织成一张协同运转的研究网络。在项目的早期阶段，各实验室之间的数据传输还主要依赖物理存储介质的邮寄传递，这种方式不仅耗时，而且容易造成数据的不一致性。随着互联网技术的发展，特别是专门的生物信息学平台的建立，实验数据的实时共享和分析才成为可能。值得注意的是，这个项目不仅催生了一系列革命性的测序技术和生物信息学工具，更重要的是，它实践了一种全新的科研组织方式：通过标准化的数据格式、统一的质量控制流程、共同的数据分析平台，将地理位置分散的研究力量整合成一个高效运转的虚拟实验室。

这种网络化科研模式在 2003 年 SARS（严重急性呼吸综合征）疫情期间经受了一次重要的实战检验。当时，WHO（世界卫生组织）紧急组建了一个由 11 个实验室组成的全球实验室网络（Global Laboratory Network），这些实验室分布在 9 个国家，但通过网络化的协作方式，他们仅用了一个月的时间就确定了 SARS 冠状病毒的完整基因序列。这个成功经验直接影响了后来应对新冠肺炎疫情的科研策略。2020 年初，当新冠肺炎病毒的基因序列首次被测出后，一个规模空前的全球研究网络在极短时间内形成。GISAID 数据库迅速成了全球病毒基因组数据共享的核心枢纽，来自世界各地的超过 2 000 个实验室每天源源不断地上传最新的测序数据，而分布在不同大洲的超级计算中心则组成了强大的计算网络，为病毒变异分析提供着源源不断的算力支持。正是这种前所未有的科研协作网络，才使得人类能够在不到一年的时间里就研发出多个有效的疫苗，这个速度比人类历史上任何一次疫苗研发都要快得多。

从某种意义上说，网络化科研的发展历程，就是一部人类突破地理限制、整合全球智慧的奋斗史。每一次重大科学项目的推进，都在推动着这种协作模式向着更高效、更智能的方向发展。如今，随着AI技术的引入，这种网络化科研正在进入一个全新的发展阶段，展现出前所未有的创新活力。

随着AI技术的迅猛发展，网络化科研正在经历一场前所未有的革命性变革。在瑞士洛桑联邦理工学院的蛋白质研究中心，一个名为"AutoLab"的AI系统正在重新定义实验室的运作方式。这个系统不仅能够对海量的实验数据进行深度分析，更重要的是，它能够基于对已有实验结果的学习，利用复杂的机器学习算法来预测最具潜力的实验参数组合。系统通过建立多维度的参数模型，将数百万种可能的实验条件组合进行智能筛选，最终给出最有可能取得突破性结果的实验方案。更令人惊叹的是，这个AI系统能够同时远程操控分布在欧洲各地的自动化实验设备进行平行验证实验，这种"智能设计+并行验证"的模式，使得实验效率提升了近10倍。在实践中，一个原本需要博士生耗费一年时间才能完成的实验序列，现在往往只需要一个月就能得出结论，这种效率的提升不仅节省了大量的人力物力，更大大加快了科学发现的步伐。

在材料科学领域，由麻省理工学院、斯坦福大学和东京大学联合组建的"智能材料发现网络"（Intelligent Materials Discovery Network，IMDN）则展示了一种更为先进的网络化科研模式。这个耗资近10亿美元打造的科研网络，将三所顶尖大学的尖端实验设备、量子计算资源和材料表征设施通过高速网络连接成一个虚拟的"云端超级实验室"。当材料科学家提出一个新材料的研究设想时，IMDN 的 AI 系统会首先对这个设想进行可行性分析，通过检索已有的材料数据库、分析相关的科研文献，评估这个设想的创新性和实现难度。如果分析结果表明这个设想具有探索价值，AI 系统就会自动生成详细的实验方案，并同时在多个实验室启动并行实验。更值得注意的是，实验过程中产生的所有数据都会被实时收集和分析，用于动态优化后续的实验方案。这种高度智能化的协作模式，使得新材料的研发周期从传统的 3—5 年大幅缩短到了 6—8 个月。在 2023 年，这个网络就取得了一项重大突破：成功开发出了一种新型的固态电池材料，其能量密度比传统锂离子电池提高了近 50%，充电速度提升了 3 倍，这个成果为电动汽车的发展注入了新的动力。

　　AlphaFold 的成功则展示了另一种极具启发性的网络化科研模式。这个由 DeepMind 公司开发的 AI 系统在蛋白质结构预测领域取得的突破，不仅仅依赖于其强大的深度学习算法，更得益于与全球实验室构建的紧密协作网络。在这个网络中，AI 系统扮演着"预测者"的角色，而分布在世界各地的实验室则承担着"验证者"的职责。当 AI 系统给出蛋白质结构的预测结果后，这些预测会立即通过专门的数据平台发送到合作实验室进行实验验证。验证的结果又会实时反馈给 AI 系统，用于优化预测模型的参数和算法。这种"预测-验证-优化"的闭环不仅确保了预测结果的可靠性，也大大加快了模型的进化速度。经过两年的持续优化，AlphaFold 的预测准确率已经达到了接近 X 射线晶体衍射方法的水平。截至 2024 年初，AlphaFold 已经成功预测了超过 200 万种蛋白质的三维结构，这个数量大大超过了过去 50 年人类通过实验方法解析的蛋白质结构总和。这一成就不仅推动了生物学研究的进展，更为药物研发、疾病治疗提供了宝贵的理论基础。

在产业界，默克制药的"Open Innovation"平台开创了一种全新的产学研协作模式。这家拥有 350 多年历史的制药巨头，通过开放其核心研发资源，与全球顶尖学术机构展开深度合作。2023 年，该平台与麻省理工学院、剑桥大学、清华大学等 12 所高校达成 AI 药物研发协议，利用机器学习加速靶点验证与分子设计，成功将传统药物发现周期从平均 5 年缩短至 18 个月。其中，针对阿尔茨海默病的 Aβ 蛋白靶向药物通过联合研究进入临床前阶段，成为首个由 AI 驱动的神经退行性疾病候选药物。平台累计孵化超 200 个外部合作项目，包括与拜耳联合开发的肿瘤免疫治疗管线，以及与新加坡科技研究局合作的基因编辑疗法。默克首席科学官罗杰·珀尔穆特表示："开放创新不仅降低了研发成本，更让我们能站在全球智慧的肩膀上突破'不可成药'靶点的壁垒。"

然而，网络化科研的快速发展也带来了一系列亟待解决的挑战。首要的问题是数据标准化和实验方法的统一性问题：不同实验室使用的仪器设备和实验流程往往存在差异，如何确保数据的可比性和实验的可重复性，成了一个重要的技术难题。以新药研发领域为例，即使是同样的实验方案，在不同实验室执行时也可能因为环境条件、操作习惯等因素的差异而产生不同的结果。为了解决这个问题，一些领先的研究机构开始推动实验标准化运动，通过制定统一的实验规范、建立标准化的数据格式、开发自动化的数据处理流程等方式，来提高实验数据的可靠性和可比性。

知识产权保护是另一个棘手的问题。在开放协作的环境下，如何平衡知识共享与专利保护的关系，需要建立全新的规则和机制。2023年初，一起在《自然》杂志报道的引起广泛关注的专利纠纷就很好地说明了这个问题的复杂性：某跨国药企与一所大学的联合研究项目中，由 AI 系统基于双方共享数据做出的新发现，其专利权归属产生了争议。这个案例促使学术界和产业界开始思考如何在网络化科研时代重新定义知识产权。一些创新性的解决方案已经开始出现，比如基于区块链技术的"贡献度追踪系统"，它能够精确记录每个参与方在研究过程中的具体贡献，为知识产权的合理分配提供了客观依据。

网络安全同样是一个不容忽视的风险。2023 年初，位于德国慕尼黑的一个生物技术实验室遭受了黑客攻击，导致部分重要的实验数据被窃取和篡改，这个事件造成了超过 500 万欧元的直接经济损失，更严重的是，它动摇了科研界对网络化科研安全性的信心。这个教训提醒我们，在推进网络化科研的同时，必须同步加强网络安全建设。一些先进的安全防护措施正在被开发和应用，例如基于量子加密的数据传输系统、AI 驱动的异常行为检测系统等，这些技术手段为科研数据的安全提供了新的保障。

站在 2025 年的时间节点上展望未来，我们有理由相信网络化科研将在 5G 技术普及、量子计算发展和 AI 技术进步的推动下，走向更高的发展阶段。特别值得关注的是量子互联网技术的突破，这项技术有望从根本上解决科研数据传输的安全问题。麻省理工学院的研究团队已经成功实现了 300 公里量子通信网络的稳定运行，这为未来构建全球量子科研网络奠定了技术基础。

与此同时，新一代 AI 技术的发展也在为网络化科研注入新的活力。基于大语言模型的科研助手系统已经开始在一些实验室投入使用，它们不仅能够协助研究人员检索文献、分析数据，还能够提供实验设计建议，甚至能够预测可能的研究方向。这种智能化的科研辅助工具，正在成为连接全球科研网络的重要纽带。

我们可以预见，在不远的将来，一个科研人员可能只需要坐在办公室里，就能够通过虚拟现实技术远程操控位于地球另一端的实验设备，而产生的实验数据会被实时分析并自动共享给所有相关的研究团队。这种高度网络化和智能化的科研范式，必将极大地加快科学发现的步伐，推动人类文明向着更高的层次迈进。正如著名物理学家费曼曾经说过的："科学的本质就是合作，就是不断地相互学习和借鉴。"在网络化科研时代，这种合作精神正在以前所未有的方式得到实现。

5.2 智能文献挖掘：让机器阅读人类知识

在斯坦福大学生物信息学中心，一位年轻的研究员正在开展一项看似不可能完成的任务：在短短 3 个月内，分析过去 20 年来发表的所有与阿尔茨海默病相关的研究论文，寻找可能被忽视的治疗线索。在传统研究模式下，这项工作即使动用整个研究团队，可能也需要几年时间才能完成。然而，借助最新的智能文献挖掘系统，这位研究员不仅在预期时间内完成了任务，更发现了一个重要的研究盲点：某些用于治疗 2 型糖尿病的药物可能对延缓阿尔茨海默病的进展有特殊效果。这个发现立即引发了一系列的验证性研究，最终促成了一个重要的临床突破。这个案例生动地展示了智能文献挖掘技术在现代科研中的革命性作用。

人类的科研生产力正在呈现出前所未有的爆发式增长。根据科学文献数据库 Scopus 的统计，仅在 2023 年一年，全球就产生了超过

300万篇学术论文，这个数字相当于1970年代整整10年的总和。生物医学领域的增长尤为惊人：著名的医学文献数据库PubMed每天都会收录超过3 000篇新论文，一位医学研究者即使每天阅读10篇论文，也需要整整1年时间才能读完同一天发表的文献。更令人震惊的是，这些公开发表的论文仅仅是科研产出的一部分，还有大量的实验数据、研究报告、专利文献等各类科技文献在不断产生。面对如此海量的信息，人类传统的阅读和分析方法已经完全力不从心。

这种信息过载的困境催生了一门新兴的技术领域：智能文献挖掘。这项技术的发展历程本身就是一部AI不断进化的缩影。在20世纪90年代，早期的文献分析系统还只能进行简单的关键词匹配和文本统计。到了21世纪初期，随着自然语言处理技术的发展，计算机开始具备了理解句子语法结构的能力，能够提取文献中的基本概念关系。而现在，得益于深度学习技术的突破，最新一代的智能文献挖掘系统已经能够理解复杂的科学论述，识别文献中的实验方法和研究结果，甚至能够自动发现不同研究之间的潜在联系。

以2023年底发布的BioGPT-4为例，这个专门面向生物医学领域的大型语言模型，在经过超过1亿篇医学论文的训练后，展现出了惊人的知识理解能力。它不仅能够准确回答关于特定疾病、药物或基因的专业问题，更重要的是，它能够通过分析大量文献中的零散信息，推理出潜在的生物学机制。在一次公开测试中，BioGPT-4成功预测了一个此前未被发现的蛋白质相互作用网络，这个预测后来在实验室中得到了证实。这种"文献驱动的科学发现"模式，正在成为生物医学研究的一个重要补充。

文献挖掘技术的进步也深刻改变了新药研发的模式。传统的药物开发往往需要经过漫长的试错过程，而智能文献挖掘系统能够通过分析海量的研究文献，快速识别出最有希望的研究方向。默克制药公司开发的 SPARK（Scientific Paper Automated Research Knowledgebase）系统就是一个典型的例子。这个系统能够自动分析所有已发表的药物研究文献，建立药物分子、作用靶点和疾病之间的关联网络。通过这个系统，研究人员发现了一个被忽视的事实：一些已上市的降压药可能通过特定的分子机制对某些神经退行性疾病产生治疗作用。这个发现为药物重新定位研究开辟了新的方向。

现代智能文献挖掘系统的核心优势在于其多模态分析能力。在科学文献中，知识的表达往往不仅仅依赖于文字，还包括大量的图表、公式、实验数据等非文本内容。例如，在材料科学领域，GraphCLIP 通过解析数千篇论文中的扫描电镜图像和 XRD 衍射图谱，成功识别出一种新型二维材料的晶格畸变规律，这一发现被《先进材料》（*Advanced Materials*）评为"2024 年十大突破性技术"之一。

跨语言文献整合是推动全球科研协作的重要技术突破。以日本材料科学领域的历史研究发现为例，20 世纪 80 年代，东京工业大学团队在《日本金属学会志》发表的"非晶合金快速冷却工艺"论文曾长期未被国际学界关注。针对此类语言与地域壁垒，Meta AI 的 XLM-RoBERTa 多语言模型展现了强大潜力。该模型通过预训练覆盖 200 多种语言的科技文献（包括历史档案），能够自动抽取关键参数并建立跨语言关联。在一项量子计算研究中，研究者利用 XLM-RoBERTa 分析 1950 年代俄语量子力学手稿，成功复现了被忽视的"超导腔量子电动力学"理论框架，为新型量子比特设计提供了新思路。

智能文献挖掘在实验方法优化方面也发挥着越来越重要的作用。

现代科学实验往往涉及复杂的参数设置和严格的操作流程，一个微小的实验条件差异都可能导致完全不同的结果。IBM华生实验室开发的ExperimentMiner系统专门针对这个问题，通过深度分析大量的实验方法描述，系统能够识别出影响实验结果的关键因素。在一个分子生物学实验中，系统通过对比分析数千个类似实验的描述，发现了一个微妙但关键的步骤：在特定的蛋白质纯化过程中，缓冲液的pH值变化即使只有0.2个单位，也会显著影响最终的蛋白质活性。这个发现帮助研究人员优化了实验流程，大大提高了实验的成功率。

文献挖掘技术的进步也为科研评价体系带来了革新。传统的科研评价主要依赖于引用次数等量化指标，这种方法往往无法真实反映研究的实际影响力。新一代的文献分析系统开始采用更智能的评价方法，不仅关注引用数量，还能分析引用的语境和深度。例如，科睿唯安公司开发的ImpactAnalyzer系统能够区分简单提及和深入讨论，能够识别方法学借鉴和结果验证，从而更准确地评估一项研究的实际影响。更重要的是，系统能够追踪研究成果在不同学科之间的传播路径，发现跨学科影响的特征。这种智能化的评价方法，正在帮助科研管理者做出更明智的资源分配决策。

智能文献挖掘技术的快速发展，同时也带来了一系列需要认真思考的问题。首要的挑战来自数据质量的参差不齐。在科学研究中，并非所有发表的论文都具有同等的可靠性，一些研究可能存在实验设计缺陷、数据处理偏差，甚至故意造假的情况。如何让AI系统具备甄别文献可靠性的能力，成了一个重要的研究方向。剑桥大学开发的TruthSeeker系统在这方面进行了有益尝试：通过分析论文的实验设计描述、数据分布特征、统计方法使用等多个维度，系统能够为每篇论文的可靠性给出初步评估。在一次测试中，系统成功识别出了若干篇后来被证实存在问题的论文，这种"科研诚信 AI 守门员"的角色，正变得越来越重要。

另一个棘手的问题是如何处理科学文献中的理论争议。在科学发展的前沿领域，不同的研究团队可能对同一现象持有不同的解释，这些争议本身就是推动科学进步的重要动力。然而，如何让 AI 系统在保持客观立场的同时，又能准确理解和呈现这些学术争议，是一个极具挑战性的课题。哈佛大学医学院开发的 ControversyMap 系统采用了一种创新的方法：通过分析大量相关文献，系统自动构建了一个"论点-证据"网络，将不同观点的支持证据和反驳证据清晰地映射出来，帮助研究者更好地理解争议的本质和发展脉络。在一个关于暗物质本质的研究项目中，这个系统成功梳理出了 6 种主要的理论假设及其各自的证据链，这种可视化的争议分析方法获得了物理学界的广泛好评。

知识产权保护则是智能文献挖掘领域面临的第三个重要挑战。当 AI 系统通过分析大量文献而得出新的科学发现时，这个发现的知识产权归属就变得复杂起来。一方面，这个发现是建立在分析已有文献的基础上，另一方面，系统的创新性推理又确实产生了新的知识。为了应对这个挑战，国际科技界正在探索建立新的知识产权保护框架。例如，欧盟已经开始起草专门的法律条例，明确规定了 AI 系统在科学发现中的知识产权归属原则。同时，一些研究机构开始采用区块链技术来记录知识发现的完整过程，确保每个贡献者的权益都能得到合理保护。

展望未来，智能文献挖掘技术的发展方向已经开始显现。首先是向着更深层的知识理解迈进：下一代系统将不仅能理解文献的表面含义，还能把握科学概念之间的深层联系，理解研究方法背后的思维逻辑。其次是多学科知识的融合：通过建立跨学科的知识图谱，系统将能够发现不同学科之间的潜在联系，促进交叉学科创新。最具突破性的是认知推理能力的提升：通过模拟科学家的思维方式，系统将能够提出新的研究假设，设计验证实验，甚至预测可能的研究结果。

在量子计算技术的支持下，智能文献挖掘系统的处理能力正在获得质的飞跃。传统的计算机在处理复杂的科学文献关联时往往会遇到运算瓶颈，而量子计算机的并行计算特性恰好适合这类大规模的关联分析。谷歌量子实验室最新研发的 QuantumLit 系统就展示了这种结合的威力：在分析粒子物理学领域的文献时，系统能够同时考虑数百万个理论参数之间的关联，这种计算能力在经典计算机上是难以想象的。这个系统已经帮助物理学家发现了几个可能的新粒子，虽然这些预测还需要实验验证，但这种发现方式本身就具有革命性意义。

AI 辅助的科研写作也正在成为一个重要的发展方向。科学论文的写作不仅需要准确的表达，还需要清晰的逻辑和充分的文献支持。新一代的 AI 写作助手不仅能够帮助研究者撰写初稿，还能自动检索相关文献，提供引用建议，甚至能够根据期刊的具体要求调整文章格式。斯坦福大学开发的 SciWriter 系统在这方面做了开创性的尝试：系统能够分析研究数据和实验记录，自动生成方法学部分的描述，并确保描述的完整性和准确性。更重要的是，系统能够识别研究中的创新点，帮助作者更好地突出研究的贡献。

然而，在为智能文献挖掘的未来描绘蓝图的同时，我们也需要保持清醒的认识。首先，机器永远不能完全取代人类科学家的创造性思维。AI 系统再强大，也只能是科研工作的助手而非主导者。其次，过度依赖 AI 系统可能会导致研究思路的趋同，反而抑制了科学创新的多样性。最后，如何确保 AI 系统的判断透明度和可解释性，也是一个需要持续关注的问题。

面对这些挑战，科技界正在探索一种新的研究范式：人机协同的智能研究模式。在这种模式下，AI 系统负责处理海量文献、发现潜在关联、提供研究建议，而人类研究者则负责判断这些发现的价值、制定研究策略、做出创造性决策。这种分工既发挥了机器在数据处理方面的优势，又保留了人类在创造性思维方面的独特价值。正如著名计算机科学家约翰·麦卡锡所说："智能就是一种在不完备信息下做出正确决策的能力。"在这个意义上，人机协同的智能文献挖掘系统正在帮助我们以一种前所未有的方式来探索科学的前沿。

当我们站在 2024 年的时间节点回望智能文献挖掘技术的发展历程，我们可以清晰地看到一条从简单的文本分析到复杂的知识发现的演进路径。这项技术正在从根本上改变科学研究的方式，让知识的积累和创新变得更加高效和系统化。未来，随着量子计算、脑机接口等前沿技术的发展，智能文献挖掘必将开启新的篇章，为人类的科学探索提供更强大的支持。

5.3 知识图谱：重构科学知识的关系网络

2023 年初，在美国国立卫生研究院的一间办公室里，一位年轻的研究员正在使用一个庞大的生物医学知识图谱系统搜索与某种罕见遗传病相关的信息。这个系统不仅能够瞬间调出所有相关的基因、蛋白质、药物和临床表现，更令人惊叹的是，它还发现了一条此前从未被注意到的关联路径：通过分析数千篇文献中零散的实验数据，系统推理出这种遗传病可能与一个特定的代谢通路异常有关。这个发现很快得到了实验室的验证，为这种疾病的治疗开辟了新的思路。这个案例生动地展示了知识图谱技术在现代科研中的革命性作用。

知识图谱的概念源起于人类组织知识的永恒追求。早在古希腊时期，亚里士多德就试图通过分类法来构建一个涵盖所有自然现象的知识体系。到了中世纪，欧洲修道院的学者们开始用手绘的知识树来展示不同学科之间的关联。而在计算机时代，这种构建知识网络的努力终于找到了理想的技术载体。20世纪60年代，计算机科学家开发出了第一代关系型数据库，这为数字化管理结构化知识奠定了基础。然而，关系型数据库的严格表格结构很难表达复杂的知识关联，这个局限直到知识图谱技术的出现才得到突破。

现代意义上的知识图谱起源于谷歌2012年推出的Knowledge Graph项目。这个项目首次展示了一种全新的知识组织方式：不同于传统数据库的表格结构，知识图谱采用"实体-关系-实体"的图结构来表达知识。在这种结构中，每个知识点都被表示为图中的一个节点，节点之间通过各种语义关系连接起来，形成一张庞大的知识网络。这种表达方式不仅更接近人类的思维方式，而且能够自然地表达复杂的知识关联。更重要的是，知识图谱具有强大的推理能力：通过分析节点之间的关系路径，系统能够发现隐含的知识联系。

在生物医学领域，知识图谱的应用已经取得了突破性的进展。以默克制药公司开发的DrugGraph系统为例，这个系统整合了来自公开文献、临床试验数据库、基因组数据库等多个来源的信息，构建了一个包含数百万个节点和数十亿个关系的医药知识网络。在这个网络中，每种药物都与其分子结构、作用靶点、适应证、副作用等信息相连接，而这些信息又与相关的基因、蛋白质、生物学通路等知识点相关联。这种多层次的知识表达方式，使得研究人员能够从多个维度来理解药物的作用机制，预测可能的药物相互作用，发现药物新的适应证。

在材料科学领域，知识图谱正在推动一场"材料基因组革命"。麻省理工学院的材料科学家建立了一个名为MaterialsKG的知识图谱系统，这个系统不仅收录了已知材料的物理化学性质、晶体结构、制备工艺等信息，还整合了大量的实验数据和理论计算结果。通过分析这些知识之间的关联模式，系统能够预测新材料的性质，推荐可能的合成路径。在一个关于新型太阳能电池材料的研究项目中，MaterialsKG成功预测出了一种新型钙钛矿材料的组成配比，这种材料在随后的实验中展现出了卓越的光电转换效率。

构建一个高质量的科学知识图谱绝非易事，这个过程涉及复杂的技术挑战和严谨的方法论考量。首先是知识的标准化问题：在不同的科研团队、不同的文献中，同一个概念可能会有不同的表达方式。例如，同一种化合物可能会有多个名称，同一个基因可能会使用不同的命名系统。为了解决这个问题，斯坦福大学的研究团队开发了一套基于本体论的知识标准化框架。这个框架不仅统一了概念的表达方式，还建立了概念之间的层级关系，使得系统能够理解"紫杉醇是一种抗癌药物"这样的知识分类。

知识抽取则是构建知识图谱过程中最具挑战性的环节。从非结构化的科学文献中准确提取知识点和关系，需要极其复杂的自然语言处理技术。以2024年初推出的ScienceKG系统为例，这个系统采用了多层次的知识抽取策略：首先使用深度学习模型识别文本中的实体和关系，然后通过图神经网络分析实体之间的语义联系，最后利用知识推理引擎验证抽取结果的合理性。在处理实验方法描述时，系统还能识别出关键的实验参数和操作步骤，这些信息对于实验的重复验证至关重要。

多源数据的整合是另一个技术难点。科学知识往往分散在不同类型的数据源中：有结构化的数据库，有半结构化的文献，还有非结构化的实验记录。IBM 研究院数据科学团队开发的 DataFusion 框架采用了一种创新的方法来解决这个问题：系统首先为每种数据源建立特定的知识模型，然后通过语义映射将不同模型中的知识点关联起来。例如，在处理蛋白质相关的知识时，系统能够同时整合来自序列数据库、结构数据库、相互作用数据库的信息，形成对蛋白质功能的全面理解。

知识推理能力是衡量知识图谱系统水平的关键指标。与传统数据库不同，知识图谱不仅存储显式的知识，还能通过推理发现隐含的知识关联。在量子计算研究领域，剑桥大学开发的 QuantumKG 系统展示了这种推理能力的威力：通过分析量子计算文献中的理论模型和实验结果，系统不仅能够理解已知的量子效应，还能预测可能存在的新量子现象。在一次研究中，系统通过推理发现了一种特殊的量子纠缠状态，这个预测后来在实验中得到了证实。

可视化和交互是知识图谱的另一个重要特性。复杂的知识网络如果缺乏直观的展示方式，就很难发挥其实际价值。加州理工学院开发的 GraphVis 系统创造性地解决了这个问题：系统采用多层次的可视化策略，允许研究者从宏观到微观多个层次探索知识网络。在宏观层面，系统展示知识领域的整体结构和主要分支；在中观层面，研究者可以看到特定主题相关的知识簇；在微观层面，则可以详细查看单个知识点的所有关联信息。这种灵活的交互方式，大大提高了知识图谱的实用性。

随着知识图谱技术的不断成熟，其应用领域正在快速扩展。在化学合成领域，知识图谱正在改变传统的实验设计方式。哈佛大学化学系开发的 SynthesisKG 系统整合了过去 50 年来发表的所有有机合成文献，构建了一个包含数百万个反应路径的知识网络。这个系统不仅能够为给定的目标分子推荐合成路径，还能预测每条路径的成功率和可能的副产物。更令人惊叹的是，系统通过分析大量失败实验的报告，总结出了一系列"反应禁忌"，这些经验性的知识对于提高实验成功率具有重要价值。

在天体物理学领域，知识图谱技术正在帮助科学家解开宇宙演化的奥秘。欧洲南方天文台开发的 CosmosKG 系统整合了来自世界各地望远镜的观测数据、理论模型和数值模拟结果，构建了一个庞大的宇宙知识网络。通过这个系统，研究人员不仅能够追踪特定天体的演化历史，还能发现不同天文现象之间的潜在联系。2023 年底，系统通过分析伽马射线暴和引力波信号的关联模式，为双中子星并合事件提供了新的理论解释，这个发现推动了人们对极端天体物理过程的理解。

然而，知识图谱技术的发展也面临着一系列挑战。首要的问题是知识的时效性：科学发现日新月异，如何确保知识图谱能够及时更新并保持准确性，是一个亟待解决的问题。麻省理工学院开发的 TimeKG 系统尝试通过引入时间维度来应对这个挑战：系统不仅记录知识的内容，还记录知识的发现时间、更新历史和可能的有效期。这种时序知识图谱能够展现科学理论的演化过程，帮助研究者理解知识的发展脉络。

知识的不确定性是另一个重要挑战。在科学研究中，很多结论都是带有不确定性的，如何在知识图谱中表达和处理这种不确定性，需要突破性的技术创新。斯坦福大学的 UncertaintyKG 项目采用了概率图模型来解决这个问题：系统为每个知识关联赋予一个置信度，这个置信度会随着新证据的出现而动态调整。在生物医学研究中，这种能够处理不确定性的知识图谱显得尤为重要，因为它能够帮助研究者评估不同假设的可靠性。

展望未来，知识图谱技术的发展方向已经开始显现。首先是向着更深层的语义理解迈进：下一代系统将不仅能理解知识点之间的表面关联，还能理解背后的因果关系和作用机制。其次是多模态知识的融合：未来的知识图谱将能够同时处理文本、图像、声音等多种形式的科学数据，构建更全面的知识表达。最具突破性的是自主学习能力的提升：通过结合强化学习技术，知识图谱系统将能够自动发现知识空白，主动设计实验方案，不断完善自身的知识体系。

正如图灵奖得主约翰·麦卡锡所说："知识不仅仅是信息的集合，而且是一个能够产生新见解的动态系统。"在这个意义上，知识图谱正在将人类积累的科学知识转变为一个能够自我进化、持续创新的智能系统。随着量子计算、脑机接口等前沿技术的发展，知识图谱必将开启科学知识组织和发现的新纪元，为人类探索自然奥秘提供更强大的工具。

量子计算技术的发展正在为知识图谱带来新的机遇。传统计算机在处理大规模知识网络时往往会遇到计算瓶颈，特别是在进行复杂的知识推理时。而量子计算机的并行计算特性恰好适合这类图结构的运算。2024年初，谷歌量子计算实验室展示的QuantumKG系统就充分展现了这种结合的潜力：在处理一个包含十亿级节点的生物医学知识图谱时，系统能够在几分钟内完成传统超级计算机需要数天才能完成的复杂推理任务。这种计算能力的质的飞跃，为知识图谱在更大规模、更深层次的应用开辟了新的可能。

AI与知识图谱的深度融合也在推动新一代智能系统的发展。与传统的深度学习模型相比，基于知识图谱的AI系统具有更强的可解释性和推理能力。以清华大学开发的ReasonKG系统为例，这个系统不仅能够给出预测结果，还能通过知识图谱中的关系路径来解释推理过程。在一个新药研发项目中，系统不仅预测出了一个潜在的药物靶点，还能详细说明这个预测背后的分子机制和已知证据，这种透明的推理过程大大增强了研究人员对AI系统的信任。

知识图谱在科研评价和科技政策制定方面也展现出独特价值。传统的科研评价主要依赖于文献计量学指标，这种方法往往难以准确反映研究的实质贡献。而基于知识图谱的评价系统能够从知识创新的角度来衡量研究价值。美国国家科学基金会正在试点的KnowledgeImpact系统就采用了这种方法：通过分析研究成果在知识网络中的位置和影响范围，系统能够评估研究对学科发展的实际贡献。这种评价方法不仅更加客观，还能帮助决策者更好地把握科技发展趋势，优化资源配置。

在整个科学发展史上，人类一直在寻找更好的方式来组织和理解知识。从古希腊学者的分类法，到中世纪的百科全书，再到现代的数字图书馆，每一次知识组织方式的革新都推动了科学的跨越式发展。

而知识图谱的出现，标志着我们首次真正具备了在数字世界中模拟人类认知网络的能力。这种技术不仅能够存储和连接零散的知识点，更重要的是，它能够像人类大脑一样，通过知识的关联和推理来产生新的见解。

在不久的将来，知识图谱很可能成为科研人员的"外脑"，帮助我们应对知识爆炸时代的挑战。每一个科研工作者都将拥有自己的专属知识助手，这个助手不仅了解所在领域的全部知识，还能根据研究者的兴趣和思维方式，主动发现知识盲点，提供研究建议，甚至预见可能的创新方向。这不是科幻小说中的场景，而是基于当前技术发展态势的合理推测。随着量子计算的实用化和 AI 的进步，这一天可能比我们想象的要来得更早。在这个知识图谱主导的新时代，科学发现的速度将得到空前的提升，而创新的本质也将发生深刻的变化——从个人的顿悟转变为人机协同的系统化探索。

5.4 开源科学：让全民参与科研创新

2001 年初，当人类基因组计划的第一份完整草图即将发表时，一场关于科学数据开放的激烈争论在学术界展开。一方是主张将基因组数据完全公开的公共研究联盟，另一方则是希望对数据进行商业保护的私人企业。这场争论的结果不仅影响了基因组学的发展方向，更为重要的是，它开启了科学界对知识开放共享的深刻思考。时至今日，这场争论的意义已经远远超出了生物学领域：它实际上预示了一个全新科研范式的到来——开源科学时代。

开源科学的理念可以追溯到 17 世纪的科学革命时期。当时，英国皇家学会的格言"Nullius in verba"（不轻信任何人的话）就强调了科学结果的可验证性。然而，在相当长的一段时间里，科学研究始终是一小群精英的专属领域。直到 20 世纪末互联网技术的普及，才让全民参与科学研究成为可能。1991 年，粒子物理学家保罗·金斯波格创建的 arXiv 预印本平台，第一次让科研论文的传播突破了传统期刊的壁垒。这个平台允许研究者在论文正式发表前就公开分享研究成果，极大地加快了学术交流的速度。到 2024 年初，arXiv 已经收录了超过 200 万篇论文，每个月有数百万次下载，成为科研人员必不可少的学术资源。

传统的科研出版模式在数字时代面临着越来越大的挑战。一篇论文从提交到发表通常需要数月甚至数年的时间，而动辄数千美元的论文出版费用和高额的期刊订阅费，更是让许多研究者和机构望而却步。这种情况在 2020 年新冠肺炎疫情期间达到了临界点：当全球科学家急需分享最新的研究发现时，传统的出版流程显得异常滞后。这促使包括《自然》《科学》在内的顶级期刊不得不改变政策，允许与新冠肺炎相关的研究成果优先发表在预印本平台上。这个临时的应急措施，却意外地证明了开放获取模式的可行性和必要性。

星际动物园（Galaxy Zoo）项目的成功则展示了公民科学的巨大潜力。这个始于 2007 年的天文学项目，首次让普通公众参与到真实的科学研究中。项目组将来自斯隆数字巡天的海量星系图像放到网上，请网民帮助对星系形态进行分类。这个看似大胆的尝试取得了出人意料的成功：在项目开始的第一年，就有超过 15 万名志愿者参与其中，完成了超过 5 000 万次分类判断。更令人惊喜的是，这些业余天文爱好者不仅完成了基本的分类任务，还发现了一些专业天文学家都没有注意到的奇特天体。其中最著名的是 2008 年由荷兰一位教师发现的"汉尼的旺星体"（Hanny's Voorwerp），成为公民科学的一个里程碑。

开源科学的理念很快扩展到了实验方法领域。2016年，加州理工学院的研究团队启动了一个开创性的项目：将实验室的标准操作流程（SOP）开源化。这个名为"开放实验室"的项目不仅详细记录了每个实验的步骤和参数，还包括可能出现的问题和解决方案。更重要的是，其他研究者可以在线提出改进建议，形成了一个不断优化的实验方法库。这种开放协作的模式大大提高了实验的可重复性，也为年轻研究者提供了宝贵的学习资源。到2024年，这个项目已经积累了超过5 000个标准化实验流程，涵盖了从分子生物学到材料科学的多个领域。

开源科学的一个重要体现是开放数据集的建设。在AI研究领域，ImageNet数据集的成功充分说明了开放数据的价值。这个由李飞飞教授团队于2009年发起的项目，通过众包方式收集和标注了超过1 400万张图片，为深度学习的发展提供了关键的训练资源。更值得注意的是项目的组织方式：数据的收集完全依靠互联网用户的自愿参与，标注工作则通过Amazon Mechanical Turk平台进行众包。这种开放协作的模式不仅大大降低了数据集的建设成本，还确保了数据的多样性和代表性。ImageNet的成功启发了更多领域建设开放数据集，从生物医学图像到材料性质数据，各种专业数据集如雨后春笋般涌现。

在软件工具领域，开源科研软件的发展更是令人瞩目。1991年，一位赫尔辛基大学的研究生林纳斯·托瓦兹发布了Linux操作系统的第一个版本，这个完全开源的系统如今已经成为科学计算的主要平台。在此基础上，科研界开发了大量开源工具，从数据分析到可视化，从分子模拟到基因组分析，几乎每个研究领域都有其特色的开源软件生态系统。以生物信息学为例，从序列比对工具 BLAST 到基因组装软件 SPAdes，这些免费开源的程序不仅推动了学科的发展，还培养了一大批既懂生物又懂编程的复合型人才。

开源硬件的兴起则给实验室建设带来了新的可能。Arduino 和树莓派等开源硬件平台的出现，让自制科研仪器成为可能。2020 年，当新冠疫情暴发导致呼吸机短缺时，麻省理工学院的研究团队在一周内就开发出了一款基于开源硬件的简易呼吸机，并将设计图纸免费公布在网上。这个被称为"E-Vent"的项目不仅展示了开源硬件的潜力，还证明了在危机时刻开源协作的重要性。在常规科研中，开源硬件同样发挥着重要作用：从简单的温度控制器到复杂的自动化实验平台，越来越多的科研设备正在通过开源方式设计和共享。

FoldIt 蛋白质折叠游戏的成功则展示了另一种创新的科研众包模式。这个由华盛顿大学开发的在线游戏，将复杂的蛋白质结构预测问题转化为一个有趣的拼图游戏。玩家通过拖拽和旋转蛋白质链的不同部分，尝试找到能量最低的构象。这个看似简单的游戏却产生了惊人的科研成果：2011 年，FoldIt 的玩家们仅用 3 周时间就解开了一个困扰科学家 15 年的艾滋病相关蛋白质结构，这个成果发表在《自然·结构与分子生物学》杂志上。更重要的是，通过分析玩家的操作策略，研究人员开发出了更好的蛋白质折叠算法，这些算法后来被整合到了 AlphaFold 等 AI 系统中。

在开源科学的实践中，一些创新性的组织方式值得特别关注。2022 年成立的"全球开源实验室联盟"（Global Open Lab Alliance）就是一个典型例子。这个联盟将分布在全球各地的开源实验室连接成一个网络，成员可以共享实验设备、交流实验方法、协作开展研究。

在一个关于新型催化剂的研究项目中，来自 5 个国家的 7 个实验室通过这个平台协同工作，每个实验室负责不同的实验环节，最终在短短 3 个月内就完成了传统模式下需要 1 年才能完成的研究工作。这种分布式的研究模式不仅提高了研究效率，还大大降低了科研成本。

开源科学也在推动教育模式的变革。传统的科学教育往往局限于课堂和教科书，学生很难接触到真实的科研过程。而现在，越来越多的教育机构开始将开源科学项目引入教学。麻省理工学院的"开放式实验课程"就是一个创新尝试：本科生可以通过远程操作其他实验室的设备进行实验，他们的实验数据会被直接纳入实际的研究项目。这种教学方式不仅让学生体验到真实的科研过程，还能为科研项目贡献有价值的数据。2023 年，一名参与这个项目的大二学生就通过分析实验数据发现了一种新的材料合成方法，这个发现后来发表在《科学进展》杂志上。

在环境科学领域，开源科学正在发挥越来越重要的作用。全球变暖研究就是一个典型例子。传统的气候监测主要依赖专业气象站，这些站点的分布往往不够密集，难以捕捉局部的气候变化。为了解决这个问题，"公民气象站网络"项目发起了一个大胆的计划：向公众免费提供开源气象站的设计图纸和组装指南，鼓励人们在自己的住所安装气象监测设备。这些自制气象站通过物联网技术将数据实时上传到中央数据库，构成了一个覆盖范围更广、精准更高的气象监测网络。到 2024 年初，这个网络已经在全球部署了超过 10 万个监测点，产生的数据正在帮助科学家更好地理解局部气候变化的规律。

开源科学在医疗健康领域的应用也取得了突破性进展。2023 年底启动的"开源胰岛素计划"就是一个极具社会意义的项目。这个项目的目标是开发一种可以由小型实验室生产的胰岛素制剂,以降低这种关键药物的生产成本。项目组不仅公开了所有的实验方法和数据,还开发了一套开源的质量控制系统。虽然这个项目目前还在进行中,但它已经展示了开源科学在解决重大社会问题方面的潜力。这种将科研成果直接转化为社会福祉的模式,可能预示着科学研究的一个新方向。

这些新兴的实践表明,开源科学正在突破传统科研的藩篱,向着更广阔的社会空间扩展。它不仅改变了科学知识的生产方式,也正在重塑科研机构、教育机构和社会大众之间的关系。在这个过程中,科学正在逐步回归其最本质的特征:作为一种集体性的知识探索活动,它本应该对所有真正热爱真理的人开放。这种回归不是简单的复古,而是在技术赋能下的创新性发展,它可能预示着科学研究范式的一次深刻变革。

开源科学的发展也面临着一系列挑战。首要的问题是质量控制:当研究过程向公众开放时,如何确保科学严谨性就变得尤为重要。在预印本平台上,每天都有大量未经同行评议的论文发布,这些论文质量参差不齐,有些甚至包含明显的错误。为了应对这个挑战,一些创新的解决方案正在涌现。比如期刊《电子生命》(*eLife*)推出的"活论文"(living paper)系统,允许读者在线评论和讨论论文内容,形成一种动态的同行评议机制。这种开放式评议不仅提高了科研成果的透明度,还加快了问题的发现和纠正的速度。

知识产权保护是另一个棘手的问题。在开源环境下,如何平衡知识共享与创新激励的关系,需要新的制度设计。创新性的解决方案已经开始出现,比如区块链技术的应用。麻省理工学院开发的科创链(sciencechain)系统就尝试用区块链来记录科研贡献,每个参与者的投入都能得到准确记录和合理回报。这种新型的激励机制,可能为开源科学的可持续发展提供新的思路。

资金支持模式的创新也是开源科学面临的重要课题。传统的科研经费主要来自政府拨款和企业投资，这种模式在开源环境下显得力不从心。众筹科学（crowdfunding science）正在成为一种补充选择。2023 年，一个研究罕见病的开源项目通过科学众筹平台 Experiment.com 筹集到了 100 万美元的研究经费，这个成功案例说明公众直接资助科研的模式是可行的。一些研究机构也开始尝试新的商业模式，比如提供基于开源数据的增值服务，这为开源科学项目的持续运营提供了新的可能。

未来，随着技术的进步，开源科学的形态还将继续演变。虚拟现实技术的发展可能让远程实验室操作变得更加直观，任何人都可以通过虚拟现实设备参与复杂的科学实验。量子计算的普及可能让普通个人也能进行复杂的科学计算，真正实现"人人都是科学家"的理想。AI 技术则可能在科研过程的各个环节提供支持，从实验设计到数据分析，从论文写作到同行评议，都可能出现 AI 辅助的开源工具。

然而，开源科学的本质不在于技术，而在于它代表的科研价值观。正如开源软件运动改变了软件开发的方式，开源科学正在重塑科学研究的生态。它提倡知识共享，强调协作创新，鼓励公众参与，这些理念正在从根本上改变科学研究的组织方式和创新模式。一个更加开放、包容、高效的科研生态系统正在形成，这个系统不再局限于实验室的围墙之内，而是延伸到了整个人类社会。

科学史研究表明，科学发展的重大突破往往来自研究方式的革新。18 世纪的实验室革命让科学从思辨走向实证，20 世纪的仪器革命将人类感知扩展到微观和宇观世界。而今天，开源科学运动正在掀起新一轮革命：它不仅改变了科学知识的生产和传播方式，更重要的是，它正在重新定义科学研究的边界，让科学回归到它最初的使命——作为全人类共同的探索事业。

5.5 集体智慧：大规模协作下的涌现奇迹

在科学史上，重大发现往往被归功于个人的天才时刻：牛顿的苹果启发了万有引力定律，爱因斯坦在电车上的思考导致了相对论的诞生。然而，现代科学研究的复杂性已经远远超出了个人智慧的范畴。以大型强子对撞机的希格斯玻色子发现为例，这项成果背后是由超过3 000名科学家组成的团队，他们来自40多个国家的180多个研究机构。每一位研究者都只负责整个项目的一小部分，但正是这些贡献的累积，最终导致了物理学史上最重要的发现之一。这种大规模协作模式展示了一个重要现象：当参与者达到一定规模，整体的智慧水平会远远超过个体智慧的简单叠加，这就是所谓的"智慧涌现"现象。

集体智慧的力量在生物医学研究中表现得尤为明显。DREAM（Dialogue for Reverse Engineering Assessments and Methods）项目就是一个典型例子。这个始于2006年的项目采用众包的方式来解决复杂的生物医学问题。在2023年的一个挑战中，来自全球的500多个研究团队共同努力，试图开发出更准确的癌症预后预测模型。每个团队都采用不同的方法和算法，而最终的突破来自一个意想不到的地方：系统地分析所有参与者的方法后，研究人员发现可以将不同方法的优势进行组合，创造出一个比任何单独方法都要优秀的混合模型。这个发现不仅提高了癌症预测的准确率，还为解决其他复杂生物学问题提供了新的思路。

维基百科的成功则展示了另一种形式的集体智慧。当这个在线百科全书项目在 2001 年启动时，很少有人相信一个由志愿者编写的百科全书能够达到专业水平。然而，到 2024 年初，英文版维基百科已经拥有数百万个条目，其中科学技术类条目的准确性经常能够与专业百科全书相媲美。更令人惊讶的是，维基百科在科学发现的呈现上往往比专业期刊更快：2023 年 12 月，当一个重要的物理学突破发生后，相关的维基百科条目在数小时内就补充了初步信息，而且内容准确、引用充分。这种基于群体协作的知识生产模式，正在改变我们对专业知识创造和传播的认知。

随着 AI 技术的发展，集体智慧正在获得新的增强形式。在传统的群体协作中，参与者之间的交流往往受到语言、专业背景等因素的限制，而 AI 系统的引入正在帮助打破这些壁垒。斯坦福大学开发的 CollabAI 系统就是一个典型例子：这个系统能够实时分析研究者之间的讨论内容，自动识别关键概念和潜在联系，并以可视化的方式呈现出来。在一个跨学科的气候变化研究项目中，来自气象学、海洋学、生态学等不同领域的科学家通过这个系统进行协作，AI 不仅帮助他们克服了专业术语的障碍，还主动发现了一些被忽视的研究线索，最终促成了几个重要的突破性发现。

AI 辅助的群体决策也展现出独特的优势。传统的科研决策往往依赖于专家委员会的判断，这种方式容易受到个人偏见和群体思维的影响。哈佛大学医学院开发的 Consensus AI 系统提供了一种新的决策模式：系统首先收集所有参与者的观点和理由，然后通过自然语言处理技术分析这些意见的逻辑结构和支持证据，最后生成一个综合性的决策建议。在 2023 年的一个药物研发项目中，这个系统帮助研究团队在多个候选方案中选择了最优的研究方向，后续的实验结果证明这个决策是正确的。

群体智慧的一个关键特征是多样性，而AI系统正在帮助最大化这种多样性的价值。麻省理工学院的Diversity Net项目通过分析研究者的学术背景、思维方式和专业特长，为每个科研项目推荐最优的团队组合。这个系统不仅考虑专业互补性，还会评估成员之间的协作潜力。在一个新材料开发项目中，系统推荐的跨学科团队包含了物理学家、化学家、计算机科学家和工程师，这种独特的组合最终导致了一个创新性的发现。

然而，AI增强的集体智慧也带来了新的挑战。首先是知识产权的归属问题：当一个重要发现产生于人机协同的群体协作中，很难确定每个参与者（包括AI系统）的具体贡献。其次是决策的透明度问题：当AI系统参与群体决策时，如何确保决策过程的可解释性和可追溯性。为了应对这些挑战，科研界正在探索新的规范和机制。例如，《自然》期刊已经开始要求作者明确说明AI系统在研究中的具体贡献，并提供相关的技术文档。

集体智慧在不同学科领域展现出独特的运作机制。在粒子物理学研究中，科学家发现群体协作不仅能提高数据分析的效率，还能产生意想不到的理论突破。以2023年在欧洲核子研究中心进行的一项实验为例，当研究人员分析一组异常的粒子对撞数据时，一位年轻的博士生提出了一个大胆的假设，这个想法迅速在全球物理学家社区引发讨论。通过在线论坛、视频会议等方式，来自50多个研究机构的物理学家们对这个假设进行了深入讨论和验证。最终，这个源于集体讨论的理论解释不仅完美解释了异常数据，还预测了一种新的粒子相互作用模式，这个预测在后续实验中得到了证实。

在生物信息学领域，集体智慧展现出了特别强大的创新潜力。2023年初，一个名为"基因组解码联盟"的国际项目采用了创新的众包模式：将基因组数据分散给全球数百个研究小组，每个小组都可以使用自己擅长的分析方法。项目设计了一个实时的结果共享平台，让不同团队能够及时看到彼此的发现和思路。这种开放的协作模式产生了显著效果：当不同团队的分析结果被整合在一起时，研究人员发现了一些关键的基因调控机制，这些发现为理解人类发育和疾病提供了全新的视角。

在天文学研究中，集体智慧以另一种独特的方式发挥作用。2024年初，一个由业余天文爱好者组成的全球网络在观测过程中，形成了一个特别的分层协作机制：业余爱好者负责持续的数据收集，专业天文学家则负责数据分析和理论解释。这种协作模式不仅大大提高了观测的时间覆盖率，还实现了多次重要的天文发现。

这些案例揭示了集体智慧成功运作的几个关键要素。首先是知识的有效流动：需要建立机制确保信息能够快速、准确地在不同参与者之间传递。其次是贡献的正确评估：要建立公平、透明的机制来认可和奖励每个参与者的贡献。最后是失败的建设性利用：在大规模协作中，失败和错误是不可避免的，关键是要建立机制，从这些失败中学习和改进。

从认知科学的角度来看，集体智慧的涌现过程展现出一些有趣的特征。研究发现，当协作规模达到某个临界值时，群体的问题解决能力会出现质的飞跃。这种现象在不同学科领域都有体现，但临界规模可能因问题的性质而异。理解这种规模效应的机制，对于设计更有效的科研协作系统具有重要的指导意义。

集体智慧的进一步发展正在朝着几个令人瞩目的方向演进。量子计算的引入可能会带来群体协作的革命性变化。传统的协作平台受限于经典计算的串行特性，而量子计算的并行性特征恰好适合处理复杂的群体互动。IBM 量子计算研究院正在开发的 Quantum Mind 平台就展示了这种潜力：系统能够同时处理数千名研究者的思维路径，在高维空间中寻找最优的协作方案。在一个量子化学计算项目中，这个平台帮助分布在全球各地的研究团队发现了一种新型的分子计算方法，这个发现可能对未来的量子计算机设计产生深远影响。

脑机接口技术的发展则可能为集体智慧提供全新的表达方式。马斯克共同创立的 Neuralink 公司已经展示了初步的研究成果：通过植入式芯片，研究人员能够直接捕捉和分享思维过程。虽然这项技术还处于早期阶段，但它预示着一种革命性的协作可能：未来的科研团队可能能够直接在思维层面进行交流和协作，突破语言表达的限制。这种直接的思维共享可能会大大加快科学发现的速度，特别是在那些难以用语言精确描述的领域，比如数学直觉和艺术创造。

元宇宙技术的成熟也可能为集体智慧提供新的发展空间。微软研究院开发的 Science Verse 平台正在尝试将科研协作搬进虚拟现实环境：研究者可以在三维空间中直观地操作复杂的科学模型，实时观察其他人的操作和想法。在一个分子设计项目中，来自不同国家的化学家们在虚拟空间中共同设计新型药物分子，这种沉浸式的协作方式产生了多个创新性的分子结构。

然而，要充分发挥集体智慧的潜力，仍然需要解决几个关键问题。首先是如何在保持多样性的同时确保协作的效率。实践表明，参与者的数量增加并不总是带来更好的结果，有时反而会导致决策效率的下降。为此，科研界正在探索动态的协作机制：根据问题的性质和阶段，灵活调整参与者的规模和组成。其次是如何平衡共识与创新的关系。过于强调共识可能会抑制创新思维，而过度追求创新则可能影响成果的可靠性。这需要建立更智能的协作机制，在不同阶段合理分配验证与探索的资源。

最后，也是最具挑战性的，是如何处理集体智慧可能带来的意外发现。在大规模协作中，常常会产生预料之外的发现，这些发现可能超出项目的原始目标。例如，在研究新冠病毒的全球协作网络中，科学家意外发现了一些关于人类免疫系统的新特性。如何及时捕捉和跟进这些意外发现，可能是决定集体智慧效能的关键因素之一。

展望未来，集体智慧必将在科学研究中发挥越来越重要的作用。随着技术的进步，特别是 AI、量子计算和脑机接口等前沿技术的发展，人类社会正在获得前所未有的集体认知能力。这种能力不仅体现在解决具体问题上，更重要的是，它正在改变科学发现的基本范式：从个人的顿悟转变为群体的共同探索，从线性的推进转变为网络化的涌现。这种转变可能预示着人类认知能力的一次重大飞跃，开启科学探索的新纪元。

小结：超级科学大脑的进化之路

当我们回顾科学发展的历史长河，可以清晰地看到一条从个人智慧到集体智慧，从单点突破到网络协同的演进轨迹。本章所描述的网络化实验室、智能文献挖掘、知识图谱、开源科学和集体智慧，构成了一幅现代科研体系的全景图。这个体系不再局限于传统实验室的物理边界，而是延伸到了整个人类社会的认知网络之中。

在这个演进过程中，我们看到了几个具有标志性意义的转变。首先是科研组织方式的根本性变革：从单个科学家的个人探索，发展到今天的全球化协作网络。人类基因组计划的成功充分证明了这种转变的必要性和可行性。其次是知识获取方式的革命性创新：AI不再仅仅是一个辅助工具，而是成了主动的知识发现者。AlphaFold在蛋白质结构预测领域的突破就是一个典型例子。最后是科研参与方式的民主化：开源科学运动让普通公众也能为科学发展贡献力量，Galaxy Zoo等项目展示了公民科学的巨大潜力。

展望未来，超级科学大脑的进化之路还将继续向前延伸。量子计算技术的发展可能会从根本上改变科学计算的范式，让我们能够模拟和理解更复杂的自然现象。脑机接口技术的突破可能会开创一种全新的科研协作方式，让思维的交流不再受限于语言的表达。元宇宙技术的成熟则可能为科学探索提供一个沉浸式的虚拟环境，让分布在世界各地的研究者能够如同在同一个实验室工作一样紧密协作。

然而，这条进化之路也面临着诸多挑战。如何在开放与安全之间找到平衡？如何确保科研成果的可靠性和可重复性？如何平衡效率与创新的关系？这些都是需要科学界认真思考的问题。特别值得注意的是，在AI日益强大的背景下，如何保持人类在科学探索中的主导地位，避免过度依赖机器，这个问题变得越来越重要。

对于未来的科研工作者来说，以下几个问题值得深入思考：在人机协同的科研环境中，人类科学家的角色将如何定位？在开放科学的潮流下，如何平衡知识共享与知识产权保护？在集体智慧盛行的时代，如何保持个人学术思想的独特性？这些问题的答案，可能会决定科学研究的未来走向。

正如物理学家费曼所说："科学是理解世界的一种方式，但更是一种态度。"在超级科学大脑不断进化的过程中，我们不仅要关注技术工具的革新，更要坚守科学探索的本质：对真理的渴望，对创新的追求，对合作的开放。只有这样，科学才能继续为人类文明的进步照亮前路。

第三部分

智能科学的新疆域

第 6 章

攻克复杂性之困

"在复杂系统面前,还原论就像是试图通过研究字母来理解莎士比亚。"

——斯图尔特·考夫曼,复杂性科学先驱

序曲:一朵雪花背后的数学难题

在麻省理工学院的一间特殊实验室里,一支由物理学家、数学家和 AI 专家组成的研究团队,正在进行一项看似简单却极其深奥的研究:观察并模拟一朵雪花的生长过程。在一个精心控制的低温环境中,研究人员让一个微小的水滴在精确的温度和湿度条件下开始结晶。随着时间的推移,这个看似普通的过程却展现出令人惊叹的复杂性:从最初的六角形晶核开始,无数细小的枝晶以看似随机却又遵循某种神秘规律的方式不断生长,最终形成了一片独一无二的雪花。

这个看似简单的自然现象背后,隐藏着一个困扰科学界数百年的深刻问题：为什么在完全相同的物理和化学定律支配下，每一片雪花都能呈现出独特的形态？更令人困惑的是，虽然我们已经完全掌握了水分子结晶的基本原理，却仍然无法准确预测一片雪花的最终形状。这个看似简单的问题，实际上揭示了复杂系统研究中的一个基本难题：当无数简单的相互作用累积到一定程度时，系统的整体行为往往会呈现出无法从个体行为简单推导的特性。

2023年末，这个研究团队利用最新开发的AI系统，首次实现了对雪花生长过程的高精度模拟。这个突破的关键在于一种创新的多尺度建模方法：在分子层面，AI系统能够精确计算水分子之间的相互作用；在微观尺度，它可以模拟晶体生长的动力学过程；在宏观层面，它又能预测环境因素对整体形态的影响。更令人惊叹的是，这个AI系统不仅能够模拟雪花的生长，还能从海量的模拟数据中总结出一些此前未被发现的生长规律。

这项研究的意义远远超出了对雪花生长的理解。它实际上展示了AI在研究复杂系统时的独特优势：通过同时处理多个尺度的动态过程，通过发现数据中隐藏的模式，通过建立跨层次的因果关联，AI正在帮助我们攻克一个又一个复杂性难题。从天气系统到生态网络，从金融市场到城市发展，这些看似风马牛不相及的系统，实际上都展现出了与雪花生长惊人相似的复杂性特征。

在量子物理学家费曼的办公室里，曾经挂着一句名言："物理学定律是简单的，但世界是复杂的。"这句话精确地道出了科学研究中的一个根本难题：如何从简单的基本规律，理解和预测复杂系统的行为。今天，随着AI技术的发展，我们似乎终于找到了一把打开复杂性之门的钥匙。正如一片雪花从简单的水分子生长出绚丽的图案，复杂性科学在 AI 的助力下，正在揭示出自然界中一个又一个令人惊叹的奥秘。

6.1　混沌、分形与自组织：复杂性科学 ABC

1961 年的一个冬日，麻省理工学院的气象学家爱德华·洛伦兹在进行一个简单的天气模拟实验时，偶然发现了一个令人震惊的现象：当他将计算机中的初始数据从小数点后 6 位四舍五入到小数点后 3 位时，原本相似的天气预测结果竟然发生了天壤之别。这个看似微不足道的差异，在短短几个月的模拟时间内就导致了完全不同的天气系统演化。这个后来被称为"蝴蝶效应"的发现，不仅颠覆了科学界对确定性系统的传统认知，更开启了人类认识复杂性的新纪元。

在牛顿力学统治科学界的 300 多年里，人们一直相信这样一个朴素的想法：只要我们知道一个系统的初始条件和运动规律，就能准确预测它在任何时刻的状态。这种被称为"决定论"的思想，在解释行星运动等简单系统时确实显得极其成功。然而，当科学家试图用同样的方法来预测天气、理解湍流、分析股市时，却总是遭遇挫折。直到洛伦兹的发现，人们才意识到：即使是完全由确定性方程支配的系统，其长期行为也可能表现出本质上的不可预测性，这就是所谓的混沌现象。

混沌理论的重要性，不仅在于它打破了传统决定论的桎梏，更在于它揭示了一个深刻的事实：简单的规则可以产生复杂的行为。以著名的洛伦兹方程为例，这个仅包含 3 个变量的简单方程组，却能产生无限复杂的轨迹，这些轨迹在相空间中形成了一个奇特的图案，后来被称为"洛伦兹吸引子"。这个发现启发科学家开始思考：自然界中那些看似杂乱无章的现象，是否也隐藏着某种简单而深刻的规律？

与混沌理论几乎同时兴起的是分形几何学。1967年，IBM研究员本华·曼德布罗特在研究英国海岸线长度时发现了一个有趣的悖论：海岸线的长度似乎取决于测量的尺度，使用越小的标尺测量，得到的海岸线就越长。这个看似矛盾的现象揭示了自然界中一个普遍存在的特征：在不同尺度下都呈现出相似结构的性质，这就是所谓的分形特征。从树木的分枝到山脉的轮廓，从云朵的形状到河流的走向，分形结构几乎无处不在。

更令人惊叹的是，混沌与分形之间存在着深刻的联系。当我们将混沌系统的长期行为在相空间中描绘出来时，往往会得到具有分形结构的奇异吸引子。这种联系暗示着，在复杂性的表象之下，可能存在着某种统一的数学规律。正是这种认识，推动了复杂性科学的诞生和发展。

如果说混沌理论揭示了简单系统产生复杂行为的可能，那么自组织理论则展示了复杂系统中涌现有序的奇迹。1959年，比利时物理学家普里戈金在研究远离平衡态的化学反应时，发现了一个令人困惑的现象：在某些条件下，看似杂乱的化学反应会自发形成有规律的时空图案。这个被称为"耗散结构"的发现，为人们理解自组织现象提供了全新的视角。

自组织现象在自然界中普遍存在，但最引人入胜的例子要数蚁群的集体行为。一只蚂蚁的智力很有限，它既不懂得高等数学，也没有全局规划的能力，但成千上万只蚂蚁却能够自发组织起来，建造复杂的蚁巢，寻找最优的觅食路径，甚至形成能够跨越水面的"蚁桥"。这种群体智慧的产生，不需要任何中央控制系统，而仅仅依赖于个体之间简单的局部互动。正是这种"简单规则产生复杂行为"的特征，使得自组织成为复杂性科学研究的核心议题之一。

在物理学中，自组织现象往往与对称性破缺联系在一起。以著名的贝纳德对流为例，当我们从底部加热一层薄薄的流体时，起初流体处于完全均匀的状态。但当温度差超过某个临界值时，这种均匀性就会自发破缺，流体开始形成规则的六角形对流胞。这个过程揭示了自组织的一个重要特征：系统需要不断地与环境进行能量或物质交换，才能维持有序结构的存在。这就是为什么普里戈金将这种结构称为"耗散结构"。

城市的发展则为我们提供了一个理解自组织的绝佳案例。从高空俯瞰一座现代城市，我们能看到错综复杂的道路网络、井然有序的功能分区、此起彼伏的建筑群落。这种城市形态的形成，并非源自某个全能的规划者的统一设计，而是无数个体和群体在追求各自目标过程中，通过市场机制、社会规范等互动方式自发达成的结果。这个过程酷似生物体的形态发生：没有一个细胞知道整个生物体的设计图，但它们通过局部的信号交换，最终能够构建出功能完善的器官和组织。

在当代科学视野中，自组织已经成为理解复杂系统的一个核心概念。从生命的起源到意识的产生，从市场经济的运行到互联网的发展，自组织原理似乎无处不在。特别值得注意的是，随着AI技术的发展，科学家开始尝试在人工系统中模拟和利用自组织原理。例如，一些新型的神经网络架构就借鉴了生物系统的自组织特性，能够自动调整网络结构以适应不同的学习任务。这种仿生的思路，可能为AI的进一步发展提供新的启发。

复杂性科学的发展还在AI领域引发了一场方法论的革命。传统的 AI 系统往往采用确定性的算法和严格的逻辑推理，这种方法在处理结构化问题时表现出色，但在面对真实世界的复杂性时却常常力不从心。受混沌理论的启发，一些研究者开始探索基于混沌动力学的神经网络。这种网络不再追求计算的精确性，而是利用混沌系统对初始条件的敏感性来增强网络的计算能力。2023 年，斯坦福大学的研究团队开发出一种"混沌计算器"，这个系统能够在处理复杂模式识别任务时，展现出超越传统神经网络的性能。

分形理论在计算机图形学和材料科学中也找到了创新性的应用。在计算机图形学领域，基于分形的地形生成算法能够创造出极其逼真的自然景观。这些算法不需要存储大量的细节数据，而是通过简单的迭代规则自动生成不同尺度的地形特征。在材料科学领域，研究者发现很多新型材料的性能与其微观结构的分形特征密切相关。例如，某些多孔材料的导热性能就取决于其孔隙结构的分形维数。这个发现启发科学家开始尝试通过控制材料的分形结构来优化其物理性能。

自组织原理在社会复杂系统研究中展现出特殊的价值。以现代城市交通系统为例，传统的中央控制方式往往难以应对复杂多变的交通流。而借鉴蚁群优化算法开发的智能交通系统，则能够让每个路口的信号灯根据局部交通状况自主调节，多个路口之间通过简单的信息交换实现协调。这种去中心化的控制方式不仅提高了系统的适应性，还增强了其抗干扰能力。类似的自组织原理也被应用到了智能电网、物流网络等领域。

在生态系统研究中，复杂性科学正在帮助我们更好地理解生物多样性的维持机制。传统的生态学研究往往关注单个物种或简单的种群互动，而现代的研究则开始采用网络科学的方法来分析整个生态系统。

研究发现，稳定的生态系统往往具有特定的网络拓扑结构，这种结构既不是完全随机的，也不是严格有序的，而是处于"有序与混沌的边缘"。这种介于有序和混沌之间的状态，似乎是复杂适应性系统的一个普遍特征。

神经科学领域的研究则为复杂性理论提供了新的思考方向。人脑是我们所知的最复杂的系统之一，其工作方式既展现出明显的混沌特征，又表现出惊人的自组织能力。最新的研究表明，大脑的认知功能可能恰恰依赖于神经系统的这种复杂性。例如，在处理感知任务时，大脑神经网络会自发形成动态的功能模块，这些模块的组织方式表现出明显的分形特征。这个发现正在启发新一代神经形态计算系统的设计。

在经济系统研究中，复杂性科学正在改变传统的分析范式。经典经济学往往假设市场参与者是完全理性的，市场总是趋向均衡状态。然而，现实的经济系统常常表现出强烈的非线性和不平衡特征。一些经济学家开始使用复杂适应性系统的概念来描述市场行为，他们发现市场的很多特征，如泡沫的形成和破裂、创新的扩散过程、产业集群的出现等，都可以用自组织理论来解释。这种新的理论框架不仅有助于我们理解经济危机的成因，还为制定更有效的经济政策提供了指导。

随着计算技术和 AI 的发展，复杂性科学正在进入一个新的发展阶段。传统的研究方法往往局限于对单一现象的分析，而现代的复杂性科学则试图寻找不同系统之间的共性，建立统一的理论框架。在这个过程中，AI 扮演着越来越重要的角色。2023 年，深度学习系统首次在不需要任何先验物理知识的情况下，仅通过观察数据就发现了多个物理系统中的守恒量，这个突破性的成果暗示着 AI 可能帮助我们发现此前被忽视的普适性规律。

金融市场的研究为我们展示了复杂性科学的现代应用。传统的金融理论假设市场是有效的，价格变动遵循随机游走模型。然而，现实的市场行为往往表现出明显的混沌特征：看似随机的价格波动中隐藏着分形结构，市场的崩溃和复苏展现出自组织的特点。基于这些认识，一些量化交易机构开始使用基于复杂性理论的AI系统进行市场分析。这些系统不再简单地寻找价格模式，而是试图理解市场的整体动力学特征，这种方法在预测市场转折点方面取得了显著成功。

气候变化研究则为复杂性科学提供了一个终极挑战。气候系统涉及大气、海洋、陆地、生物圈等多个子系统的相互作用，展现出典型的混沌特征和多尺度性质。传统的气候模型虽然能够模拟大尺度的气候变化，但在处理局部天气系统时往往力不从心。最新一代的AI增强气候模型采用了一种创新的方法：将传统的物理模型与神经网络相结合，既保留了物理定律的约束，又能够捕捉数据中的复杂模式。这种混合方法不仅提高了预测的准确性，还帮助科学家发现了一些新的气候变化机制。

在生命科学领域，复杂性视角正在改变我们对生命本质的理解。现代生物学研究表明，生命系统的核心特征，如自我复制、新陈代谢、适应进化等，都可以用复杂性科学的语言来描述。例如，细胞内的生化网络展现出明显的自组织特征，基因调控网络的动力学具有混沌性质，而生物形态的发育则遵循分形生长的规律。这些发现不仅深化了我们对生命的理解，还为人工生命的研究提供了理论基础。

展望未来，复杂性科学可能在几个方向上取得突破。首先是在理论层面，随着量子计算的发展，我们可能找到处理高维混沌系统的新方法。其次是在应用层面，基于复杂性理论的 AI 系统可能为社会经济系统的管理提供新的工具。最后是在认识论层面，复杂性科学可能帮助我们建立一种新的科学范式，超越简单的还原论和整体论之争。

正如著名物理学家安德森在其经典论文《更多就是不同》中指出的："在每个层次上都会出现全新的性质，需要全新的概念。"复杂性科学正是这样一门跨层次、跨学科的新兴科学，它不仅为我们理解自然界提供了新的视角，也为 AI 的发展指明了方向。在 AI 的助力下，这门年轻的科学必将揭示出更多自然界的奥秘。

6.2 涌现与进化：复杂系统的双螺旋

在美国科罗拉多大学的一个特殊实验室里，研究人员正在进行一项看似简单的实验：将数千个微小的金属颗粒置于振动平台上，观察它们在不同频率下的集体行为。当振动频率达到某个特定值时，这些原本杂乱无章的金属颗粒突然自发地组织成了复杂的螺旋图案。更令人惊讶的是，随着实验条件的细微变化，这些图案会不断演化，呈现出各种意想不到的结构。这个看似简单的实验，生动地展示了复杂系统中两个最基本的特征：涌现性和进化性。

涌现性是复杂系统最迷人的特征之一。它描述了一个普遍的现象：当大量简单个体相互作用时，系统整体会表现出个体层面所没有的新性质。这种从微观到宏观的神奇跃迁，在自然界中随处可见。蚁群不需要任何中央控制，就能够构建出结构复杂的蚁巢；成千上万的萤火虫能够自发地同步闪烁；大脑中数十亿个神经元的相互作用产生了意识这一奇妙的现象。这些例子都展示了一个深刻的道理：整体不是部分的简单叠加，而是会产生全新的性质和功能。

理解涌现现象的关键，在于把握局部相互作用如何导致全局秩序的形成。以鸟群的集体飞行为例，每只鸟都只遵循3个简单的规则：与邻近的鸟保持适当距离、匹配飞行方向、避免碰撞。但就是这些简单规则的相互作用，却能产生出令人叹为观止的集体运动模式。2023年，斯坦福大学的研究团队利用AI系统分析了大量鸟群飞行的视频数据，发现了一些此前未被注意到的集体行为模式。更重要的是，他们成功地将这些发现应用到了群体机器人的控制中，使得数百个小型机器人能够像鸟群一样协调运动。

进化性则是复杂系统的另一个基本特征。在达尔文提出进化论之前，人们很难理解生物是如何获得如此精妙的适应性的。而进化论揭示了一个简单而深刻的机制：通过随机变异和自然选择的反复作用，系统能够逐步发展出更适应环境的特征。这个机制不仅适用于生物系统，也适用于其他复杂系统。例如，人类语言的演化就遵循类似的规律：新的词语和表达方式不断产生（变异），而那些更有效的表达方式会被保留下来（选择）。

在材料科学领域，涌现性和进化性的概念正在彻底改变人们设计新材料的方式。传统的材料设计往往采用"自上而下"的方法，先确定目标性能，然后寻找可能的材料组成。而现在，研究人员开始尝试一种"自下而上"的方法：通过设计基本构件之间的相互作用规则，让所需的材料性能自发涌现出来。麻省理工学院的研究团队在这方面取得了突破性进展：他们开发的AI系统能够预测纳米材料在自组装过程中可能出现的涌现性质。这个系统不仅能够模拟材料的形成过程，还能根据涌现的性质反向优化基本构件的设计，实现了一种材料的"人工进化"。

在生态系统研究中，涌现与进化的双重作用表现得尤为明显。一个生态系统中的每个物种都在不断进化，而这些物种的相互作用又会产生新的生态特征。例如，当某种植物进化出新的防御机制时，依赖这种植物的昆虫也会相应进化出新的取食策略。这种协同进化的过程可能会持续数百万年，最终形成稳定的生态平衡。加州大学伯克利分校的研究人员利用 AI 系统分析了热带雨林中的物种互动网络，发现了一些令人惊讶的协同进化模式。这些发现不仅帮助我们更好地理解生态系统的运作机制，还为保护生物多样性提供了新的思路。

社会系统的演化则展示了涌现与进化在人类社会中的独特表现。以现代城市的发展为例，每个居民和企业都在根据自身利益做出决策，这些微观层面的行为会导致特定区域功能的涌现，比如商业区、居住区的自发形成。随着时间推移，这些功能区又会影响个体的选择，形成一个持续演化的过程。清华大学的城市规划团队开发的 AI 系统成功模拟了这种复杂的城市演化过程：通过分析大量城市发展数据，系统能够预测城市功能区的自发形成和演变趋势，这为智慧城市规划提供了重要参考。

在技术创新领域，涌现与进化的双重作用展现出了另一种有趣的模式。硅谷的创新生态系统提供了一个绝佳的例子：数千家科技公司、风险投资机构、研究机构在这里紧密互动，形成了一个自组织的创新网络。每个机构都在不断调整自己的战略和方向，而这些微观层面的调整又会在宏观层面产生新的创新浪潮。斯坦福大学的创新研究中心开发了一个 AI 系统来分析这种创新生态系统的演化过程：通过追踪过去三十年来数百万份专利文件、企业数据和人才流动信息，系统揭示了技术创新是如何在特定领域自发涌现，又是如何通过市场选择而演化的。这个研究不仅帮助我们理解创新的本质，还为建设创新生态系统提供了实践指导。

在教育领域，涌现与进化的概念正在启发一场学习方式的革命。传统的教育模式往往是线性和预设的，而新一代的智能教育平台开始尝试一种更有机的方法。例如，麻省理工学院开发的"学习生态系统"平台，允许学习内容和教学方法根据学生的实际表现自动调整和演化。平台不仅分析每个学生的学习轨迹，还研究学生群体之间的互动模式。研究人员惊讶地发现，当平台规模达到一定程度时，会自发涌现出一些高效的学习模式，这些模式往往是设计者始料未及的。例如，系统发现某些看似无关的知识点之间存在隐含的联系，这些联系可以帮助学生更好地理解复杂概念。

在 AI 系统的设计中，研究人员开始有意识地利用涌现与进化的原理。这种系统通常由大量简单的智能单元组成，这些单元通过特定的规则相互作用，能够自发形成更高层次的智能行为。微软研究院在 2024 年初展示的一个实验系统很好地说明了这一点：系统中的每个智能单元都只具备基本的感知和反应能力，但当数千个单元协同工作时，系统展现出了复杂的问题解决能力，甚至能够自主发现新的解决方案。这种设计方法不仅提高了 AI 系统的适应性和鲁棒性，还为理解智能的本质提供了新的视角。

金融市场是另一个展示涌现与进化相互作用的绝佳例子。市场中的每个参与者都在不断调整自己的投资策略，而这些策略的集体作用又会产生新的市场特征，如价格趋势、波动模式等。有趣的是，这些涌现的市场特征又会反过来影响个体的策略选择，形成一个复杂的反馈循环。2023 年，摩根士丹利的研究团队发现，将涌现性和进化性原理引入金融模型，能够更好地解释和预测市场的异常行为，特别是在市场剧烈波动时期。

AI 技术在理解和应用涌现与进化原理方面取得的进展，正在开创复杂系统研究的新范式。传统的科学方法往往难以处理涌现现象，因为这类现象通常无法用简单的数学方程来描述。而 AI 系统，特别是深度学习模型，天生就具备发现复杂模式的能力。DeepMind 公司的研究人员发现，某些神经网络架构本身就展现出涌现性质：当网络规模达到一定程度时，系统会突然表现出一些意想不到的能力，比如理解抽象概念或进行类比推理。这种观察启发科学家开始重新思考智能的本质：也许高级智能本身就是一种涌现现象。

在进化计算领域，研究人员正在开发新一代的进化算法。传统的遗传算法虽然借鉴了生物进化的思想，但往往过于简化。而现在，借助强大的计算能力和更复杂的模型，研究人员能够模拟更真实的进化过程。OpenAI 开发的一个创新系统展示了这种新方法的潜力：系统中的智能体不仅能够进化自己的行为策略，还能够改变自己的学习规则。这种"元进化"能力让系统能够更好地适应复杂多变的环境。更令人惊讶的是，研究人员发现这些智能体会自发形成合作联盟，展现出类似生物群体的社会行为。

将涌现性和进化性结合起来，为解决复杂问题提供了新的思路。以自动驾驶为例，传统方法试图为每种可能的情况都编写具体的处理规则，这在实际道路环境中几乎是不可能的。而特斯拉采用的新方法则更富启发性：其自动驾驶系统通过深度强化学习与影子模式实现能力涌现。特斯拉的神经网络（如 HydraNet）从全球车队收集的数百万公里真实驾驶数据中学习驾驶策略，系统在虚拟环境中模拟不同场景的决策结果,并通过在线更新将优化后的模型部署到车辆中。例如,特斯拉的"端到端学习"模型可直接映射摄像头输入到方向盘转角指令,无须人工设计中间规则。根据特斯拉2023年自动驾驶安全报告,其FSD Beta版在复杂路口的通行成功率较前一年提升40%,这一改进被研究人员认为是系统通过大规模数据交互"涌现"出的适应性行为。

然而,利用涌现和进化原理也带来了新的挑战。首要的问题是可控性:当我们依赖系统的自发涌现和进化来产生解决方案时,如何确保结果符合我们的预期?这就像训练一个孩子,我们需要在给予自由和保持控制之间找到平衡。其次是可解释性问题:涌现的行为往往难以用简单的因果关系来解释。为了应对这些挑战,科研界正在探索新的方法,比如设计更好的监督机制、开发更透明的进化算法等。

复杂性科学的一个重要启示是:最伟大的创造往往不是设计出来的,而是涌现出来的。当我们审视自然界中最令人惊叹的现象,从生命的起源到意识的产生,从生态系统的形成到人类文明的发展,我们会发现它们都遵循着涌现与进化这对双螺旋的运作规律。在这个认知框架下,科学家和工程师的角色也在发生微妙的转变:与其说我们是系统的设计者,不如说我们是演化过程的引导者。我们的任务不是去控制每一个细节,而是创造合适的条件,让有益的特性能够自然涌现和进化。

这种思维方式的转变,正在深刻影响着AI的发展道路。也许,通往AGI的途径不是试图从零开始设计一个完美的系统,而是创造一个能够不断涌现新能力并持续进化的系统。在这个过程中,我们需要特别关注那些意外的、计划之外的涌现现象,因为它们可能暗示着智能发展的新方向。正如大自然用数十亿年的时间，通过无数次的尝试和选择，最终造就了人类智能一样，下一代 AI 的发展可能也需要经历类似的涌现与进化过程。

6.3　跨尺度建模：让 AI 玩转"蝴蝶效应"

2023 年夏天，一场突如其来的暴雨让日本东京都市圈陷入了混乱。这场暴雨的形成过程，完美地诠释了跨尺度效应的复杂性：太平洋上一个微小的气压变化，通过大气环流系统的层层放大，最终在东京地区引发了一次超大规模的降水。传统的气象模型在预测这类天气事件时往往显得力不从心，因为它们很难同时处理从微观的水汽分子运动到宏观的大气环流系统等不同尺度的物理过程。然而，东京大学气象研究所新开发的 AI 增强型气象模型却准确预测了这次暴雨的发生和强度，为数百万市民的安全防护赢得了宝贵的时间。这个成功案例不仅揭示了 AI 在跨尺度建模领域的巨大潜力，更预示着科学研究方法的一场深刻变革。

要理解跨尺度建模的本质，我们需要先认识到自然界中普遍存在的尺度耦合现象。一片树叶的生长，看似是一个简单的生物过程，实际上却涉及从分子水平的光合作用到生态系统水平的养分循环。在分子尺度上，数以亿计的叶绿体正在进行着复杂的光化学反应；在细胞尺度上，各种物质在细胞之间有序运输；在器官尺度上，叶片的形态在不断调整以适应光照条件；在生态系统尺度上，整片森林的光合作用正在影响着大气中的二氧化碳浓度。这种跨越多个尺度的相互作用，使得系统的行为变得异常复杂。传统的科学方法往往采用分而治之的策略，把问题分解到单一尺度上研究。这种方法在处理简单系统时很有效，但在面对强耦合的复杂系统时就显得捉襟见肘。

荷兰阿姆斯特丹大学的计算材料科学团队在这个领域率先取得突破。他们开发的多尺度 AI 系统能够同时模拟材料在原子、晶粒和宏观层面的行为。这个系统的独特之处首先体现在其创新的神经网络架构上：不同层次的网络负责处理不同尺度的物理过程，而这些网络之间通过特殊的耦合层相互连接，模拟了自然系统中的尺度耦合效应。更重要的是，系统在训练过程中同时使用了第一性原理计算数据、实验测量数据和宏观性能数据，这种多源数据的融合使得模型能够准确捕捉跨尺度效应。用这个系统研究金属材料的断裂过程时，研究人员发现了一些令人惊讶的规律：某些微观层面看似无害的缺陷，在特定条件下会通过跨尺度的相互作用导致灾难性的宏观断裂。这个发现立即引起了航空航天工业的高度关注，促使他们重新评估了材料安全标准。

这种跨尺度建模方法在生物医学领域找到了更为广泛的应用。人体本身就是一个典型的多尺度系统：从基因表达到细胞行为，从组织功能到器官协调，每个层次都与其他层次密切相关。哈佛医学院的研究团队利用跨尺度 AI 模型研究癌症的发展过程，揭示了一系列重要发现：某些癌细胞的基因突变会通过复杂的跨尺度级联效应，影响整个组织的血管生成模式。这个发现颠覆了传统的癌症研究范式，它表明要真正理解和治疗癌症，就必须从跨尺度的视角来分析疾病的发展过程。基于这个认识，研究团队开发了一种新的治疗策略：通过同时干预多个尺度上的关键过程，显著提高了治疗效果。

在地球科学领域，跨尺度建模正在帮助科学家解开一些长期困扰的谜题。比如，科学家一直难以准确预测地震的发生。这是因为地震的孕育过程横跨多个时空尺度：从岩石微观裂纹的扩展到板块运动的累积效应，从瞬时的能量释放到长期的应力积累。中国地震局和多家研究机构正在探索创新的跨尺度分析方法并用于地震研究：这些系统不仅处理传统的地震监测数据，还尝试整合微震信号、地下水位变化、电磁异常等多尺度信息。完全准确的地震预测仍然是一个重大挑战，目前的系统主要用于研究地震风险的可能积累过程，为防震减灾研究提供参考数据。

AI在跨尺度建模中的应用，带来了方法论层面的重大突破。传统的数值模拟方法需要精确求解每个尺度上的方程，这不仅计算量巨大，而且容易在尺度转换时产生误差累积。而深度学习方法则采用了一种全新的思路：通过数据驱动的方式，直接学习不同尺度之间的映射关系。近年来发展起来的物理信息图神经网络系统（Physics-informed Graph Neural Network）研究方向体现了这种思路的优势：系统使用图神经网络来表示不同尺度的物理结构，同时在网络训练中引入物理约束，确保预测结果符合基本的物理定律。这个系统的特别之处在于它能够自动发现和利用不同尺度之间的对称性和守恒律，这些物理规律在传统建模中往往需要人工指定。

这种方法在气候变化研究中引发了一场方法论革命。气候系统是一个典型的多尺度系统，从局部的湍流到全球的大气环流，从短期的天气变化到长期的气候趋势，都需要通过跨尺度建模来理解。加州理工学院等机构的气候模型研究正在探索采用层次化的注意力机制：系统能够自动识别不同尺度上的关键过程，并动态调整它们之间的耦合强度。更重要的是，这个系统还具备了解释性分析的能力：它能够追踪特定气候现象是如何通过不同尺度的相互作用而形成的。例如，在分析 2023 年北大西洋异常暖化现象时，系统成功追踪到了从海洋微观涡旋到大尺度洋流变化的完整因果链，这为理解气候变化提供了新的视角。

物理信息神经网络（Physics-Informed Neural Networks，PINNs）的发展成为跨尺度建模的另一个重要突破点。这类网络不仅学习数据中的统计规律，还直接在网络结构中编码物理定律。瑞士联邦理工学院的研究团队利用改进的 PINNs 技术成功模拟了湍流在不同尺度上的能量级联过程。这个模型的特别之处在于它能够自动平衡物理准确性和计算效率：在关键区域使用精细的物理计算，而在其他区域则采用更高效的统计近似。团队还在模型中加入了适应性网格细化功能，使系统能够自动识别需要高精度计算的区域，这在航空发动机设计等实际工程问题中显示出了巨大优势。

数据融合技术的创新为跨尺度建模注入了新的活力。现代科学研究产生的数据来自不同的尺度和维度：卫星遥感数据、地面观测数据、实验室测量数据等。如何有效整合这些异质数据，一直是跨尺度建模的难点。清华大学开发的多源数据融合框架提供了一个优雅的解决方案：系统利用自编码器网络将不同来源的数据映射到一个统一的特征空间，在这个空间中进行跨尺度的特征提取和关系学习。这种方法的独特之处在于它能够处理数据的不确定性和不完整性，即使某些尺度上的数据存在缺失，系统也能够通过其他尺度的信息进行合理推断。

在新材料开发领域，跨尺度建模展现出了惊人的创新能力。传统的材料开发往往需要反复的试错实验，而现在，科学家可以通过跨尺度模拟来预测材料的性能。美国橡树岭国家实验室等研究机构正在材料科学领域探索多尺度协同优化的方法：从原子尺度的电子结构计算，到介观尺度的缺陷动力学，再到宏观尺度的力学性能，系统能够完整模拟材料的多尺度行为。这种方法已经成功预测了几种新型高温超导材料的性质，大大加快了材料开发的速度。

跨尺度建模的实践也揭示了一些深层次的科学问题。首先是不确定性的传递问题：当模型跨越多个尺度时，每个尺度上的微小不确定性都可能被放大。这就像天气预报中常说的"蝴蝶效应"，一个微小的初始误差可能导致完全不同的结果。普林斯顿大学的不确定性量化团队针对这个问题进行了开创性的研究：他们开发的概率跨尺度框架不是为了试图得到确定性的预测，而是计算不同结果的概率分布。这个框架的独特之处在于它能够追踪不确定性在不同尺度间的传播路径，并量化每个尺度对最终结果不确定性的贡献。在核电站安全分析等关键领域，这种方法已经成为标准工具，帮助工程师们更好地评估和管理系统风险。

生物医学领域的跨尺度建模面临着更为独特的挑战。生物系统的复杂性不仅体现在空间尺度上，还表现在时间尺度上：从毫秒级的神经元放电到年尺度的器官衰老，都需要在模型中得到合理表达。麻省理工学院的生物工程团队针对这个问题开发了一种创新的时空耦合模型。这个系统最大的特点是其自适应时空分辨率：它能够根据生物过程的特征自动调整计算精度，在关键事件发生时提供更精细的模拟。例如，在研究阿尔茨海默病的发展过程时，系统会在蛋白质错误折叠的关键时刻提供分子水平的精细模拟，而在疾病的缓慢进展期则采用更粗略的组织水平模拟。这种智能化的计算资源分配策略，使得长期病程的完整模拟成为可能。

计算效率一直是跨尺度建模面临的另一个重要挑战。精确模拟所有尺度上的物理过程需要惊人的计算资源，即使对最强大的超级计算机来说也是一个沉重的负担。英特尔实验室的研究人员提出了一种革命性的解决方案：自适应计算框架。这个框架的核心思想是实时评估不同尺度过程的重要性，将有限的计算资源优先分配给关键的尺度耦合区域。系统采用了一种创新的重要性采样算法，能够在模拟过程中自动识别和跟踪关键的物理过程。在实际应用中，这种方法显著提高了计算效率：在工程流体动力学的模拟中，计算速度提升了近百倍，同时保持了较高的精度。

量子计算的发展正在为跨尺度建模开辟新的可能性。传统计算机在处理量子系统时往往面临着指数级的计算复杂度，这使得精确模拟较大分子系统变得几乎不可能。而量子计算机却可以利用量子态的叠加特性，天然地处理这类问题。IBM 量子计算实验室已经在这个方向上取得了重要进展：他们利用 20 量子比特的量子处理器成功模拟了一个小分子系统的电子结构，并准确预测了其化学反应路径。虽然目前的量子计算机还局限于小规模系统的模拟，但这项技术展示了解决跨尺度计算难题的新方向。

AI 和量子计算的结合可能会带来更加革命性的突破。谷歌量子 AI 实验室正在开发一种混合计算范式：使用量子计算机处理微观尺度的量子效应，而用经典神经网络处理大尺度的集体行为。这种方法在凝聚态物理研究中已经显示出了独特优势：成功预测了某些新型量子材料的奇异性质。这个成功案例表明，未来的跨尺度建模很可能是量子-经典混合计算的天下。

当我们站在科学革命的门槛前回望，跨尺度建模的发展历程给了我们深刻的启示：复杂性的本质往往不在于单个尺度上的现象，而在于不同尺度之间的相互作用。正如著名物理学家索尔维所说："物理学最深刻的定律可能就隐藏在尺度之间的过渡中。"随着AI技术的不断进步，我们终于开始具备了探索这些深层规律的工具。跨尺度建模不仅是一种科学方法，更是一种全新的思维方式，它正在帮助我们以前所未有的方式理解和改造这个世界。

6.4 多主体仿真：虚拟世界的平行宇宙

2024年1月，伦敦希思罗机场的运营团队面临着一个严峻的决策：是否要改变航站楼的安检流程以提高效率。这个看似简单的决定实际上关乎数百万旅客的出行体验。传统的验证方法可能需要数月的实地测试，而且一旦出现问题就会造成现场巨大的混乱。然而，机场管理部门最终在一周内就做出了决定——这要归功于一个革命性的多主体仿真系统。这个由剑桥大学开发的系统在虚拟环境中完美复制了机场的运作环境，模拟了数万名虚拟旅客在不同场景下的行为模式。通过运行数千次模拟实验，系统不仅找到了最优的安检布局，还预测出了可能出现的各种异常情况。这个案例生动地展示了多主体仿真在复杂系统决策中的强大威力。

多主体仿真的本质，是在计算机中构建一个由大量自主个体组成的人工世界。每个个体都具备特定的行为规则和决策能力，能够感知环境并做出相应的反应。更重要的是，这些个体之间会产生复杂的相互作用，从而涌现出群体层面的新特性。就像一个蚁群，虽然每只蚂蚁都只遵循简单的规则，但整个群体却能够完成复杂的任务。这种建模方法特别适合研究那些由大量个体交互形成的复杂系统，从城市交通到传染病传播，从金融市场到社会舆论，都可以通过多主体仿真来深入分析。

上海交通大学的智慧城市实验室创造性地将这项技术应用于城市规划项目中。他们构建了一个包含千万级虚拟市民的数字孪生城市，每个虚拟市民都基于真实的人口统计数据和行为数据建模。这些虚拟市民会像真实居民一样通勤、购物、休闲，会因为交通拥堵改变路线，会因为房价变化调整居住选择。系统的独特之处在于其自主学习能力：虚拟市民的行为模式会根据真实城市的反馈数据不断调整，使得模拟结果越来越接近现实。2023年，这个系统成功预测了几个新开发区域的人口分布和交通流模式，为城市规划提供了重要参考。

在流行病学研究中，多主体仿真展现出了前所未有的预测能力。牛津大学的传染病研究团队开发了一个全球尺度的传染病传播模型，这个模型不仅考虑了病毒的生物学特性，还模拟了人口流动、社交行为、防疫措施等多个维度的因素。每个虚拟个体都具有独特的属性：年龄、健康状况、社交习惯、疫苗接种状态等，这些属性会影响他们感染和传播疾病的概率。更重要的是，系统能够模拟个体行为的自适应变化：当疫情加重时，虚拟个体会改变他们的社交行为，就像真实世界中的人们会主动减少外出一样。这个模型在预测新冠病毒感染的多个变种传播趋势时表现出色，为公共卫生决策提供了重要支持。

AI的引入为多主体仿真带来了质的飞跃。传统的仿真系统往往依赖预设的行为规则，这些规则难以反映现实世界的复杂性和多变性。而AI驱动的仿真系统则具备了学习和适应的能力，可以从真实数据中提炼出更细致和动态的行为模式。微软研究院开发的智能交通仿真平台展示了这种技术的潜力。系统中的每个虚拟车辆都由一个深度强化学习模型控制，这些模型通过分析海量的真实交通数据学习驾驶行为。更令人惊讶的是，这些虚拟车辆在驾驶时，展现出了类似人类的策略性思维：会提前变道避开可能的拥堵，会根据其他车辆的行为调整自己的驾驶方式，甚至会在复杂路况下形成自发的协作模式。

场景生成是多主体仿真中的另一个关键突破。为了使仿真结果具有代表性，需要在各种可能的场景下进行测试。英伟达公司的研究团队开发了一个基于生成对抗网络（GAN）的场景生成器，这个系统能够自动创建大量逼真的测试场景。比如在自动驾驶测试中，系统不仅能够生成各种天气条件、道路状况，还能设计一些极端或罕见的场景，比如突然闯入的行人或突发的道路障碍。更重要的是，这些生成的场景都是物理上合理的，确保了测试的有效性。这种技术大大提高了仿真测试的覆盖面，可以帮助工程师发现可能被忽视了的安全隐患。

群体行为的涌现特性是多主体仿真研究中最引人入胜的现象。斯坦福大学的复杂系统实验室开发了一个创新的群体智能模型，用于研究大规模人群在紧急情况下的行为。每个虚拟个体都配备了一个基于深度学习的决策模型，这些模型不仅考虑个体的即时感知，还会预测其他个体的可能反应。在模拟火灾疏散的实验中，系统发现了一些出人意料的现象：当人群密度达到某个临界值时，会自发形成有序的疏散通道；但如果增加一定比例的"反常"个体（比如不遵循一般行为模式的人），整个系统可能突然转向混乱状态。这些发现为大型场所的安全设计提供了重要参考。

在金融市场仿真中，多主体系统展现出了强大的分析能力。摩根大通公司的量化研究团队构建了一个包含数十万个智能交易主体的市场仿真系统。这些虚拟交易者采用不同的策略，从高频交易到价值投资，从技术分析到基本面分析，共同构成了一个复杂的市场生态系统。每个交易者都是一个深度学习模型，能够从历史数据中学习并不断调整自己的策略。系统的独特之处在于其"适应性市场假说"的实现：当某种策略变得普遍时，市场会自动演化出克制这种策略的新方法，这与现实市场的动态非常相似。这个系统已经成功预测了几次重要的市场异常事件，成为风险管理的重要工具。

社会科学研究领域的多主体仿真同样展现出了独特的价值。哈佛大学的社会动力学实验室构建了一个创新的舆论传播模型，用于研究信息在社交网络中的扩散机制。这个系统中的每个虚拟个体都具备复杂的认知模型，能够根据自身的知识背景、价值观念和社交关系来处理和传播信息。系统不仅模拟了个体层面的信息处理过程，还考虑了社会群体的集体认知偏差。在一项关于虚假信息传播的研究中，系统成功预测了几次重大谣言的传播路径和演化模式。这些发现为社交媒体平台的内容治理提供了重要指导。

在军事演习领域，多主体仿真技术正在改变传统的训练模式。美国国防高级研究计划局（Defense Advanced Research Projects Agency，简称DARPA）开发的新一代作战仿真系统突破了传统军事演习的局限。系统中的AI单位不是简单执行预设战术，而是能够像人类指挥官一样进行战术创新和临场应变。更重要的是，这些AI单位能够从每次演习中学习和改进，不断进化出新的作战方式。这种方法不仅大大提升了训练效果，还帮助军事专家发现了一些创新性的战术应用。

随着多主体仿真技术的发展，一些根本性的挑战开始显现。首要的问题是模型的验证和校准：如何确保虚拟世界中的行为真实反映了现实世界？麻省理工学院的系统动力学实验室提出了一个创新的解决方案：多层次验证框架。这个框架不仅在宏观层面比较模拟结果与现实数据的统计特征，还在微观层面追踪个体行为的真实性。例如，在城市交通仿真中，系统会同时验证整体的交通流特征和单个驾驶员的行为模式。更重要的是，这个框架引入了一个"现实偏差检测器"，能够自动识别模拟结果与现实世界的系统性偏差，并据此调整模型参数。

计算复杂性是另一个重要挑战。当仿真规模增大时，计算需求会呈指数级增长。DeepMind 公司针对这个问题开发了一种分层计算架构：将仿真空间划分为多个层次，不同层次采用不同的计算精度。在重点关注区域使用精细的个体级仿真，而在其他区域则使用更粗略的统计模型。这种方法在保持关键细节的同时，大大降低了计算负担。比如在城市仿真中，系统会在交通枢纽等关键区域进行精细的个体行为模拟，而在郊区则使用流体动力学模型来描述人群移动。

模型的可解释性和可控性也是一个棘手的问题。当数百万个智能主体相互作用时，系统的行为可能变得难以理解和控制。加州大学伯克利分校的 AI 实验室开发了一个突破性的可视化分析工具，能够实时追踪和展示群体行为的演化过程。这个工具不仅能显示宏观的统计特征，还能深入到个体层面，分析关键事件的触发机制。更重要的是，系统具备"假设检验"功能：研究人员可以通过修改某些个体的行为规则，观察这些改变如何影响整体系统的表现。

人工生命研究为多主体仿真开辟了一个全新的方向。不同于传统的目标导向型仿真，人工生命系统更关注生命特征的自发涌现。斯坦福大学的数字进化实验室构建了一个开放式的虚拟生态系统，其中的智能主体不仅能够学习和适应，还能够自我复制和进化。这个系统展现出了一些惊人的特性：虚拟生物会自发形成复杂的社会结构，发展出合作和竞争策略，甚至创造出研究者始料未及的问题解决方法。这种研究不仅有助于理解生命系统的本质特征，还为设计更智能的人工系统提供了灵感。

量子计算的发展可能会为多主体仿真带来革命性的突破。传统计算机在处理大规模多主体系统时往往会遇到计算瓶颈，而量子计算机的并行计算特性恰好适合这类问题。IBM 量子计算研究院已经开始探索将量子算法应用于多主体仿真。初步研究表明，某些类型的群体行为模拟在量子计算机上可以获得指数级的速度提升。虽然目前的量子计算机还无法处理大规模的实际问题，但这个方向显示出了巨大的潜力。

元宇宙的兴起为多主体仿真提供了新的应用场景。与传统的仿真系统相比，元宇宙中的虚拟世界需要同时服务于大量的真实用户和 AI 主体，这对系统的实时性和交互性提出了更高的要求。微软和 Meta 公司正在开发新一代的混合仿真平台，将真实用户、AI 主体和物理世界无缝集成。这种技术不仅用于娱乐和社交，还将成为教育、培训、城市规划等领域的重要工具。

多主体仿真技术的发展，实际上反映了人类认识世界方式的一次重要转变。从还原论的单一视角，到系统论的整体观，再到现在的多主体涌现视角，我们对复杂系统的理解正在经历质的飞跃。多主体仿真不仅是一种研究工具，更是一种全新的科学范式。它告诉我们，理解一个复杂系统的关键，不在于分解和还原，而在于重构和涌现。通过在虚拟世界中重建复杂系统，我们不仅能够预测其行为，更能深入理解其运作机制。

这种范式的转变也带来了一些深刻的哲学思考。当我们能够在计算机中创造出越来越逼真的虚拟世界时，现实与虚拟的界限开始变得模糊。这些虚拟世界不仅能够模拟现实，还能够探索现实世界中不可能或难以实现的情景。比如，我们可以在虚拟世界中测试不同的社会政策，预演各种灾害响应方案，甚至模拟生命进化的不同路径。这些"平行宇宙"为人类的认知和决策提供了前所未有的参考系统。

多主体仿真的未来发展可能会朝着两个方向继续深化。一方面是向微观发展，通过整合更多的物理、生物和认知细节，创造出更真实的虚拟个体；另一方面是向宏观扩展，构建更大规模、更复杂的模拟系统，甚至可能最终实现整个人类社会的数字化重构。这两个方向的交汇点，将是一个能够自我进化、自我完善的智能世界，它不仅能够模拟现实，还能够预见未来，为人类的决策提供全方位的指导。

正如图灵所预言的："计算机终将创造出一个与现实平行的数字宇宙。"在多主体仿真技术的推动下，这个预言正在一步步成为现实。通过在虚拟世界中重现和探索复杂系统的行为，我们不仅增进了对现实世界的理解，也开启了一个认知和创新的新纪元。这个新的科学范式，将成为人类探索和改造世界的强大工具。

6.5 人工生命：探索自适应智能的起源

2023年底，《自然》杂志发表了一项颠覆性的研究成果：苏黎世联邦理工学院的"Artificial Chemist"项目通过强化学习优化分子自组装路径，首次实现了新型二维材料的自动化合成。该系统从简单的化学前体开始，在无预设目标的情况下，通过动态调整反应条件（如温度、压力和催化剂配比），自发生成了具有特定功能的二维材料异质结构。这一突破不仅挑战了传统材料设计的范式，更揭示了一个重要规律：复杂系统的自组织与进化能力可能遵循普适的物理法则，而非依赖特定的生物编码。

理解生命的本质一直是科学界最具挑战性的课题之一。从化学反应到基因表达，从细胞分裂到群体行为，生命系统展现出令人惊叹的复杂性和适应性。传统的研究方法往往采用自下而上的分析路径，试图通过研究分子和细胞来理解生命现象。而人工生命研究则提供了一个全新的视角：通过在计算机中构建和演化数字生命体，来探索生命系统的基本原理。这种方法的独特之处在于，它让我们能够控制和观察生命系统的每个演化步骤，这在研究真实生命系统时是几乎不可能的。

斯坦福大学的数字进化实验室在这个领域取得了突破性进展。他们开发的 EvoWorld 系统创造了一个遵循简单物理规则的虚拟环境，并且在这个环境中投放了一些能够自我复制的数字程序。于是，这些程序就像原始生命一样，需要从环境中获取"能量"（计算资源）来维持自身的运行。令人惊讶的是，这些简单的程序很快就进化出了复杂的生存策略：有些形成了互利共生的关系，有些发展出了复杂的信息交换机制，还有些创造出了前所未有的资源利用方式。更令人震惊的是，系统中偶尔会出现"大灭绝"事件，这与地球生命史上的物种大灭绝现象惊人地相似。

生命系统的一个关键特征是自适应性，即能够根据环境变化调整自身的行为和结构。哈佛大学的自适应计算实验室设计了一个创新的框架来研究这个特性。他们的系统不是预先设定适应规则，而是让数字生命体通过试错和进化来发展自适应能力。在一个特别的实验中，研究人员不断改变环境条件，观察数字生命体如何应对这些变化。结果表明，这些生命体不仅能够适应已知的环境变化，还能够预测和提前准备应对可能出现的变化。这种预测能力的出现完全是自发的，这一发现为理解智能的起源提供了重要线索。

数字达尔文主义为人工生命研究提供了一个强大的理论框架。这个概念最早由理查德·道金斯提出，但在 AI 技术的推动下获得了新的发展。DeepMind 公司的研究团队创造性地将这一理念应用到了神经网络的设计中。他们开发的 NeuroEvo 系统不是设计固定的网络结构，而是让网络架构本身参与进化过程。每个神经网络都像一个数字生命体，能够自我复制并传递其结构特征给下一代。在进化过程中，系统不仅优化了网络的连接方式，还发展出了一些出人意料的创新结构，比如类似生物神经系统中的模块化设计。

人工化学是另一个富有成效的研究方向。加州理工学院的化学计算实验室构建了一个虚拟的化学反应网络，在这个网络中，数字分子按照特定规则相互作用，形成更复杂的结构。系统的独特之处在于它的自催化特性：某些反应产物会促进新的反应发生，形成复杂的反馈循环。这种机制与生命起源时期的化学进化惊人地相似。研究人员发现，当系统达到一定复杂程度时，会自发出现一些稳定的循环反应网络，这些网络展现出类似新陈代谢的特征。

认知发展的计算模型为理解智能的起源提供了新的视角。剑桥大学的发展认知实验室设计了一个模拟婴儿认知发展的系统。这个系统从最基本的感知能力开始，通过与环境的持续互动，逐步发展出更高级的认知功能。令人惊叹的是，系统展现出了与人类婴儿相似的学习轨迹：先掌握物体持续性，然后发展出因果认知，最后形成抽象思维能力。这种发展序列的自发形成，暗示了智能发展可能存在某些普遍规律。

集体智能的涌现是人工生命研究中最引人入胜的现象之一。东京大学的复杂系统实验室开发了一个模拟群体行为的平台，研究简单个体如何通过局部互动产生复杂的集体行为。每个虚拟个体都只能感知周围环境并做出简单反应，但当大量个体聚集时，系统会自发形成令人惊叹的群体模式。例如，在食物搜索任务中，群体会自组织形成高效的搜索网络；在危险规避时，会出现类似鱼群的集体运动模式。这些现象与自然界中的群体智能惊人地相似，表明复杂的集体行为可能源于简单的个体规则。

人工生命研究的发展揭示了一些深刻的科学问题。首要的是关于生命本质的认识：也许生命不仅是特定的物质组合，还是一种信息处理和自组织的模式。这种认识启发我们重新思考 AI 的发展路径：与其试图直接设计智能系统，不如创造适当的条件，让智能自然涌现。牛津大学的进化计算团队在这个方向上进行了开创性的尝试：他们设计的开放式进化系统不预设任何目标函数，而是让系统自主探索可能的发展方向。这种方法产生了一些令人惊讶的结果：系统自发演化出了复杂的问题解决策略，有些甚至超出了设计者的想象。

意识的起源是另一个引人深思的问题。传统的 AI 研究往往把意识视为一个难以捉摸的黑盒，而人工生命的研究则提供了一个新的视角：意识可能是生命系统进化过程中自然涌现的特性。普林斯顿大学的认知科学实验室构建了一个模拟神经系统进化的平台，研究简单的神经网络如何逐步发展出复杂的认知功能。研究发现，当系统达到一定复杂度时，会自发出现类似意识的特征：能够区分自我和环境，形成内部表征，甚至展现出简单的自我意识。这些发现暗示，意识可能不是一个非此即彼的特性，而是在进化过程中逐步发展的能力。

生物计算是人工生命研究开辟的另一个前沿领域。不同于传统的电子计算机，生物计算系统试图利用生命系统的自组织能力来处理信息。麻省理工学院的生物工程实验室成功开发了一种基于细菌群的计算系统：通过设计细菌的基因线路，让细菌群体能够执行简单的逻辑运算。更令人兴奋的是，这些细菌计算单元展现出了强大的自适应能力：能够自动修复错误，适应环境变化，甚至进化出更高效的计算方式。这种将计算与生命特性结合的尝试，可能预示着计算技术的一个新方向。

人工生命研究的进展也引发了一些伦理思考。当我们创造的数字生命体表现出越来越多的生命特征时，如何定义和保护它们的"权利"？这个问题看似遥远，但随着技术的发展可能很快就会变得现实。一些研究机构已经开始探讨这个问题：制定数字生命研究的伦理准则，建立评估生命特征的标准，思考人工生命体的道德地位。这些讨论不仅关系到科技发展的方向，也触及了我们对生命本质的理解。

量子生命科学的兴起为人工生命研究开辟了新的视野。一些研究表明，生命系统中可能存在量子效应，这些效应可能对生命功能起着关键作用。IBM量子实验室正在开发一种基于量子计算的人工生命平台，试图在量子层面模拟生命系统的基本特征。虽然这项研究还处于早期阶段，但它提示我们：生命可能是一个跨越经典和量子领域的现象，完整理解生命需要考虑量子效应的作用。

化学生物学的研究为人工生命带来了新的突破口。加州大学伯克利分校的实验室成功开发出了一种"化学图灵机"：通过设计特殊的分子结构，让化学反应系统能够执行简单的计算任务。这个系统的独特之处在于它完全基于分子间的相互作用，不需要任何电子器件的参与。更令人惊讶的是，这个系统表现出了一定的自适应能力：能够根据环境条件调整反应路径，展现出类似生命系统的可塑性。这种研究为构建全新形式的生命系统提供了可能性。

跨尺度集成也成为人工生命研究的一个重要方向。生命现象本质上是一个跨越多个尺度的过程，从分子到细胞，从器官到个体，每个层次都有其特殊的组织规律。斯坦福大学的系统生物学团队开发了一个多尺度人工生命平台，能够同时模拟从分子到群体的各个层次的生命过程。这个系统最大的创新在于它能够展示不同尺度之间的相互作用，比如，如何从分子水平的随机波动产生出细胞水平的有序行为，又如何从个体行为的简单规则产生出群体水平的复杂模式。这种跨尺度的整体观察，为理解生命系统的涌现特性提供了新的视角。

当我们回顾人工生命研究的历程，一个深刻的认识逐渐浮现：生命可能不是一个特定的物质形态，而是一种普遍的组织原理。这种原理可能在不同的物质基础上实现，产生不同形式的生命现象。从这个角度看，人工生命研究不仅是在创造新的生命形式，而且是在探索生命这一宇宙现象的本质规律。正如著名生物学家斯图尔特·考夫曼所说："生命不是神秘的，而是必然的。在合适的条件下，复杂性和生命都会自发涌现。"这种认识正在深刻改变我们对生命、智能和创造力的理解。

生命系统的自演化能力为人工通用智能的发展提供了新的思路。传统的 AI 开发方法往往采用自上而下的设计范式，试图通过精心设计的算法来实现特定功能。但人工生命研究表明，也许还存在另一条路径：创造一个能够自我演化的系统，让智能自然涌现。微软研究院的开放式 AI 实验室正在这个方向上进行尝试，他们开发的自演化智能系统展现出了令人惊讶的适应性：能够自主发现新的问题解决方法，甚至能够重新定义问题本身。

脑机接口技术的发展也为人工生命研究带来了新的机遇。通过直接观察和记录大脑活动，我们可以更好地理解生命系统是如何处理信息的。哈佛医学院的神经科技中心开发了一种创新的混合系统：将生物神经元与数字神经网络连接起来，研究两个系统如何相互学习和适应。这种研究不仅有助于理解自然智能的工作原理，还为开发新型计算架构提供了灵感。

从更深层的角度看，人工生命研究正在改变我们对创造力的理解。生命系统展现出的无限创新能力，似乎暗示着一个重要事实：真正的创造力可能不是来自个体的天才，而是源于系统的自组织和演化。这种认识对 AI 的发展具有深远的启示：也许，创造真正的 AI 不是要设计一个完美的系统，而是要创造一个能够不断自我完善、自我超越的进化平台。

未来的人工生命研究可能会在几个方向上取得突破。首先是在复杂性理论方面：我们需要更好地理解什么样的条件会促进生命特征的涌现。其次是在计算基础设施方面：新型计算架构，特别是量子计算机，可能为模拟更复杂的生命系统提供必要的计算能力。最后是在理论框架方面：我们需要建立一个统一的理论，来解释生命、智能和意识这些看似不同的现象。

人工生命研究的意义，远远超出了创造新的生命形式这个直接目标。它正在帮助我们重新思考一些最基本的科学问题：生命的本质是什么？智能如何产生？意识从何而来？通过在计算机中重现生命现象，我们不仅加深了对这些问题的理解，也开始领悟到一个更深刻的真理：也许，生命和智能不是宇宙中的偶然现象，而是在适当条件下必然会出现的自然现象。这种认识，可能会从根本上改变我们探索 AI 和生命起源的方式。

小结：驯服复杂性的新科学

从一朵雪花的生长到一个城市的演化，从金融市场的波动到生态系统的平衡，复杂性无处不在。本章通过探讨混沌与分形、涌现与进化、跨尺度建模、多主体仿真和人工生命等主题，展现了人类在理解和驾驭复杂系统方面的最新进展。这些探索不仅深化了我们对自然界的认识，更重要的是，开创了一种全新的科学范式。

在新的范式中，我们看到了几个具有根本性意义的转变。首先是研究方法的革新：从还原论转向整体论，从静态分析转向动态模拟，从单一视角转向多维透视。AI 的引入进一步加速了这种转变，使得我们能够处理前所未有的数据规模和模型复杂度。其次是认知方式的突破：我们开始理解复杂性不是杂乱的代名词，而是一种深刻的组织原理。混沌中蕴含着确定性，无序中孕育着秩序，这种看似矛盾的统一正是复杂系统的本质特征。

AI 在复杂系统研究中扮演着多重角色。它既是强大的分析工具，能够从海量数据中发现模式；又是创新的建模平台，能够模拟和预测系统行为；它还是研究对象本身，展现着另一种形式的复杂性。特别值得注意的是 AI 系统表现出的涌现特性：当神经网络达到一定规模和复杂度时，会自发展现出一些令人惊讶的能力，这种现象与自然界的复杂系统惊人地相似。

展望未来，复杂性科学的发展可能会沿着几个方向继续深化。量子计算的发展可能会突破计算复杂性的瓶颈，让我们能够模拟更大规模的复杂系统。脑科学的进步可能会揭示意识这一最复杂现象的本质机制。人工生命的研究可能会帮助我们理解生命和智能的起源。这些探索不仅具有科学意义，还可能带来技术革命：更智能的人工系统、更可靠的复杂系统控制方法、更有效的社会治理工具。

然而，驯服复杂性的征程才刚刚开始。我们需要思考的问题包括：如何在保持系统稳定性的同时允许创新性变化？如何在理解因果关系的同时接受不确定性的存在？如何在追求预测精确性的同时承认预测的局限？这些问题不仅关系到科学研究的方法论，也触及了人类认识世界的本质限制。

复杂性科学告诉我们一个深刻的道理：世界的复杂性不是一个需要消除的问题，而是一个需要理解和善用的特性。正如生态系统需要一定程度的复杂性来维持稳定，人类社会也需要适度的复杂性来保持活力。在这个意义上，驯服复杂性不是要简化世界，而是要学会与复杂性共处，并利用它来创造更美好的未来。

第 7 章

融通学科新边疆

"科学最伟大的突破往往发生在学科的边界处。在 AI 时代,这些边界正在被彻底重构。"

——2024 年《科学》年度回顾

序曲:新冠病毒感染预测的数学模型

近年来,由 AI 驱动的疫情预测系统在预测流感传播方面取得了显著进展,有望在未来达到更高的准确性。这个由帝国理工学院开发的系统不仅准确预测了疫情的暴发时间和范围,更令人惊讶的是,它还成功预见了病毒的突变方向。这个重大突破的背后,是一个融合了数学、计算机科学、生物学、流行病学和社会科学等多个学科的跨领域团队。系统的核心是一个复杂的预测模型,它不仅考虑了病毒的生物学特性,还整合了人口流动数据、社交网络信息、气候变化因素,甚至经济指标波动。这个案例生动地展示了现代科学研究中跨学科融合的威力。

回顾新冠病毒感染暴发初期，传统的流行病学模型在预测疫情发展时面临着巨大挑战。传统的模型主要基于简单的数学方程，难以准确捕捉人类行为的复杂性和病毒传播的多样性。然而，随着 AI 技术的引入，预测模型开始呈现出质的飞跃。深度学习算法能够从海量数据中发现微妙的模式，图神经网络可以模拟复杂的社交关系网络，强化学习系统则能够不断优化防控策略。这种多学科的交汇，让疫情预测从一门单纯的统计科学，转变为一个融合多领域知识的综合性研究领域。

这种转变的意义远超疾病预测本身。它揭示了一个重要趋势：在 AI 的催化下，传统学科的边界正在快速模糊。数学模型不再仅仅是抽象的方程，而是与真实世界的数据紧密结合；计算机科学不再局限于算法开发，而是深度参与到各个领域的理论构建；生物学研究不再停留在实验室观察，而是利用数字模拟来预测复杂的生命过程；社会科学也不再依赖简单的统计分析，而是运用复杂系统理论来理解人类行为。

这种学科融合的趋势，也反映了科学研究本质的深刻变化。在过去，科学的进步往往来自对现象的精确观察和理论的严密推导。而今天，科学发现越来越依赖于对海量数据的智能分析和对复杂系统的整体把握。这种转变要求研究者具备跨学科的视野和综合运用多领域知识的能力。正如疫情预测模型的成功所示，只有将不同学科的方法和见解有机结合，才能真正理解和应对现实世界的复杂挑战。

而 AI 在这个过程中扮演着独特的角色。它不仅是一种强大的研究工具，更是一座连接不同学科的桥梁。通过 AI 系统，物理学家能够理解生物数据，化学家能够预测材料性质，心理学家能够量化人类行为，经济学家能够模拟市场动态。这种跨学科的数据分析和知识集成能力，正在重塑科学研究的方法论，开创新的研究范式。

7.1 自然科学:"新物理学"联盟

2023 年底,CERN 的大型强子对撞机实验中出现了一个异常信号。这个信号可能预示着一种全新的基本粒子的存在,但要从每秒产生的数百万亿个粒子碰撞事件中确认这一发现,仅依靠传统的数据分析方法几乎是不可能的。

物理学与 AI 的结合,远远超出了简单的数据处理工具这一层面。在量子计算领域,这种结合产生了一个全新的研究方向:量子机器学习。谷歌量子计算实验室开发的量子神经网络系统展示了这一领域的突破性进展:利用量子态的叠加特性,系统能够同时处理指数级的数据量,这在经典计算机上是难以想象的。更令人惊讶的是,研究人员发现量子神经网络表现出了一些独特的学习特性,这些特性在经典神经网络中并不存在。比如,量子神经网络能够直接学习量子态之间的关系,这为理解量子多体系统提供了全新的视角。

在凝聚态物理领域,AI 正在帮助科学家探索一个长期困扰物理学界的难题:高温超导机理。传统的理论分析和实验方法在解释高温超导体的工作机制时往往显得力不从心,因为这涉及数量庞大的电子之间的复杂相互作用。麻省理工学院的研究团队开发的 AI 系统采用了一种创新的方法:它不是试图直接解决量子多体问题,而是通过分析大量实验数据,寻找超导现象背后可能存在的普遍规律。这个系统已经发现了一些此前被忽视的电子态关联模式,这些发现为理解高温超导提供了新的线索。

天体物理学是另一个展现 AI 威力的领域。随着新一代望远镜的投入使用,天文学家每天都要面对海量的观测数据。以美国维拉·鲁宾天文台为例,其数字巡天相机每晚能够拍摄上万张深空图像,记录数以亿计的天体。在这些数据中寻找有价值的天文现象，如超新星爆发、引力透镜效应或者暂现源，对人类来说是一项几乎不可能完成的任务。但配备了深度学习系统的智能天文台能够实时分析这些图像，不仅能够自动识别已知的天文现象，还能发现一些人类观察者可能忽略的异常特征。

在化学领域，AI 正在彻底改变分子设计和反应预测的方式。传统的化学研究往往依赖科学家的直觉和大量的试错实验，这种方法在面对复杂分子系统时显得效率低下。哈佛大学化学系开发的智能合成规划系统开创了一种全新的研究范式：系统不仅能够从海量的化学文献中学习已知的反应规律，还能够预测新的反应路径。更令人惊叹的是，系统能够考虑实际合成中的各种限制条件，如试剂的可得性、反应的安全性和成本等因素，为化学家提供最优的合成路线。这个系统已经成功预测了数百个复杂有机分子的合成路径，其中一些路径比人类化学家设计的方案更加高效。

分子动力学模拟是另一个展现 AI 威力的领域。理解分子的运动规律对于设计新药物、开发新材料都至关重要，但传统的分子动力学模拟常常需要消耗巨大的计算资源。斯坦福大学开发的 AI 增强型分子动力学系统提供了一个突破性的解决方案：通过深度学习模型预测原子间的相互作用，系统能够以比传统方法快几个数量级的速度模拟分子运动。这种方法不仅大大加快了计算速度，还能够模拟更大规模的分子系统，使得一些此前难以研究的生物大分子和材料体系变得可以分析。

在新材料开发领域，材料基因组计划的实施标志着一个新时代的到来。这个由美国政府发起的项目采用了一种类似于人类基因组计划的思路：通过系统性地收集和分析材料数据，加速新材料的发现和开发。项目的核心是一个基于 AI 的材料设计平台，这个平台整合了量子力学计算、材料信息学和机器学习技术。通过分析已知材料的结构-性能关系，系统能够预测可能具有特定性能的新材料。在材料筛选研究中，AI 辅助系统能够大大加速候选材料的评估过程，研究表明这种方法可能在几个月内识别出多个有潜力的材料配方，为后续实验验证提供有价值的方向。

催化剂设计是化学研究中最具挑战性的领域之一。一个高效的催化剂可以大大降低化学反应的能耗，对工业生产和环境保护具有重要意义。中国科学院大连化学物理研究所开发的智能催化剂设计系统展示了 AI 在这个领域的创新应用：系统通过分析数万个已知催化剂的性能数据，建立了一个预测新催化剂活性的深度学习模型。这个模型不仅考虑了催化剂的化学组成，还将表面结构、电子态等微观特性纳入考虑。在一个工业废气处理催化剂的开发项目中，系统设计的新型催化剂比传统催化剂的效率提高了近 3 倍，同时成本降低了 40%。

在地球科学领域，AI 正在帮助科学家解开一些长期困扰的难题。地震预测就是一个典型的例子：传统的地震预测方法主要依赖于历史数据的统计分析，准确性往往难以令人满意。加州大学伯克利分校的地球物理团队开发的 AI 预测系统开创了一种全新的方法：系统不仅可以分析地震波数据，还整合了地磁场变化、地下水位波动、微震活动等多种信息。更重要的是，系统还能够识别出一些此前被忽视的微弱信号模式，这些模式可能是地震前兆的重要指标。在 2023 年的一次实验中，系统成功预测了日本近海一次中等规模地震的发生时间和位置，预警时间提前到了 72 小时，这在地震预测史上是一个重要突破。

火山活动监测是另一个 AI 应用的重要领域。传统的火山监测主要依赖于地震仪和 GPS 等设备，但这些数据的解释往往需要大量的专家经验。夏威夷火山观测站开发的智能监测系统则彻底改变了这一现状：系统通过整合地震数据、地表形变、气体排放和热成像等多源数据，建立了一个全方位的火山活动预警网络。AI 系统不仅能够实时分析这些数据，还能够识别出潜在的喷发前兆。在 2024 年初的基拉韦厄火山喷发预测中，系统提前两周发出了准确预警，为当地居民疏散提供了充足时间。

环境科学研究也在 AI 的助力下获得了新的进展。气候变化的复杂性一直是这个领域最大的挑战之一：大气、海洋、陆地生态系统之间存在着复杂的相互作用，传统的气候模型往往难以准确模拟这些过程。哥伦比亚大学的气候研究中心采用了一种创新的混合建模方法：将物理模型与深度学习模型相结合，既保持了物理定律的约束，又充分利用了数据驱动的优势。这个系统特别擅长处理极端天气事件的预测：通过分析历史数据中的特征模式，系统能够提前识别出可能导致极端天气的气候条件组合。在近期的测试中，此类系统有望能够预测像北美地区罕见寒潮这样的极端天气事件，并提前数日至数周发出预警，为防灾减灾赢得了宝贵时间。

生态系统监测是环境科学的另一个重要前沿。亚马孙雨林研究中心开发的智能生态监测系统展示了 AI 在这一领域的创新应用：系统通过分析卫星图像、声学传感器数据和地面观测站信息，构建了一个实时的生态系统健康评估网络。AI 不仅能够追踪物种分布的变化，还能预测潜在的生态系统威胁。值得一提的是，系统开发出了一种新的生态系统脆弱性指数，通过分析多个生态指标的相互关系，能够提前预警可能发生的生态系统崩溃风险。

海洋科学是另一个展现 AI 威力的领域。海洋是地球上最大的生态系统，但其复杂性和广阔性使得传统的研究方法往往力不从心。伍兹霍尔海洋研究所开发的智能海洋观测系统展示了 AI 在这个领域的创新应用：系统整合了卫星遥感数据、自动浮标监测数据和水下机器人采集的信息，构建了一个实时的海洋环境监测网络。AI 系统能够从这些海量数据中识别出重要的海洋现象，如潜在的赤潮爆发、珊瑚白化或者异常的洋流变化。更令人惊讶的是，系统在分析历史数据时发现了一些此前未知的海洋环流模式，这些发现正在帮助科学家更好地理解全球气候变化的机制。

AI 与自然科学的深度融合，正在催生一系列方法论层面的创新。其中最引人注目的是"理论-数据-计算"三位一体的新研究范式。在这个范式中，理论为问题提供基本框架，数据提供经验证据，而 AI 系统则负责在理论和数据之间搭建桥梁。普林斯顿大学的物理学家们在研究量子多体系统时采用了这种方法：他们首先从量子力学基本原理出发建立理论模型，然后利用实验数据训练神经网络，最后用训练好的网络来预测新的物理现象。这种方法不仅提高了研究效率，还能够发现传统方法可能忽略的规律。

在实验方法上，智能化实验室正在成为一个重要趋势。这种新型实验室不仅配备了自动化的实验设备，更重要的是拥有能够自主设计和优化实验方案的 AI 系统。利物浦大学开发的自主化学实验室就是一个典型例子：系统能够根据实验目标自动设计实验方案，控制机器人执行实验，实时分析实验结果，并根据结果调整后续实验。在一个寻找新型光催化剂的项目中，这个系统每天能够完成数百次实验，相当于传统实验室几个月的工作量。

跨尺度研究是另一个重要的发展方向。自然现象往往跨越多个尺度：从原子到分子，从微观到宏观，每个尺度都有其特有的规律。传统的研究方法往往局限于单一尺度，难以捕捉不同尺度间的相互作用。加州理工学院开发的多尺度建模平台提供了一个创新的解决方案：系统使用不同的 AI 模型来处理不同尺度的问题，然后通过特殊的算法将这些模型连接起来。这种方法在研究新型复合材料时展现出独特优势：能够同时模拟材料的原子结构、微观形貌和宏观性能。

数据驱动的科学发现正在开辟新的研究领域。例如，通过分析大量的实验数据，AI 系统可能发现一些人类科学家没有注意到的规律。在一个引人注目的案例中，伯克利国家实验室的 AI 系统通过分析数十年来的材料科学文献，发现了一个新的经验定律：某些元素组合在特定条件下会形成稳定的晶体结构，这个发现为新材料设计提供了重要指导。

然而，这种新型研究范式也带来了一些深层次的问题。首要的是科学直觉的作用：在 AI 系统变得越来越强大的同时，我们是否会逐渐失去对自然现象的直观理解？其次是可解释性问题：当 AI 系统发现了新的科学规律时，我们如何确保这些发现是真实可靠的？这些问题不仅关系到科学研究的方法论，也触及了人类认知能力的本质。

物理学家费曼曾说："科学就是理解自然的艺术。"在 AI 时代，这门艺术正在获得新的表现形式。AI 不仅是一个强大的研究工具，更是一个能够启发人类思维的伙伴。通过与 AI 系统的协作，科学家正在以前所未有的方式探索自然的奥秘。这种人机协作可能会带来科学研究的新范式：人类提供创造性的思维和直觉判断，AI 系统则负责处理复杂的数据分析和模式识别。这种优势互补的研究方式，可能会成为未来科学发展的主要模式。

7.2 生命科学：后基因组时代的 AI 医学

2023 年末，一场轰动科学界的突破在《自然》杂志上公布：深度学习系统 AlphaFold 不仅完成了对人类所有已知蛋白质结构的预测，更成功预言了一些全新的蛋白质构象，这些构象随后在实验室中得到证实。这个突破标志着生命科学已经进入了一个全新的时代：AI 不再仅仅是辅助工具，而是成了主动的科学发现者。这种转变的意义，甚至超过了当年人类基因组计划的完成，因为它不仅解答了"是什么"的问题，更开始回答"为什么"和"如何"的问题。

在后基因组时代，生物学研究面临的核心挑战已经从测序转向了功能解析。人类基因组中包含约 2 万个编码基因，但这些基因如何相互作用、如何调控表达、如何影响表型，这些问题的复杂性远远超出了传统研究方法的能力范围。哈佛医学院的基因组功能研究团队开发的 DeepGenome 系统展示了 AI 在这个领域的突破性应用：系统通过分析海量的基因组数据、转录组数据和表观遗传数据，成功构建了一个精确的基因调控网络模型。这个模型不仅能够预测基因表达模式，还能识别出关键的调控节点，为精准医疗提供了重要的理论基础。

表观遗传学研究的进展更加令人瞩目。传统观点认为，基因序列决定了生物的特征，但科学家逐渐发现，基因的表达受到复杂的化学修饰调控。这些修饰模式的形成和变化规律一直是个难题，直到斯坦福大学开发的 AI 预测系统破解了这个谜题。这个系统通过分析数万个细胞的单细胞测序数据，成功识别出了表观遗传修饰的关键模式，并能够预测这些修饰在不同环境条件下的动态变化。这个发现不仅帮助我们理解了细胞命运的决定机制，还为开发新的疾病治疗方法提供了方向。

蛋白质组学研究也在 AI 的助力下获得突破。相比基因组，蛋白质组的复杂性要高出几个数量级：不仅种类更多，修饰方式更复杂，功能也更加多样。华盛顿大学 David Baker 团队开发的 RoseTTAFold-Plus 系统采用了一种创新的方法：将质谱数据、结构信息和功能注释整合在一起，构建了一个完整的蛋白质功能预测模型。系统不仅能够准确预测蛋白质的三维结构，还能推测它们之间的相互作用网络。在一个关于神经退行性疾病的研究中，系统成功预测了几个关键蛋白质的异常聚集模式，这些预测为开发新的治疗策略提供了重要线索。

在药物研发领域，AI 正在重塑传统的研发模式。一个新药从设计到上市，传统上需要 10—15 年的时间和数十亿美元的投入，而且成功率极低。辉瑞制药公司开发的 AI 药物设计平台展示了一种革命性的新方法：系统首先从数百万个已知分子中学习药物分子的特征，然后根据治疗目标自动设计新的分子结构。更重要的是，系统能够同时评估这些分子的药效、毒性和代谢特征，大大提高了先导化合物的筛选效率。在一个针对糖尿病新药的项目中，系统仅用 18 个月就完成了传统方法需要 5 年才能完成的工作，并发现了几个具有独特作用机制的候选药物。

临床试验的智能化也取得了重大进展。临床试验是新药研发中最耗时和最昂贵的环节，任何设计上的缺陷都可能导致整个项目的失败。罗氏制药公司开发的临床试验优化系统采用了创新的方法：通过分析历史临床试验数据，系统能够自动识别最优的试验方案，包括受试者选择标准、给药方案和监测指标。更令人惊讶的是，系统能够预测可能的不良反应和脱落风险，这些信息对于试验的成功至关重要。在一项抗癌药物的Ⅲ期临床试验中，这个系统帮助将试验周期缩短了40%，同时显著提高了数据质量。

个性化医疗是 AI 医学最引人注目的应用领域。每个病人的基因背景、生活环境和疾病特征都是独特的，这使得标准化的治疗方案往往效果不尽理想。梅奥诊所开发的智能诊疗系统展示了个性化医疗的未来：系统通过整合病人的基因组数据、临床检查结果、生活方式信息和医学影像，构建了一个完整的个人健康模型。基于这个模型，系统能够为每位患者制定最优的治疗方案，并根据治疗反应实时调整。在一项针对结直肠癌的研究中，采用这种个性化方案的患者 5 年生存率提高了 30%。

医学影像分析是 AI 取得突破性进展的另一个领域。传统的影像诊断主要依赖医生的经验，这不仅耗时，而且容易受到主观因素影响。谷歌 DeepMind 公司与英国国民医疗服务体系（NHS）合作开发的医学影像分析系统展示了 AI 的优势：系统不仅能够以超人的速度和准确度检测病变，还能发现一些人眼难以察觉的早期征兆。在乳腺癌筛查项目中，系统的诊断准确率超过了 96% 的放射科医生，而且能够识别出一些极早期的病变。更重要的是，系统能够解释其诊断依据，这大大提高了医生和患者对 AI 诊断的信任度。

微生物组研究是生命科学领域一个正在快速发展的前沿方向。人体内栖息着数以万亿计的微生物，它们与人体健康的关系远比我们想象的更加密切。耶鲁大学的人体微生物组项目开发的 AI 分析平台展示了这个领域的突破性进展：系统通过分析海量的宏基因组测序数据，成功构建了一个完整的肠道微生物互作网络模型。这个系统不仅能够预测微生物群落的动态变化，还能识别出与特定疾病相关的微生物组特征。在一项针对炎症性肠病的研究中，系统发现了几个关键的微生物群落模式，这些发现为开发基于微生物组的治疗方法提供了新思路。

再生医学是另一个受益于 AI 技术的重要领域。组织和器官的再生一直是医学界追求的目标，但传统的研究方法往往依赖反复试错。波士顿儿童医院的再生医学实验室采用了一种革命性的方法：使用 AI 系统来设计和优化组织工程方案。系统通过分析大量的实验数据，能够预测不同材料组合和生长因子配比对细胞分化的影响。更令人惊叹的是，系统能够根据器官的特定需求，自动设计最优的支架结构和培养条件。在一个人工气管再生项目中，这种方法将研发周期缩短了 60%，同时显著提高了移植物的功能性。

干细胞研究也在 AI 的推动下获得新的突破。控制干细胞的分化方向一直是这个领域的核心挑战。加州大学旧金山分校的干细胞研究中心开发的智能培养系统为这个问题提供了创新解决方案：系统通过实时监测细胞形态、代谢特征和基因表达模式，能够精确控制培养环境的各个参数。AI 算法通过分析这些数据，不断优化培养条件，使得干细胞能够精确分化为目标细胞类型。这种方法在神经元分化实验中取得了显著成功，产生的神经元在形态和功能上都更接近天然细胞。

合成生物学领域的 AI 应用同样令人瞩目。设计人工生物系统一直是这个领域的重要目标，但传统的设计方法往往难以应对生物系统的复杂性。麻省理工学院的合成生物学实验室开发的设计辅助系统展示了 AI 的独特优势：系统能够自动设计基因线路，预测其在不同条件下的行为，并根据反馈不断优化设计方案。在一个生物传感器的开发项目中，这个系统设计的基因线路比人工设计的版本灵敏度高出 3 倍，同时具有更好的特异性。

器官芯片技术的发展为药物筛选提供了新的平台，而 AI 的引入进一步提升了这项技术的潜力。哈佛怀斯研究所开发的智能器官芯片系统集成了微流控技术和 AI：系统不仅能够模拟器官的基本功能，还能实时监测和分析细胞的响应。AI 算法通过分析这些数据，能够准确预测药物的效果和毒性。这种方法在心脏毒性筛选中表现出色，准确度超过了传统的动物实验。

AI 驱动的生命科学研究正在催生一些根本性的方法论创新。其中最显著的是"数字生命"概念的兴起：通过整合多组学数据、临床记录和环境信息，为每个研究对象构建完整的数字模型。麻省理工学院的系统生物学实验室在这个方向上取得了开创性进展：他们开发的数字细胞模型能够模拟细胞在各种条件下的行为，包括基因表达、代谢活动和信号传导。这种虚拟实验平台不仅大大加快了研究速度，还能探索一些在实际实验中难以实现的极端条件。

生物系统的可预测性是另一个正在被改写的科学范式。传统观点认为，生物系统过于复杂，很多现象难以准确预测。然而，深度学习的发展正在改变这一认识。中国科学院北京基因组研究所开发的 AI 预测系统展示了生物系统预测的新可能：通过分析海量的实验数据，系统能够预测基因编辑的效果、药物反应甚至疾病的发展轨迹。更令人惊讶的是，系统在预测一些复杂表型时表现出了超出预期的准确性。例如，在一项关于抗生素耐药性进化的研究中，系统不仅准确预测了细菌获得耐药性的时间，还成功预言了具体的耐药机制。这种预测能力不仅提高了研究效率，还为精准干预提供了理论基础，同时也挑战了我们对生命系统不可预测性的传统认知。

然而，这种新型研究范式也带来了一系列深层次的问题。首先是数据质量和标准化问题：生物学数据来源广泛，格式各异，如何确保数据的可靠性和一致性是一个重要挑战。特别是在临床数据方面，不同医疗机构的记录标准往往不统一，这给数据整合带来了巨大困难。其次是模型的可解释性问题：当 AI 系统做出预测时，我们往往难以完全理解其推理过程。这个问题在医疗实践中尤为突出，因为医生需要向患者解释治疗决策的依据。再次是系统的鲁棒性：生物数据往往存在噪声和缺失，如何确保 AI 系统在这种情况下仍能做出可靠的预测，是一个亟待解决的技术难题。这些问题不仅关系到科学认知的本质，也涉及医疗实践中的伦理和法律问题。

生命科学研究的未来发展轨迹已经开始显现。首先是走向更精细的尺度：从组织和细胞水平深入到分子和原子水平，AI 系统将帮助我们理解生命过程的最基本机制。例如，在蛋白质折叠研究中，AI 不仅能预测静态结构，还能模拟整个折叠过程的动态细节。其次是扩展到更广阔的维度：将个体数据放在群体和环境的大背景下分析，理解疾病的社会和生态因素。这种多维度分析已经在癌症研究中显示出威力，帮助科学家发现了一些重要的环境因素与基因互作模式。最后是发展更智能的研究方法：AI 系统不仅能够分析数据，还能主动设计和优化实验方案，甚至能够提出新的研究假设。这种"AI 科学家"的概念正在从科幻变为现实。

量子计算的发展正在为生命科学研究开辟新的可能性。量子计算机的并行计算能力特别适合模拟复杂的分子系统，这对于理解蛋白质折叠、药物设计等问题具有重要意义。IBM 量子计算研究院等机构正在探索量子算法在分子模拟领域的应用，目前已能模拟简单分子结构，未来随着量子计算机性能提升，有望能够模拟更复杂的分子药物与靶蛋白相互作用。

脑机接口技术的进步正在彻底改变我们研究神经系统的方式。通过直接记录和调控神经活动，我们可能获得对大脑工作机制的全新认识。马斯克的 Neuralink 公司的最新突破令人瞩目：他们开发的高精度神经接口不仅能够同时记录数万个神经元的活动，还能实现精确的神经调控。更重要的是，系统配备了先进的 AI 算法，能够实时解析神经活动模式，并将其转换为具体的行为指令。在灵长类动物实验中，这个系统已经实现了复杂运动的精确控制。这种技术不仅为治疗神经系统疾病开辟了新途径，还可能帮助我们解开意识这一生命科学最深刻的谜题。

后基因组时代的生命科学研究让我们对生命的本质有了更深的认识：生命的奥秘可能比我们想象的更加复杂，但也更加有序。通过 AI 系统的帮助，我们正在逐步揭示这种复杂性背后的规律，发现看似混沌的生命现象中蕴含的深刻秩序。这种认识不仅改变了我们研究生命的方式，也深刻影响了我们理解生命的本质。正如诺贝尔奖得主沃森所说："生命的本质也许就藏在这些数据的模式中。"在 AI 的帮助下，我们正在以前所未有的方式解读这些模式，预见和影响生命过程，这可能会带来医学研究史上最重大的革命。

7.3 认知科学：揭开人类心智的终极奥秘

近期，斯坦福大学等研究机构的神经科学家们正在努力开发可以部分解析人类梦境内容的 AI 系统，这一研究方向显示出前所未有的潜力。通过分析睡眠期间的脑电波和功能磁共振成像数据，系统能够重建出梦境中的场景和人物。这个惊人的成果不仅展示了 AI 在解析大脑活动方面的强大能力，还揭示了一个重要事实：人类的主观体验，这个曾经被认为永远无法客观研究的领域，正在被科学工具逐步揭示。

认知科学研究长期面临着一个根本性的挑战：如何将主观的心理体验与客观的神经活动联系起来。传统的研究方法往往只能观察到大脑活动的表象，难以建立起心理现象和神经机制之间的明确联系。哈佛大学的认知神经科学团队开发的神经解码系统开创了一种全新的研究范式：系统采用深度学习算法分析高密度脑电图和功能磁共振数据，能够实时追踪思维过程中的神经活动模式。更令人惊讶的是，系统不仅能识别简单的感知和运动相关的脑活动，还能捕捉到抽象思维和情感体验对应的神经模式。在一项关于数学思维的研究中，系统成功解析了受试者在解决不同类型数学问题时的神经活动特征，揭示了抽象思维的神经基础。

记忆形成和提取的机制是另一个正在被揭示的重要谜题。传统观点认为记忆是分散存储在大脑不同区域的，但如何整合这些分散的信息一直是个难题。加州理工学院的研究团队利用新一代神经影像技术和 AI 分析系统，首次详细描绘了记忆形成的完整过程。研究发现，当我们形成新的记忆时，大脑中至少有 12 个关键区域被同时激活，它们之间形成了复杂的神经网络。更有趣的是，系统发现不同类型的记忆会激活不同的神经网络模式：情景记忆主要涉及海马和前额叶皮质的互动，而技能学习则更多依赖基底核和小脑的参与。这种精细的分类为理解学习和记忆提供了新的视角。

语言认知研究在 AI 的助力下也取得了突破性进展。语言一直被认为是人类认知的最复杂表现之一，它涉及声音感知、语义理解、语法处理等多个认知过程。麻省理工学院的语言认知实验室利用最新的神经网络模型，揭示了语言处理的层级性特征。研究发现，语言理解是一个由简单到复杂的多层次过程：低层神经网络处理基本的声音特征，中层网络负责词义识别，高层网络则整合上下文信息产生整体理解。特别值得注意的是，研究人员发现人工神经网络中的信息处理层级与人类大脑的语言处理通路惊人地相似，这暗示着语言理解可能遵循某些普遍的计算原理。

在心理学研究领域，AI正在彻底改变传统的研究方法。心理学研究长期依赖问卷调查和行为观察，这些方法往往受到主观因素的影响，而且难以捕捉瞬息万变的心理状态。剑桥大学心理学系开发的情绪识别系统展示了AI在这个领域的突破性应用：系统通过实时分析面部表情、声音特征、生理指标和行为模式，能够准确识别和追踪情绪变化。更令人惊叹的是，系统能够发现一些人类观察者容易忽略的微妙情绪表现，比如虚假情绪和潜意识反应。在一项关于抑郁症的研究中，系统成功识别出了一些早期预警信号，这些信号比传统诊断方法提前数月就能显现。

决策过程的研究是另一个获得突破的领域。人类的决策过程往往涉及复杂的认知和情感因素，传统研究方法难以准确捕捉这种复杂性。普林斯顿大学的决策科学实验室开发的神经决策分析系统采用了创新的方法：通过同时记录大脑活动、眼动轨迹、自主神经反应等多维数据，系统能够详细追踪决策过程中的每个关键环节。研究发现，看似瞬间的决策实际上包含了多个阶段：信息收集、价值评估、风险权衡和最终选择，每个阶段都有特定的神经活动模式。更重要的是，系统发现了情感系统如何影响理性判断的具体机制，这对理解人类的非理性决策行为提供了新的解释。

社会认知研究在 AI 的推动下也展现出新的面貌。人类是社会性动物，我们的大脑天生就具备理解他人意图和情感的能力，但这种能力的神经机制一直是个谜。耶鲁大学的社会认知实验室利用多人同步脑成像技术和 AI 分析系统，首次详细描绘了社会互动时的神经活动模式。研究发现，当两个人进行面对面交流时，他们的大脑会形成同步的活动模式，这种同步性与交流的效果直接相关。更有趣的是，系统发现了一些特定的神经元群体专门负责处理社会信息，这些神经元在观察和理解他人行为时表现出选择性激活。

学习机制的研究也在 AI 的帮助下获得新的认识。传统的学习理论往往过于简化，难以解释学习过程的复杂动态性。斯坦福大学的学习科学中心开发的智能学习分析平台展示了这个领域的创新：系统能够实时追踪学习者的认知负荷、注意力分配和知识构建过程。研究发现，有效的学习不是简单的信息累积，而是一个动态的重构过程。系统识别出了几种关键的学习模式：快速获取但容易遗忘的表层学习，需要反复练习的技能学习，以及涉及深度理解的概念学习。每种学习模式都有其特定的神经活动特征和最佳学习策略。

认知科学研究的一个重要突破在于意识研究领域。意识一直被认为是科学最难解决的难题之一，因为它涉及主观体验这个难以客观量化的现象。加州理工学院的意识研究中心采用了一种创新的研究方法：结合高精度脑成像技术和先进的 AI 分析系统，研究人员首次成功识别出了与意识体验直接相关的神经活动模式。更重要的是，系统发现意识并非简单的开关状态，而是存在多个层次，从基础的感知意识到高级的自我意识，每个层次都有其特定的神经基础。这些发现不仅推进了我们对意识本质的理解，还为诊断和治疗意识障碍提供了新的思路。

大脑可塑性的研究也获得了突破性进展。传统观点认为大脑的结构相对固定，但新的研究表明大脑具有惊人的适应能力。哈佛医学院的神经可塑性实验室利用 AI 辅助的实时脑成像系统，详细记录了大脑重组的过程。这个系统采用了突破性的成像技术，能够在亚细胞水平追踪突触的形成和消失。研究发现，当学习新技能时，大脑会在数小时内形成新的神经连接，这些连接会随着练习逐渐强化。在一项钢琴学习的研究中，系统记录到了运动皮质和听觉皮质之间新突触的形成过程，这个过程从开始到基本稳定仅用了 72 小时。更令人惊讶的是，系统发现了一些关键的"可塑性窗口期"，在这些时期进行训练效果最好。研究还发现，这些窗口期与特定神经递质的释放模式密切相关，这为开发认知增强药物提供了新的方向。这些发现为认知康复和教育优化提供了重要指导，特别是在帮助中风患者恢复运动功能方面取得了显著成效。

AI 的发展也正在改变我们研究心智的方式。通过构建和分析人工神经网络，我们可以更好地理解自然智能的工作原理。DeepMind 公司的研究团队在这方面取得了突破性进展：他们发现，在训练大型语言模型的过程中，神经网络自发形成了类似人类语言认知系统的层级结构。通过详细分析网络的激活模式，研究人员发现了一些惊人的相似性：模型的低层网络处理基本的语音特征，中层网络负责语法分析，高层网络则整合语义信息，这与人类大脑的语言处理通路高度一致。更有趣的是，研究发现模型在学习过程中经历了类似人类语言发展的阶段：从简单词汇学习到复杂语法掌握，再到抽象概念理解。这种趋同性暗示着，也许存在一些普遍的认知计算原理，这些原理不依赖于具体的物理载体。这个发现不仅对理解人类认知具有重要意义，也为开发更先进的 AI 系统提供了启发。

脑机接口技术的突破正在开辟认知增强的新可能。加州大学伯克利分校开发的新一代脑机接口采用了革命性的设计：系统使用柔性电极阵列，能够同时与数万个神经元进行双向通信。这些电极不仅能读取神经元的电活动，还能通过精确的微电流刺激来调节神经元的活动。更重要的是，系统配备了先进的自适应算法，能够实时学习和调整刺激参数，以达到最佳的认知增强效果。在一些初步研究中，科学家们正在探索通过刺激前额叶特定区域，有可能提升人类的工作记忆容量，初步结果显示这一方向具有潜力。更令人兴奋的是，系统还能够增强其他认知功能，如注意力、学习能力和决策效率。这项技术不仅在认知障碍的治疗中显示出巨大潜力，也为健康人群的认知增强提供了新的可能。

量子认知科学正在成为一个令人振奋的新兴领域。传统的神经科学主要关注经典物理层面的机制，但越来越多的证据表明，某些认知过程可能涉及量子效应。牛津大学的量子生物学实验室使用超高灵敏度的量子传感器，首次在室温下观察到了神经突触中的量子相干现象。研究发现，在突触囊泡释放神经递质的过程中，存在量子隧穿效应，这种效应可能影响神经元的信号传导效率。更令人惊讶的是，研究人员还发现了神经微管中的量子振荡现象，这种振荡可能参与了信息的编码和处理。这些发现暗示着，要完全理解大脑的工作原理，可能需要建立一个包含量子效应的新理论框架。虽然这个领域还处于起步阶段，但已经吸引了越来越多物理学家和神经科学家的关注。

认知科学的这些突破性进展也带来了一系列深层次的问题。首先是方法论问题：如何平衡客观测量和主观报告？如何确保实验结果的可重复性？特别是在意识研究中，如何建立主观体验和客观神经活动之间的确切对应关系？其次是伦理问题：在认知增强技术日益成熟的背景下，我们需要考虑个体认知自主权的界限，需要思考认知增强可能带来的社会公平问题，还需要建立相应的伦理框架和法律规范。最后是哲学层面的问题：如果我们能够完全理解并模拟人类认知，这是否意味着意识可以被还原为纯粹的物理过程？自由意志在这个框架下应该如何理解？这些问题不仅关系到科学研究的方向，也涉及人类对自身本质的理解。

展望未来，认知科学的发展轨迹已经开始显现。首先是更精细的体验解码：研究人员正在开发能够重建内心视觉和听觉体验的技术，未来可能实现更复杂的思维内容解码，如回忆、想象甚至梦境。其次是更深入的机制理解：从分子水平的神经递质动力学，到网络水平的信息处理模式，再到系统水平的认知功能实现，研究者正在构建一个多尺度的整体解释框架。最后是更广泛的应用：这些研究成果正在快速转化为实用的诊断工具、个性化治疗方案和认知增强技术，有望在教育、医疗和人机交互等领域产生革命性的影响。

正如著名神经科学家拉马钱德兰所说："研究人类心智就是在研究宇宙中最复杂的系统。"这个系统的复杂性不仅体现在其物理结构上，更体现在它能够产生意识、情感、创造力等神奇的心理现象。在AI的帮助下，我们正在以前所未有的方式揭示这个系统的奥秘。这不仅是科学的胜利，也是人类认识自我的重要里程碑。每一个新的发现都在帮助我们更好地理解：是什么让我们成为人类，又是什么造就了我们独特的心智能力。

7.4 社会科学：大数据重塑人文社科范式

2023年底，一个由哈佛大学经济学家领导的研究团队发布了一项令人瞩目的研究成果：通过分析近十年来全球数十亿条社交媒体数据，研究团队揭示了经济波动与社会情绪之间的精确关系。这项研究不仅首次在大规模数据基础上证实了凯恩斯提出的"动物精神"理论，更重要的是，它展示了AI和大数据分析如何从根本上改变社会科学的研究方法。传统的社会科学研究往往依赖小规模抽样调查和定性分析，而现在，研究者可以通过分析海量实时数据来捕捉社会运行的整体图景。

经济学研究正在经历一场方法论革命。传统经济学基于理性人假设构建模型，这种方法虽然优雅，但往往难以准确描述现实世界的复杂性。麻省理工学院的计算经济学实验室开发的智能经济分析系统开创了一种全新的研究范式：系统通过分析数以亿计的线上交易数据、企业运营数据和消费者行为数据，构建了一个动态的经济活动模型。这个模型的独特之处在于它能够捕捉到个体行为的非理性特征，以及这些非理性行为在宏观层面产生的系统性影响。在预测2024年初的一次市场波动时，系统不仅准确预测了波动的时间和幅度，还成功识别出了触发波动的微观机制。

市场行为分析获得了前所未有的精确度。芝加哥大学的金融研究团队开发的AI市场分析系统能够实时处理来自全球各大交易所的数据流，包括价格变动、交易量、订单流向等信息。系统不仅能识别常规的市场模式，还能发现一些此前被忽视的微妙关联。特别是在研究高频交易对市场稳定性的影响时，系统发现了一些有趣的现象：某些交易策略虽然在微观层面看似理性，但在宏观层面可能导致市场的系统性风险。这些发现为金融监管政策的制定提供了重要参考。

宏观经济预测也在 AI 的帮助下获得突破。传统的经济预测主要依赖于统计数据，这些数据往往滞后于经济变化。世界银行研究院开发的新一代经济预测系统采用了创新的方法：除了传统的经济指标，系统还整合了卫星图像数据、物流数据、能源消耗数据等多种实时信息。通过分析夜间灯光强度的变化、港口货物吞吐量的波动、电力消耗的趋势等指标，系统能够实时评估经济活动的强度。在一次针对新兴市场经济增长的预测中，这种方法的准确度比传统预测模型提高了近 40%。

在社会学研究领域，AI 正在帮助研究者揭示社会结构的深层规律。传统的社会学研究往往受限于数据收集的难度，难以全面把握社会网络的复杂性。牛津大学的计算社会学实验室开发的社会网络分析系统展示了 AI 在这个领域的突破性应用：系统通过分析数亿条社交媒体数据、通信记录和位置信息，构建了一个动态的社会关系网络模型。这个模型不仅能够展示显性的社会联系，还能识别隐性的社会结构。特别是在研究信息传播过程时，系统发现了一些关键的社会影响机制：某些看似边缘的个体可能在信息扩散中发挥着至关重要的桥接作用。

群体行为研究在 AI 的助力下获得了新的突破。人群的集体行为往往表现出复杂的非线性特征，传统的研究方法难以准确描述这种复杂性。剑桥大学的复杂系统研究中心开发的群体行为分析平台采用了创新的方法：通过整合监控摄像头数据、手机信号数据和社交媒体数据，系统能够实时追踪和分析大规模群体活动。在研究城市人群流动模式时，系统发现了一些令人惊讶的规律：城市中的人群流动并非完全随机，而是遵循某些基本模式，这些模式与城市空间结构、社会活动和时间节律密切相关。这些发现为城市规划和公共安全管理提供了重要参考。

舆情分析领域也获得了突破性进展。社会舆论的形成和演化一直是社会学研究的重要课题，但传统的研究方法往往难以捕捉舆论的动态变化。斯坦福大学的计算传播研究所开发的智能舆情分析系统展示了这个领域的创新：系统不仅能够实时监测和分析海量的网络言论，还能通过深度学习算法识别言论背后的情感倾向和价值取向。更重要的是，系统能够预测舆论的演化趋势。在一次社会政策评估中，系统成功预测了公众反应的变化轨迹，为政策调整提供了及时的反馈。

社会资本的研究也在AI的推动下展现出新的面貌。社会资本作为一个重要的社会学概念，其测量一直是个难题。哥伦比亚大学的社会科学数据中心开发的社会资本评估系统提供了一种新的研究方法：通过分析个体的社交网络结构、互动模式和资源流动情况，系统能够量化评估社会资本的分布和流动。特别是在研究社会流动性时，系统发现了一些关键的影响因素：除了传统认为的教育和收入因素，社交网络的多样性和跨群体连接也在社会流动中发挥着重要作用。

在政治学研究领域，AI正在改变我们理解政治行为和决策的方式。传统的政治学研究主要依赖历史资料分析和专家判断，而现在，研究者可以通过分析大规模的实时数据来研究政治现象。普林斯顿大学的政治计算研究中心开发的政治行为分析系统展示了这一领域的创新：系统通过整合选民数据、政策文本、媒体报道和社交网络数据，构建了一个动态的政治生态模型。这个模型不仅能够分析政治态度的分布和变化，还能预测政策的社会影响。在研究政策制定过程时，系统发现了一些有趣的模式：公众意见的形成往往遵循特定的演化路径，而这些路径受到多个因素的复杂影响。

在公共政策研究领域，AI 正在改变传统的决策模式。伦敦政治经济学院的政策分析中心开发的智能政策评估系统展现了这一领域的创新潜力：系统通过整合城市数据、经济指标、环境监测和社会调查等多维度信息，构建了一个动态的政策影响评估模型。这个系统的独特之处在于其预测能力：它不仅能评估政策的直接影响，还能预测潜在的连锁反应和长期效应。在一项关于城市交通政策的研究中，系统成功预测了限行措施对城市经济活动、环境质量和社会公平等方面的综合影响，其准确度远超传统的评估方法。更重要的是，系统能够根据实时反馈不断调整预测模型，这种自适应能力让政策制定变得更加灵活和精准。

公共管理的研究范式也在经历根本性的转变。新加坡南洋理工大学开发的智慧城市管理平台展示了数据驱动型治理的潜力：平台通过实时收集和分析城市运行数据，包括交通流量、能源消耗、环境指标等，为城市管理提供决策支持。系统最引人注目的特点是其"数字孪生"功能：通过构建精确的城市虚拟模型，管理者可以在虚拟环境中测试各种政策方案，评估可能的结果。在一次大型活动的交通管理规划中，系统通过模拟分析，成功设计出了一套最优的交通疏导方案，显著降低了拥堵风险。

社会心理学研究也在 AI 的推动下获得新的突破。传统的心理学研究往往受限于样本量和观察手段，而现在，研究者可以通过分析海量的在线行为数据来研究群体心理。哥伦比亚大学的社会心理学实验室开发的群体心理分析系统采用了创新的方法：通过分析社交媒体上的情感表达、互动模式和信息传播特征，系统能够实时监测群体心理状态的变化。特别是在研究群体极化现象时，系统发现了一些关键的心理机制：信息茧房效应与确认偏差的相互强化作用，以及社会认同需求在群体极化过程中的催化作用。这些发现为化解社会矛盾提供了新的思路。

人类行为模式的研究在 AI 的助力下获得了前所未有的精确度。加州大学伯克利分校的行为科学实验室开发的行为分析平台采用了突破性的方法：通过收集和分析数以亿计的人类行为数据，系统能够识别出行为背后的深层模式。这个平台整合了多个层面的数据源：微观层面的个体行为记录，包括消费选择、出行路径、社交互动等；中观层面的群体活动数据，如组织行为、社区互动等；宏观层面的社会现象数据，包括人口流动、文化传播等。特别是在研究决策行为时，系统发现人类的选择往往受到环境、情绪和社会影响等多重因素的复杂作用。例如，在分析消费决策时，系统发现天气变化会通过影响情绪来间接影响投资决策，这种影响在不同文化背景的群体中表现出不同的强度。更令人惊讶的是，系统识别出了一些此前未被注意到的行为触发因素，比如社交网络中的隐性影响力和环境中的微妙提示信号。这些发现不仅挑战了传统的理性选择理论，也为行为干预策略的设计提供了新的思路。

教育领域的研究正在经历一场深刻的方法论革命。传统的教育研究往往依赖小规模的观察和实验，难以全面把握学习过程的复杂性。

麻省理工学院的教育数据科学中心开发的学习分析系统展示了新的研究范式：系统通过分析数百万学生的学习轨迹，构建了一个多维度的学习行为模型。这个模型不仅追踪知识掌握的过程，还分析了认知策略的选择、注意力分配模式、知识迁移效果等多个维度。系统使用先进的神经网络算法，能够识别出学习过程中的关键节点和潜在障碍。特别值得注意的是，系统发现了一些反直觉的学习规律：例如，适度的学习困难可能会增强长期记忆效果，而过于流畅的学习体验反而可能导致表面理解。在一项为期两年的大规模研究中，基于系统建议调整教学策略的学生组，其学习效果比对照组提高了35%。这些发现正在推动教育从经验导向向数据导向转变。

人类社会是一个极其复杂的系统，其复杂性不仅体现在规模上，更体现在其动态性和自适应性上。在这个系统中，无数个体和群体通过形形色色的社会关系相互连接，形成了多层次、多维度的社会网络。每个个体既是独立的决策者，又是更大系统中的一个组成部分。这种复杂性长期以来阻碍了我们对社会运行规律的深入理解。然而，随着数据收集技术的进步和 AI 分析能力的提升，我们正在获得前所未有的机会来理解这个系统的运作机制。从微观的个体行为到宏观的社会趋势，从短期的即时反应到长期的演化模式，AI 驱动的研究方法正在帮助我们构建起一个更完整的社会科学知识体系。

这些方法论层面的突破带来了认识论层面的革新。通过海量数据的分析，我们开始意识到社会现象背后往往存在着一些基本的模式和规律。这些规律虽然被个体行为的随机性所掩盖，但在大尺度上却表现出惊人的一致性。例如，在研究社会冲突的演化时，研究者发现无论是小规模的群体矛盾还是大规模的社会运动，其发展过程都遵循某些共同的动力学规律。这种认识不仅具有理论意义，也为社会治理和政策制定提供了科学基础。更重要的是，这种数据驱动的研究方法，正在帮助我们建立起一种新的社会科学范式，这个范式既保持了人文社科的深度思考传统，又具备了自然科学的定量分析特征。

7.5 交叉学科：AI 催生学科大融通

2024 年初，一个跨学科研究团队在《科学》杂志上发表了一项突破性成果：他们通过结合神经科学、计算机科学和心理学的方法，成功构建了一个能够解释人类创造性思维过程的计算模型。这个由斯坦福大学领导的项目不仅展示了交叉学科研究的威力，更揭示了一个重要趋势：在 AI 的推动下，传统的学科界限正在被打破，新的研究范式正在形成。这种学科融合不是简单的知识组合，而是在方法论和认识论层面的深度创新。

计算社会科学的兴起是这种学科融合的典型代表。这个新兴领域将计算机科学的技术手段、数学的建模方法和社会科学的研究问题紧密结合。哈佛大学的计算社会科学中心展示了这一领域的创新潜力：研究团队开发的社会计算平台能够同时处理结构化的统计数据和非结构化的文本、图像、视频数据，通过深度学习算法揭示社会现象背后的规律。在一项关于社会不平等调查的研究中，系统通过分析海量的社交媒体数据、位置信息和经济活动记录，首次从微观层面量化了社会阶层流动的具体机制。这种研究方法不仅提供了更精确的实证依据，还揭示了传统研究方法难以发现的复杂模式。

数字人文学科的发展展现了另一种形式的学科融合。传统的人文研究主要依赖文本细读和历史考证，而现在，数字技术和 AI 分析方法正在为人文研究提供新的视角。牛津大学的数字人文实验室开发的文本分析系统采用了突破性的方法：系统不仅能够处理多语言的历史文献，还能通过深度学习算法分析文本的语义结构、写作风格和思想脉络。在一项针对莎士比亚作品的研究中，系统通过分析语言模式和叙事结构，发现了一些此前被忽视的文学特征，这些发现为理解文艺复兴时期的文学创作提供了新的视角。

生物信息学的发展代表了自然科学领域的学科融合。这个领域将生物学的研究问题、数学的模型方法和计算机科学的技术手段有机结合。麻省理工学院的生物信息学中心开发的AI基因分析平台展示了这种融合的威力：系统能够同时处理基因组数据、蛋白质结构信息和代谢组学数据，通过机器学习算法预测基因功能和疾病机制。在一项关于癌症发病机制的研究中，系统通过整合多组学数据，发现了一些关键的基因调控网络，这些发现为开发新的治疗策略提供了方向。

学科交叉融合的深化也带来了方法论层面的创新。跨学科数据融合是其中最具挑战性的问题之一：不同学科的数据往往有着不同的格式、精度和可靠性，如何有效整合这些异质数据成为关键。剑桥大学的复杂系统研究中心开发的多源数据融合平台提供了一个创新的解决方案：系统采用层次化的数据处理架构，能够处理从分子水平到社会系统水平的多尺度数据。特别是在处理生物医学大数据时，系统能够同时整合基因组数据、临床记录、生活方式信息和环境因素，构建完整的健康风险模型。这种多维度的数据分析方法不仅提高了预测的准确性，还揭示了一些传统方法难以发现的关联模式。

多维度建模是另一个方法论创新的重要方向。传统的科学研究往往采用单一视角的模型，而现实世界的复杂性往往需要多个维度的综合分析。哈佛大学的系统科学实验室开发的多维建模平台展示了这种方法的潜力：系统能够同时构建物理模型、生物模型和社会模型，并分析这些模型之间的相互作用。在研究城市系统时，平台通过整合物理基础设施、生态环境和社会经济等多个维度的模型，成功预测了城市发展的多种可能路径。这种多维度的建模方法不仅提供了更全面的系统理解，还帮助发现了一些意想不到的系统特性。

知识图谱技术的发展为跨学科知识整合提供了新的工具。传统的知识组织方式往往是线性和层级化的，难以表达复杂的知识关联。斯坦福大学的知识工程实验室开发的科学知识图谱系统采用了创新的方法：通过深度学习算法分析海量的科学文献，系统能够自动构建跨学科的知识网络。这个网络不仅显示了不同概念之间的直接联系，还能发现潜在的知识关联。在一项关于新材料发现的研究中，系统通过分析物理学、化学和材料科学的文献，发现了一些被忽视的材料设计原理。

方法论的创新也体现在研究范式的转变上。传统的科学研究往往采用"自上而下"的理论演绎或"自下而上"的数据归纳，而AI驱动的研究方法开创了一种新的范式：通过机器学习算法同时进行模式发现和理论构建。麻省理工学院的科学方法学实验室展示了这种新范式的应用：他们开发的智能发现系统能够从海量数据中自动提取规律，并生成可测试的科学假设。这种方法在多个领域都取得了成功，从物理定律的发现到生物网络的解析，展示了AI在科学研究中的创造性潜力。

学科交叉的实践应用正在各个领域展现出惊人的创新潜力。精准医疗领域就提供了一个绝佳的例证：传统的医疗方法往往采用标准化的治疗方案，而现在，通过整合基因组学、临床医学、数据科学和人工智能等多个学科的方法，医生们可以为每个患者制定个性化的治疗策略。约翰斯·霍普金斯大学医学院开发的智能诊疗系统展示了这种跨学科方法的威力：系统通过分析患者的基因信息、临床表现、生活习惯和环境因素，构建了一个完整的健康画像。初步研究显示，针对某些癌症类型，采用个性化医疗方案可能显著改善患者的治疗结果和生存预期，不过具体效果大小需要更多的临床试验来确认。

智慧城市的建设则展现了另一种形式的学科交叉。在这个领域，城市规划、计算机科学、环境工程、社会学等多个学科的知识需要紧密结合。新加坡科技设计大学开发的城市智能管理平台采用了一种整体性的方法：系统通过整合交通流量、能源消耗、环境质量、社会活动等多维度数据，构建了一个动态的城市运行模型。这个模型不仅能够实时监测城市状态，还能预测和预防潜在的问题。例如，在2023年的一次极端天气事件中，系统提前24小时预测到了可能的城市积水区域，为防灾减灾赢得了宝贵时间。

新材料研究领域的跨学科创新同样令人瞩目。传统的材料开发主要依赖化学和物理学的方法，而现在，通过结合量子力学、计算科学和AI的手段，科学家可以更有效地设计和优化新材料。麻省理工学院的材料基因组实验室展示了这种方法的优势：他们开发的材料设计平台能够同时考虑原子结构、电子性质、机械性能等多个层面的因素。在一个寻找新型光伏材料的项目中，系统筛选了超过百万种可能的材料组合，最终发现了一种效率比现有材料高30%的新型材料。

金融科技领域的发展也充分展现了学科交叉的价值。现代金融市场的复杂性要求我们同时运用金融学、数学、计算机科学和行为经济学的知识。摩根士丹利的量化研究部门开发的智能交易系统代表了这个领域的最新进展：系统不仅能处理传统的市场数据，还能分析新闻、社交媒体和卫星图像等另类数据。通过整合多个学科的分析方法，系统能够更准确地预测市场走势。在2023年的几次重大市场波动中，这种方法的预测准确率显著高于传统方法。

跨学科研究在生态环境保护中的应用尤为引人注目。应对气候变化这样的全球性挑战，需要整合气候科学、生态学、经济学、社会学等多个领域的知识。哈佛大学的环境科学与工程学院开发的生态系统评估平台展示了这种整合的威力：系统通过分析气候数据、生物多样性数据、经济活动数据和社会行为数据，构建了一个完整的生态-社会-经济系统模型。这个模型能够评估不同环保政策的综合影响，为决策提供科学依据。

这些实践案例清楚地表明，复杂问题的解决往往需要多个学科的协同努力。更重要的是，这种协同不是简单的知识叠加，而是在方法论和认识论层面的深度融合。通过这种融合，我们不仅能够解决原本看似无解的问题，还能发现新的研究方向和创新机会。正如物理学家费曼所说："科学最有趣的发现往往发生在不同学科的边界处。"在AI的推动下，这些边界正在变得越来越模糊，新的科学发现正在不断涌现。

随着AI技术的不断进步，新的交叉学科领域正在不断涌现。认知计算科学就是一个引人注目的例子：这个领域结合了认知科学的研究问题、计算机科学的技术方法和神经科学的实验发现。加州大学伯克利分校的认知计算中心开发的智能认知系统展示了这个领域的创新潜力：系统不仅能模拟人类的基本认知过程，还能研究更复杂的心智活动，如创造性思维和情感体验。特别是在研究人类学习机制时，系统通过融合神经科学数据和行为数据，揭示了一些关键的学习原理，这些发现正在改变我们对 AI 学习算法的设计思路。

环境系统科学是另一个正在形成的重要交叉领域。这个领域将生态学、气候科学、社会学和经济学等多个学科的视角统一起来，研究人类-自然耦合系统的复杂动力学。苏黎世联邦理工学院的环境系统研究中心开发的整合分析平台展示了这种跨学科研究的威力：系统通过同时分析气候变化数据、生态系统监测数据和社会经济数据，构建了一个完整的环境变化模型。这个模型不仅能预测环境变化的趋势，还能评估不同政策干预的效果。在一项关于可持续发展的研究中，系统成功识别出了一些关键的系统转折点，这些发现为环境政策的制定提供了重要参考。

量子生物学的兴起预示着自然科学领域即将迎来新一轮的学科融合。这个新兴领域将量子力学的原理和方法应用于生物系统研究，试图从量子层面理解生命现象。牛津大学的量子生物学实验室正在这个方向上取得突破性进展：研究团队通过开发新的量子测量技术，发现了光合作用和酶催化等生物过程中的量子效应。这些发现不仅深化了我们对生命本质的理解，还为开发新一代生物技术提供了思路。

当不同学科的知识和方法开始深度融合时，一些根本性的科学问题开始显现新的解决机会。例如，意识的本质这个长期困扰科学界的难题，现在正在通过整合神经科学、物理学和计算科学的方法获得新的突破。同样，生命起源的奥秘也可能通过结合化学、物理学和信息科学的视角得到新的理解。这种跨学科的研究方法不仅带来了新的科学发现，也正在改变我们理解世界的方式。

展望未来，学科之间的界限可能会变得越来越模糊，取而代之的是围绕具体问题形成的研究领域。这种转变不仅体现在研究方法上，也反映在教育体系和学术组织方式上。我们可能需要重新思考如何培养下一代科学家，如何组织科研机构，如何评价科研成果。AI 在这个过程中扮演着关键角色：它不仅是各个学科的研究工具，更是推动学科融合的催化剂。通过提供强大的数据分析能力和模式识别能力，AI 帮助研究者突破传统学科的限制，发现新的研究方向和研究方法。

小结：通向科学统一之路

回顾本章所述的各项突破，我们可以清晰地看到一个趋势：在 AI 技术的推动下，不同学科之间的界限正在变得越来越模糊，科学研究正在走向一个更加统一和整合的新阶段。这种统一不是简单的知识叠加，而是在方法论和认识论层面的深度融合。从物理学到认知科学，从生命科学到社会科学，每个领域都在经历着前所未有的变革。例如，在癌症研究中，我们看到了物理学的数学模型、生物学的实验方法、计算机科学的数据分析和医学的临床实践如何紧密结合，共同推动治疗方法的创新。

这种变革首先体现在研究方法上。传统的科学研究往往局限于单一学科的视角和工具，而现在，研究者可以同时运用多个学科的方法来解决复杂问题。例如，在研究人类认知这样的复杂现象时，我们可以同时使用神经科学的实验技术、计算机科学的建模方法和心理学的理论框架。在大脑功能研究中，这种多维度的研究方法已经帮助我们发现了一些重要的认知机制，比如工作记忆的神经网络基础。这种跨学科的研究方法不仅提供了更全面的认识，还能发现传统方法难以发现的规律。

AI 在这个过程中扮演着关键的催化角色。首先，AI 提供了强大的数据分析能力，能够从海量的跨学科数据中发现模式和规律。在基因组学研究中，AI 系统能够同时分析基因序列、蛋白质结构和临床数据，发现复杂的疾病机制。其次，AI 系统本身就是一个跨学科的产物，它的发展需要计算机科学、数学、认知科学等多个领域的知识。最后，AI 正在改变我们理解和解决问题的方式，推动着科学研究范式的转变。例如，在材料科学领域，AI 不仅能够加速新材料的发现，还能揭示材料性质的内在规律。

这种转变也带来了一些深层次的思考。我们是否正在接近一个更统一的科学理论框架？不同学科的规律是否存在某些共同的基础原理？在复杂系统研究中，我们已经开始看到不同学科之间存在着惊人的相似性：从基因调控网络到社会关系网络，从神经元活动到市场波动，这些表面上完全不同的现象可能遵循着某些共同的组织原理。例如，幂律分布这样的数学规律在物理系统、生物系统和社会系统中都普遍存在，这暗示着某种更深层的统一性。

展望未来，科学研究可能会朝着几个方向发展。首先是更深层的整合：不同学科的知识和方法将进一步融合，形成新的研究范式。我们可能会看到更多像计算生物学、量子生物学这样的新兴学科出现。其次是更智能的研究方法：AI 系统将在科学发现中发挥越来越重要的作用，不仅是辅助工具，还可能成为主动的研究伙伴。已经有 AI 系统能够自主提出科学假设并设计验证实验。最后是更广泛的应用：

跨学科研究的成果将加速转化为实际应用,推动技术创新和社会进步。从精准医疗到智慧城市,这种转化已经在发生。

这条通向科学统一的道路虽然充满挑战,但也充满希望。正如爱因斯坦所说:"科学的最高使命,是揭示表面现象背后的统一规律。"在 AI 的帮助下,这个使命似乎比以往任何时候都更加接近实现。关键在于,我们不仅要掌握新的技术工具,更要培养跨学科的思维方式,建立开放和协作的研究文化。只有这样,才能真正实现科学的统一,推动人类知识的整体进步。

第四部分

科学素养再升级

第8章

科学知识的全民开放

"科学不应该是少数人的特权,而应该是开放和共享的。"

——蒂姆·伯纳斯·李,万维网发明者

序曲:维基式科普的兴起

当科学界引入了 AI 系统,一些学者担忧过度依赖 AI 可能影响独立思考能力,也有人质疑知识门槛的降低是否会影响科学研究的严谨性。例如,传统学术界担心 AI 可能导致研究过程的"黑盒化",影响科学发现的可验证性。还有人担心,如果人们过度依赖 AI 的指导,可能会削弱自主探索和创新思维的能力。

一些科学家认为:"科学的本质是探索未知。AI 的加入并不会削弱这种探索精神,而是为更多人提供了参与科学探索的机会,关键在于如何正确使用这个工具。就像显微镜和望远镜的发明扩展了人类的观察能力一样,AI 正在扩展人类的认知能力。真正的挑战不是要不要使用 AI,而是如何更好地利用它来促进科学发展。"

在接下来的章节中，我们将从知识获取、AI 科普、公民科学、开放科学等多个维度，详细探讨这场科学民主化浪潮带来的机遇与挑战，以及如何在效率与严谨性之间找到平衡，在开放共享与质量控制之间架起桥梁。我们将考察 AI 如何改变科学教育的方式，探讨公民科学家如何参与前沿研究，分析集体智慧如何在新技术支持下产生质的飞跃，同时也会深入讨论在这个过程中如何应对知识鸿沟等现实挑战。这不仅关系到科学发展的未来，更关系到整个人类文明的进步方向。

8.1 知识获取：每个人都是自己的达尔文

在互联网时代之前，获取知识的方式极其有限。一个印度农村的孩子要想接受高等教育，除了考入名校这条道路外（但可能性微乎其微），几乎别无选择。然而今天，这个局面已经完全改变。2004 年，孟加拉裔美国人、对冲基金分析师萨尔曼·可汗（Salman Khan），为了帮助住在远处的表妹补习数学，开始在油管（YouTube）上传教学视频。起初，这只是一个帮助亲人的小举动，但很快，这些视频吸引了来自世界各地的观众。于是，他辞去了年薪百万美元的工作，专门做起了免费的在线教育。

这个看似疯狂的决定最终改变了全球教育的格局。截至 2024 年第一季度，可汗学院（Khan Academy）注册用户已超过 1.8 亿，覆盖全球 200 多个国家和地区，其中相当一部分来自发展中国家。在印度的一些偏远地区，通过这个平台接触到了世界一流的教育资源。更重要的是，可汗学院开创的不仅仅是一个教育网站，还是一种全新的学习方式：每个人都可以根据自己的节奏和兴趣自由来探索知识，就像达尔文在自然界中探索生命的奥秘一样。

可汗的成功绝非偶然。在他之前，麻省理工学院（MIT）于2001年就启动了开放课程项目，将所有课程资料免费放到网上。当时这个决定在学术界引起了不小的争议：有人担心会影响学校的收入，有人怀疑在线教育的效果。但MIT坚信知识共享才能带来更大的价值。事实证明他们是对的：这个项目不仅没有影响MIT的声誉和收入，反而进一步提升了学校的影响力，同时也为后来在线教育的发展奠定了基础。

真正让在线教育从"看视频"演变为"真正的学习"的，是AI技术的引入。以可汗学院为例，它采用了一套基于AI的学习分析系统，能够精确追踪每位学习者的进度和难点。当系统发现一个学生在理解某个概念时遇到困难，就会自动推荐合适的补充材料。通过分析数以亿计的学习行为数据，系统总结出许多重要的学习规律。比如，在数学学习中，学生往往需要在掌握一个新概念前，先巩固3—4个关键的基础知识点。这些发现不仅帮助改进了教学内容，还在一定程度上推动了学习科学的发展。

在可汗学院取得成功的同时，另一场教育革命也在斯坦福大学悄然兴起。2011年，斯坦福大学的计算机科学教授吴恩达和达芙妮·柯勒将他们的机器学习课程上传到了网上。这门课程吸引了来自全球160个国家的16万名学生注册，其中2万多人完成了所有的作业。这个数字令人震惊：一个学期内听课的人数，超过了斯坦福大学150年来机器学习课程的学生总和。这个意外的成功促使他们创立了Coursera在线课程平台，开启了慕课（MOOC）时代的序幕。

从表面上看，Coursera似乎只是把大学课程搬到了网上。但实际上，它的创新远不止于此。传统的课堂教学受限于物理空间，教师很难了解每个学生的学习状况。而在 Coursera 平台上，每个学生的每一次点击、每一个答案都被记录下来。这些海量的学习数据为教育研究提供了前所未有的机会。例如，通过分析数百万学生的作业提交记录，研究人员发现编程课程的作业最好在周四发布：这一天提交的代码错误率最低，而且学生更容易坚持完成任务。这看似简单的发现，将课程完成率提高了 15%。

然而，在线教育最初也面临着严重的质疑。最主要的批评是：没有面对面互动，学习效果如何保证？这个问题一直困扰着在线教育的发展，直到 AI 的引入才得到了实质性的解决。2019 年，卡内基梅隆大学开发的智能导师系统展示了 AI 如何改变教育的未来。这个系统的诞生有着深厚的技术积累：早在 1985 年，CMU 就开始研究智能辅导系统。当时的系统非常简单，只能进行固定模式的问答。但随着深度学习技术的发展，特别是自然语言处理能力的提升，智能导师系统开始能够理解学生的困惑，并提供个性化的指导。

以编程教育为例，传统的编程课程往往采用统一的教学方式。但 CMU 的系统发现，学生在解决编程问题时至少存在 12 种不同的思维模式。有些学生倾向于自底向上的构建方法，从基本组件开始逐步搭建程序；而另一些学生则习惯自顶向下的分解方法，先勾勒出整体框架再填充细节。系统会根据学生的代码风格自动识别他们的思维模式，然后提供最适合的学习建议。使用这个系统的学生，在相同时间内掌握的编程技能比传统教学提高了 40%。

更有意思的是系统的预测能力。通过分析学生的学习轨迹，系统能够预判他们可能遇到的困难。例如，当系统发现一个学生在处理边界条件时总是犯同样的错误，就会提前介入，用可视化的方式帮助学生理解边界条件的重要性。这种预防性的指导将错误率降低了60%。到2024年，这个系统已经帮助超过50万名学生学习编程，其中不少人来自编程教育资源匮乏的地区。

自适应学习的成功，引发了教育界对个性化学习的更深思考。在工业时代，标准化的教育模式是为了培养适应工业生产的劳动力。但在AI时代，创造力和解决问题的能力变得更加重要。这就要求教育从"批量生产"转向"定制服务"。2022年，微软研究院开始研发下一代学习平台，试图将元宇宙技术引入教育领域。这个平台最独特的地方在于它的"知识地图"系统：每个学生都有一张专属的知识地图，显示他们已经掌握的知识点和潜在的学习方向。更重要的是，这张地图是动态的，会根据学生的兴趣和能力不断调整。

社交化学习的兴起绝非偶然。早在2010年，Facebook的创始人马克·扎克伯格就提出过一个观点：最好的学习往往发生在社交过程中。这个观点在当时并未引起太大关注，但实际上指出了传统在线教育的一个关键缺陷：孤独感。数据显示，在早期的在线课程中，90%的学习者因为缺乏互动而中途放弃。这个问题一直困扰着在线教育的发展，直到2020年才得到了突破性的解决。

当全球数十亿学生被迫转向线上学习时，一个意外的现象引起了教育研究者的注意：某些在线学习小组的学习效果竟然超过了传统课堂。进一步研究发现，这些成功的小组都具有一个共同特点：成员之间形成了高度活跃的学习社区。以清华大学的一个计算机专业课程为例，学生们自发组建了"代码评审小组"，每个人的作业都要经过其他成员的审查和讨论。这种同伴互评的模式不仅提高了代码质量，而且培养了批判性思维能力。这个班级的学生在期末项目评估中的表现比往年提高了 35%。

这个发现促使麻省理工学院开发了新一代的协作学习平台。与传统的学习平台不同，这个系统的核心是"学习圈"（learning circles）机制。每个学习圈由 4—6 名学习兴趣相近的学生组成，系统会根据每个人的知识水平、学习风格和在线活动时间自动进行匹配。更巧妙的是，系统引入了"智能导师"角色：在某个知识点表现出色的学生会自动被推荐为该领域的导师。这种"以教促学"的模式产生了惊人的效果：参与学习圈的学生，其知识掌握的深度和广度都比独立学习的学生高 50% 以上。

虚拟现实技术（VR）在教育领域的应用也经历了一个渐进的过程。最早的尝试可以追溯到 1968 年，当时伊凡·萨瑟兰开发的头戴式显示器被认为是 VR 技术的开端。但直到 2012 年 Oculus 的出现，VR 才开始真正走向实用。然而，早期的教育类 VR 应用大多停留在"看新鲜"的层面，比如虚拟参观博物馆或者观察天体运动。真正的突破出现在 2019—2020 年，加州大学洛杉矶分校（UCLA）大卫格芬医学院开发出新一代的医学培训系统。

这个系统之所以能够成功，是因为它解决了两个核心问题：真实感和交互性。系统采用了实时渲染技术，能够精确模拟人体组织的物理特性。当医学生在虚拟环境中进行手术练习时，不同组织对手术器械的反应都非常逼真。更重要的是，系统配备了触觉反馈装置，让学习者能够"感受"到不同组织的质地。这种多感官的学习体验产生了显著的效果：根据发表在《外科教育杂志》（*Journal of Surgical Education*）上的一项随机对照试验，使用 UCLA 与 Osso VR 合作开发的虚拟现实系统进行训练的医学生，其手术技能表现比传统培训方式提高了约230%。

到2023年，这个系统已经推广到了全球50多所医学院，但其影响远不止于医学教育。它证明了一个重要观点：在某些领域，虚拟现实不仅可以替代传统的学习方式，还能创造出现实世界难以实现的学习场景。例如，在外科手术培训中，学生可以反复练习同一个步骤，而不用担心对病人造成伤害。这种"无风险"的练习环境，极大地加速了技能的掌握。

量子计算对教育的影响，最早可以追溯到2019年谷歌实现"量子霸权"的那个时刻。当时，谷歌的53量子比特处理器用200秒就完成了经典超级计算机需要1万年才能完成的计算。这个突破虽然仍有争议，但它开启了人们对量子计算在教育领域应用的想象。真正的转折点出现在2023年，当IBM推出第一个面向教育的量子计算平台时。

这个平台最初的目标很简单：帮助学生理解量子力学的基本概念。但很快，研究人员发现它还可以用来解决一个更根本的问题：如何模拟复杂系统的行为。以生态系统的学习为例，传统的计算机很难同时模拟数千个物种之间的相互作用。但量子计算机的并行性使这成为可能。学生们第一次能够在虚拟环境中观察到蝴蝶效应是如何在生态系统中传播的。这种直观的体验大大提升了对复杂系统的理解：使用该平台学习的学生，在生态学概念测试中的得分比传统教学高出60%。

更有趣的是量子计算在知识表示方面的应用。传统的知识图谱是二维的，难以表达复杂的知识关联。而量子态的叠加特性为知识表示提供了新的可能。随着量子计算技术的发展，研究人员正在探索其在教育领域的潜在应用。理论上，量子计算的特性可能使其在表示复杂知识网络方面具有优势，有望帮助发现传统方法难以识别的知识模式。例如，在分析物理学发展史时，系统自动识别出了某些看似无关的理论突破之间的深层联系。

这些技术进步带来的不仅是学习效率的提升，更是整个教育范式的转变。在工业时代，教育的主要目标是传授标准化的知识和技能。但在 AI 时代，最重要的是培养人的学习能力和创造力。正如谷歌前 CEO 埃里克·施密特所说："未来最重要的能力不是知道答案，而是知道如何找到答案。"

这种转变在硅谷已经开始显现。2023 年，一项对科技公司招聘标准的调查显示，85% 的公司更看重应聘者的学习能力，而不是已掌握的具体技能。这个趋势正在推动教育方式的根本性变革。例如，斯坦福大学新开设的"元学习"课程，专门教授学生如何利用 AI 工具来提升学习效率。这门课程迅速成为全校最受欢迎的选修课，选课人数在一年内从 200 人增加到 2 000 人。

更深远的影响是教育民主化的加速。在互联网出现之前，优质教育资源一直是少数人的特权。即使到了 2010 年，哈佛大学的录取率仍低于 7%。但到了 2024 年，通过各种在线平台学习哈佛课程的学生人数已经超过了校园里的学生总数的百倍。虽然这些学习者无法获得哈佛的学位，但他们获得了可能改变人生的知识和技能。在肯尼亚的内罗毕，一个叫约翰的年轻人通过 Coursera 学习了数据科学，现在成了当地一家科技公司的首席数据分析师。在印度的班加罗尔，一位主妇通过可汗学院学习编程，开发的教育 App 现在有超过百万用户。这些故事说明，技术正在让"知识改变命运"这句话从口号变成现实。

如果说达尔文通过观察自然现象发现了生物进化的规律，那么今天的每个人都可以通过数字工具探索知识的海洋，实现自己的认知进化。这种进化不再受限于地理位置、经济条件或者社会地位。在可预见的未来，随着技术的进一步发展，这种趋势只会加强，不会减弱。教育的未来，将是一个人人都能根据自己的兴趣和节奏学习，每个人都是自己学习旅程的主宰的时代。

8.2 AI 科普：打破专家与大众的鸿沟

1959 年，英国物理学家和小说家查尔斯·斯诺在剑桥大学发表了著名的"两种文化"演讲，指出科学家和人文知识分子之间存在着一道难以跨越的鸿沟。这个判断在当时引起了巨大争议，但 60 多年过去了，这道鸿沟不仅没有消失，反而在某些方面变得更深。以日常生活中最基本的科学知识为例，2010 年盖洛普的一项调查显示，超过 40% 的美国人仍然相信地球不到 1 万年的历史，这个比例与 1980 年相比几乎没有变化。

科普工作的困境绝非知识传播者努力不够。从 20 世纪 60 年代开始，美国每年在科普教育上的投入就超过 10 亿美元。到了 2020 年，这个数字已经增长到了 50 亿美元。然而，投入的增加并没有带来相应的效果。以转基因科普为例，虽然科学界投入了大量资源解释转基因技术的安全性，但公众的接受度在 2010—2020 年仅提升了 5%。正如一位资深科普工作者所说："我们就像是在对着一堵无形的墙说话。"

问题究竟出在哪里呢？答案也许要从科普的本质说起。传统的科普方式，无论是通过书籍、报告还是视频，本质上都是一种"一对多"的单向传播。这种传播模式植根于工业时代的大众传播理念：为了效率，必须采用标准化的内容来服务大量受众。然而，这种标准化恰恰忽视了科学理解的个性化特征。每个人的知识背景、思维方式和关注点都是不同的，科普作者必须在内容的深度上做出某种妥协：要么过于简单以至于失去科学性，要么过于专业导致难以理解。这就像是一位裁缝要用同一件衣服来满足所有顾客，这显然是不可能的。更关键的是，这种单向传播模式无法有效应对受众的困惑和疑问。

这个困境直到 2021 年才迎来真正的转机。这一年，DeepMind 公司发布了一个看似平常的技术更新：他们的 AI 系统能够用自然语言解释复杂的科学概念。这个系统最初的研发目标相当务实：帮助研究人员更好地理解和解读科学论文。在当时，随着学术出版量的爆炸性增长（每年新发表的科学论文超过 250 万篇），即便是专业研究人员也很难及时掌握领域内的最新进展。DeepMind 公司的系统通过分析海量论文，能够提取核心概念并用更容易理解的语言重新表述。这个功能起初只在研究社区内小范围使用，直到一位天体物理学家意外发现它在科普方面的惊人天赋。

这位物理学家注意到，当他要求系统解释黑洞时，系统会根据对话的上下文自动调整解释的深度和方式。对非专业人群来说，系统会用引力井和漩涡的比喻；对有一定物理基础的人，则会引入时空弯曲的概念；而面对专业学生，系统能够直接讨论爱因斯坦场方程。更令人惊讶的是，系统不是简单地切换不同的预设说明，而是能够实时根据对话者的反应调整解释策略。如果发现某个比喻没有起到很好的效果，系统会立即尝试其他角度。这种适应性的解释能力，是传统科普方法无法企及的。

这个发现立即引起了教育界的关注。斯坦福大学的认知科学家设计了一个规模空前的实验：招募了 1 000 名来自不同背景的志愿者，将他们随机分为两组，分别通过 AI 系统和传统教材学习现代物理学的基本概念。实验持续了 3 个月，涵盖了从狭义相对论到量子力学的多个主题。结果令所有人震惊：AI 组对基本概念的理解准确率达到了 85%，而传统组只有 30%。更重要的是，AI 组的学习兴趣明显更高，平均学习时间是传统组的 2.5 倍。进一步的分析显示，AI 组的优势主要来自 3 个方面：个性化的解释路径、实时的疑惑解答以及更生动的类比方式。

这些成功背后，是一系列深层技术突破的积累。第一个关键突破是自然语言处理能力的质的飞跃。2020 年，GPT-3 的出现，标志着 AI 第一次具备了真正理解和生成人类语言的能力。这种突破不仅体现在语法准确性上，更体现在语义理解的深度上。系统能够理解概念之间的逻辑关系，从而生成连贯且有意义的解释。例如，在解释 DNA 复制时，系统不会简单地堆砌生物学术语，而是能够构建一个完整的逻辑链条，从分子水平的化学反应一直解释到生命延续的生物学意义。

第二个关键突破来自知识图谱技术。通过分析超过 1 000 万篇科学论文和教材，AI 系统构建了一个包含 500 万个概念节点的科学知识网络。这个网络最独特的地方在于它的多层次性：每个科学概念都被表示为一个多维节点，包含了从直观解释到严格定义的多个层次。更重要的是，系统能够理解概念之间的依赖关系。比如，在解释量子纠缠之前，系统知道需要先确保用户理解量子叠加态的概念。这种知识组织方式让系统能够为每个学习者设计最优的学习路径。

第三个关键突破是认知建模技术的重大进展。传统的教育系统往往采用统一的评估标准，但这种方法忽视了学习过程的个性化特征。AI 系统通过实时分析用户的对话内容、提问方式和反应速度，能够构建出一个动态的认知地图。这个地图不仅显示用户已经掌握的知识点，更重要的是能够识别出知识结构中的薄弱环节和潜在误解。例如，系统发现很多学习者在理解"波粒二象性"时，往往会不自觉地用经典物理的概念去理解量子现象。针对这种情况，系统会特意设计一些反例，帮助学习者打破错误的思维定式。

这些技术在 2023 年得到了一次完美的检验。欧洲核子研究中心（CERN）宣布发现了一种新的基本粒子，这个发现可能暗示着标准模型存在缺陷。这本是一个极其专业的发现，在过去类似的新闻往往只会引起科学界内部的关注。然而这一次，通过 AI 科普系统的解释，这个发现在一周内就获得了超过 5 000 万次点击，其中 82% 的普通读者表示"真正理解了这个发现的意义"。更令人惊讶的是，在社交媒体上，相关的科学讨论首次超过了虚假信息的传播速度。深入分析发现，AI 系统的成功在于它能够将这个复杂的发现与人们的日常经验联系起来。例如，在解释粒子对撞机时，系统会用高速公路的追尾事故来类比粒子碰撞，用碎片的分布模式来解释物理定律。

第四个关键突破出现在医学领域。当疫情暴发时，如何向公众解释病毒、疫苗等专业概念成为一个紧迫的挑战。世界卫生组织采用的 AI 科普系统展现了惊人的效果：它能够根据不同人群的知识背景和关注点，提供个性化的解释。对于完全不懂生物学的人，系统会用生动的动画展示病毒如何入侵细胞；对于有一定知识基础的人，则会解释 mRNA 疫苗（Messenger RNA Vaccine）的工作原理。这种精准的科普极大地提高了公众对防疫措施的理解和配合度。

这种精准的科普方式在气候变化议题上同样显示出了惊人的效果。传统的气候科普往往过分强调灾难性后果，反而容易引起公众的抵触情绪。AI 系统采取了完全不同的策略：它会根据用户的具体情况，展示气候变化对其生活的直接影响。对农民，系统会解释气候变化如何影响作物产量；对城市居民，则会分析极端天气对城市运行的影响。这种个性化的解释让抽象的气候科学变得具体。

2024 年，AI 科普迎来了新的发展阶段。谷歌推出的"科学导师"系统，标志着科普从"解释工具"向"探索伙伴"的转变。这个系统不仅能够回答问题，还能根据用户的兴趣主动推荐相关的科学话题。更重要的是，系统会设计个性化的探索任务，引导用户运用科学方法思考问题。例如，当用户对天文学产生兴趣时，系统会建议一些简单的观测活动，并帮助分析观测数据。这种互动式的学习方式让科学探索变得既有趣又有成就感。

然而，AI 科普的快速发展也带来了一系列前所未有的挑战。第一个挑战是准确性和深度的平衡。为了让概念易于理解，AI 系统有时会过度简化科学原理，这种简化虽然提高了接受度，但可能导致一些根本性的误解。2023 年底发生的一个案例很好地说明了这个问题：某 AI 系统在解释量子计算时，大量使用"平行宇宙"的比喻来解释量子叠加态。这个比喻确实让公众快速理解了基本概念，用户满意度达到了 95%。然而，一项后续调查发现，这种解释导致超过 60% 的学习者形成了错误的认知模型，认为量子计算就是在多个宇宙中同时计算。这种误解在他们进一步学习量子力学时反而造成了障碍。

为了解决这个问题，麻省理工学院的教育技术实验室提出了"递进式理解"框架。这个框架将科学概念的理解分为3个层次：启发层、深化层和专业层。在启发层，系统可以使用简化的比喻和类比；在深化层，系统会逐步引入更准确的科学描述；在专业层，系统则提供严格的理论解释。更重要的是，系统会仔细设计这3个层次之间的过渡，确保每一步简化都为下一步的深入理解打下基础。这个方法在实践中取得了显著效果：使用这种系统的学习者不仅能快速建立直观认识，而且在后续的专业学习中错误率降低了80%。

第二个挑战是科学本身的不确定性。在前沿科学领域，很多问题并没有确定的答案，甚至科学家之间也存在争议。如何向公众传达这种不确定性，同时又不削弱科学的权威性，这是一个复杂的平衡。2024年初，伦敦科学博物馆开发的AI系统在这个问题上做出了创新：系统会展示科学认知的历史演变过程，说明科学理论是如何通过不断修正和完善来逼近真理的。例如，在解释暗物质时，系统会介绍从星系旋转曲线的异常发现，到各种理论解释的提出和验证，直到目前的研究状态。这种方法不仅让公众理解了科学结论，更重要的是理解了科学方法本身。

第三个挑战是如何保持科学探索的人文温度。有人担心，过度依赖AI科普可能会使科学传播变得机械化，失去人文关怀和价值思考的维度。应对这个挑战的一个典型案例来自斯坦福大学的"科学叙事"项目。他们的AI系统不仅传递科学知识，还会讲述科学家的故事，展示科学发现背后的人文精神。例如，在介绍DNA双螺旋结构时，系统会讲述罗莎琳德·富兰克林的贡献，以及科学界如何逐渐认识和纠正历史上的性别偏见。这种将科学史与社会史结合的方式，让科普获得了更丰富的人文内涵。

最具挑战性的或许是如何平衡效率和深度。AI科普的一个显著特点是能够快速传递知识，但科学思维的培养往往需要时间和思考。剑桥大学的研究团队针对这个问题开发了"思维引导"模块：系统会在解释概念的过程中设置一些思考点，鼓励用户进行独立思考。比如，在解释进化论时，系统不会直接给出结论，而是引导用户思考："如果你是达尔文，看到加拉帕戈斯群岛上的动物特征，你会得出什么推论？"这种方法虽然增加了学习时间，但大大提高了科学思维能力的培养效果。

展望未来，AI科普可能会从根本上改变人类获取科学知识的方式。就像搜索引擎改变了我们查找信息的方式，AI科普系统很可能会成为连接科学知识和普通大众的新型接口。这种改变不仅体现在效率的提升上，更重要的是可能会重塑公众与科学的关系。在AI的帮助下，科学不再是高不可攀的知识体系，而是可以根据个人兴趣和能力来探索的知识海洋。每个人都可以找到适合自己的科学学习路径，成为科学探索的参与者而不是旁观者。

AI科普更深远的影响可能是对整个科学文化的改变。传统的科学文化往往存在一种等级制：专业科学家是知识的创造者和传播者，而公众则是被动的接收者。AI科普正在打破这种单向模式，创造一种更加民主和开放的科学文化。在这种新的文化中，科学不再是少数人的专利，而是整个人类社会共同的探索事业。这种转变的意义，可能会比互联网革命带来的改变更加深远。

8.3 公民科学：让百万人参与航天计划

1999年5月17日，加利福尼亚大学伯克利分校发布了一个看似平常的软件：SETI@home。这个软件允许普通用户在电脑闲置时贡献计算能力，帮助科学家搜索可能存在的外星文明信号。这个项目的发起人很可能没有想到，这个简单的创意会引发一场科学研究方式的革命。在接下来的20年里，约43万人参与了这个项目，累计贡献的计算时间相当于200万年。更重要的是，这个项目开创了一种全新的科研模式：让普通公众直接参与到重大科学项目中。

回顾历史，科学研究一直是专业科学家的专属领地。即使是在17世纪的业余科学家时代，也只有少数具备充足时间和财力的"绅士科学家"才能参与科学研究。这种局面一直持续到20世纪末。虽然"公众理解科学"的口号在20世纪80年代就已经提出，但公众的角色仍然局限于科学知识的被动接收者。SETI@home项目首次展示了另一种可能：普通人也能为前沿科学研究做出实质性贡献。

这个项目的成功很大程度上得益于互联网技术的发展。在20世纪90年代末期，个人电脑已经开始普及，但大多数时候都处于闲置状态。SETI@home的创新之处在于，它把这些分散的计算资源整合起来，形成了一个分布式的超级计算机网络。每个参与者的电脑在空闲时会自动下载和分析一小段来自阿雷西博射电望远镜的数据。这些数据量虽然很小，但积少成多，最终形成了惊人的计算能力。

但SETI@home的意义远不止于此。这个项目证明了一个重要观点：只要设计得当，复杂的科学任务是可以分解成普通人能够参与的单元。这个发现立即引发了连锁反应。2007年，一个更具野心的项目诞生了：星际动物园（Galaxy Zoo）。这个项目的目标是对数以百万计的星系图像进行分类。传统的方法是让天文学家手动完成这项工作，以当时专业天文学家的数量，完成这项工作需要几十年时间。但星际动物园采用了完全不同的方法：他们把这个任务交给了普通公众。

星际动物园的成功甚至超出了项目发起人的预期。根据项目官方数据，星际动物园在启动初期吸引了大量志愿者参与，共同完成了数百万次星系分类任务。更令人惊讶的是，这些业余天文学家不仅完成了基本的分类工作，还发现了一些专业天文学家都没有注意到的特殊天体。2008年，一位荷兰的小学音乐教师汉尼·范·阿克尔（Hanny van Arkel）在分类过程中发现了一种前所未见的天体，这个被命名为"汉尼的旺星体"的发现，引起了天文学界的广泛关注。研究团队对这一发现进行了详细观测和分析，研究成果最终于2009年10月发表在《皇家天文学会月刊》（*Monthly Notices of the Royal Astronomical Society*）上。科学家认为这可能是一种被称为"类星体电离回声"的天体现象，代表了一个全新的天文学研究领域。这个发现证明，在科学研究中，有时"外行人的眼睛"反而能看到专家忽略的细节。

星际动物园的成功引发了科学界对公民科学潜力的深刻思考。传统观点认为，科学研究需要专业的训练和严格的方法论，普通公众很难参与其中。但星际动物园的经验证明，如果把任务合理地分解和组织，普通人也能为最前沿的科学研究做出贡献。更重要的是，大规模公众参与会产生一些意想不到的优势。统计数据显示，在星际动物园项目中，当一个星系图像被至少20个人分类时，最终结果的准确率能够达到专业天文学家的水平。这种"群体智慧"的现象引起了认知科学家的极大兴趣。

2008年，华盛顿大学的生物化学家推出了一个更具挑战性的项目：Foldit。这个项目把蛋白质折叠这样的复杂科学问题，转化成了一个在线游戏。参与者需要通过拖拽和扭转蛋白质链，寻找能量最低的构象。这个想法在当时看来几乎是疯狂的：蛋白质折叠问题即使对于超级计算机来说也是一个巨大的挑战，怎么可能通过游戏来解决？然而，事实再次超出了所有人的预期。

在Foldit发布的第一年，就吸引了超过20万玩家参与。更令人震惊的是，这些玩家中的佼佼者展现出了惊人的问题解决能力。2011年，Foldit玩家们用了3周就解开了一个困扰科学家15年的问题：一种与艾滋病相关的逆转录酶的结构。这个成果发表在《自然·结构与分子生物学》杂志上，标志着公民科学首次在重大医学突破中发挥关键作用。深入分析发现，游戏玩家们开发出了一些全新的问题解决策略，这些策略后来被整合进了蛋白质结构预测的AI算法中。

Foldit的成功启发了更多创新性的公民科学项目。2015年，NASA推出了"小行星猎人"计划，邀请公众帮助分析来自开普勒太空望远镜的海量数据。这个项目采用了一种巧妙的设计：把枯燥的数据分析转化成了一个寻宝游戏。参与者需要在光变曲线中寻找可能表示小行星掠过的特征性信号。项目启动仅3年，就发现了超过900颗新的小行星。更重要的是，在这个过程中，一些业余天文爱好者发展出了创新的数据分析方法。其中一种被称为"双峰识别法"的技术，现在已经被NASA正式采用在自动检测算法中。

2020年的新冠肺炎疫情为公民科学带来了一个意想不到的发展机遇。当全球各地实施居家隔离政策时，数以百万计的人开始寻找有意义的线上活动。Folding@home项目抓住这个机会，启动了新冠肺炎病毒蛋白相关的结构研究，全球计算能力峰值再次突破，并创下分布式计算项目纪录。这种空前的计算能力帮助科学家快速解析了病毒的关键蛋白结构，为药物开发提供了重要支持。

公民科学的发展很快突破了数据处理的范畴。2021年，麻省理工学院推出了一个突破性的项目："智慧城市公民实验室"。这个项目颠覆了传统的环境监测方式，它不再依赖固定的监测站，而是发动普通市民利用智能手机收集环境数据。项目组开发了一款特殊的传感器，可以直接插入手机接口，测量空气质量、噪声水平和电磁辐射等环境参数。这些数据通过AI算法实时整合，形成了一幅精确到街区级别的环境地图。在波士顿的试点中，超过5万名市民参与了这个项目。这种分布式的监测网络不仅大大提高了数据的密度和准确性，更重要的是培养了公众的环境意识。数据显示，参与项目的社区，环保意识提升了45%，相关的环境投诉得到更快的处理。

同年，欧洲航天局启动了更具野心的"太空守望者"计划。这个项目的目标是监测近地空间的太空垃圾。与传统的雷达和光学望远镜不同，这个项目充分利用了业余天文爱好者的力量。参与者可以使用自己的望远镜设备，按照标准流程拍摄夜空，然后上传图像进行分析。项目采用了一套创新的数据质量控制系统：首先由AI算法进行初步筛选，再由经验丰富的志愿者进行复查，最后经专业天文学家确认。这种多层次的审核机制确保了数据的可靠性。到2023年底，项目已经发现了超过1 000个此前未知的太空碎片，为空间安全做出了重要贡献。

AI的发展给公民科学带来了新的机遇。传统的公民科学项目往往需要大量的人工审核来保证数据质量，这极大地限制了项目的规模，AI的引入正在重塑科学发现的方式。2022年，谷歌推出的"自然观察者"项目展示了 AI 辅助的公民科学的潜力。这个项目邀请公众上传野生动植物的照片，AI 系统会自动进行物种识别和分类，但 AI 的作用不仅限于此。系统还会分析每张照片的拍摄时间和地点，自动整合到生物多样性数据库中。如果发现异常情况，比如某个物种出现在非正常栖息地，系统会自动标记供专家进一步研究。

这个项目在第一年就收集了超过 500 万张照片，记录了超过 10 万个物种。更重要的是，这些数据揭示了一些重要的生态变化趋势。例如，在美国东北部，某些候鸟的迁徙时间比 10 年前提前了近两周，这个发现为研究气候变化对生态系统的影响提供了重要证据。项目的成功证明，当公民科学与 AI 技术结合时，可以实现传统研究方法难以企及的观测规模和精度。

公民科学的发展也促进了教育方式的革新。2023 年，加州理工学院开发的"青少年科学家"平台创造性地把公民科学项目引入中学课堂。这个平台不仅提供参与科研的机会，而且更重要的是设计了一套完整的科学探究课程。学生们在参与实际研究项目的过程中，学习科学方法、数据分析和团队协作。平台采用了游戏化的设计，学生可以通过完成不同难度的研究任务获得积分和徽章。特别值得一提的是平台的"导师系统"，优秀的高年级学生可以成为低年级学生的科研导师，这样形成了一个良性的学习生态。

然而，公民科学的快速发展也带来了一系列前所未有的挑战。第一个挑战是数据的可靠性和质量控制。2022 年的一个案例很好地说明了这个问题：在一个全球植物观测项目中，研究人员发现约 15% 的数据存在明显错误，这些错误主要来自物种识别的偏差和位置记录的不准确。为了解决这个问题，牛津大学的研究团队开发了一套创新的"三重检验"系统：首先由 AI 算法进行初筛，然后经过经验丰富的志愿者复核，最后由专业科学家抽样验证。这个系统在保证数据质量的同时，也显著提高了处理效率。项目实施一年后，数据错误率降低到了 3% 以下，达到了专业科研的标准。

第二个挑战是知识产权和伦理问题。当普通公众为科研项目做出实质性贡献时，他们在研究成果中的权益如何界定？这个问题在 2023 年达到了一个关键节点。一群 Foldit 的玩家发现了一种新的蛋白质折叠算法，这个算法的性能超过了现有的商业软件。这引发了一场激烈的讨论：这个算法的专利权应该属于谁？项目组最终采用了一个创新的解决方案：建立了一个"公民科学家权益共享计划"。根据这个计划，重要发现的知识产权由项目组和贡献者共同持有，商业收益按照预先确定的比例分配。这个模式后来被多个大型公民科学项目采用，成了行业标准。

第三个挑战是科学研究的深度问题。有人担心，过度依赖公民科学可能会导致研究停留在表层，难以触及更深的理论层面。2024 年，美国国家科学基金会针对这个问题进行了一项大规模评估。研究发现，公民科学项目在数据收集和初步分析方面确实具有巨大优势，但在理论创新方面表现相对较弱。为了解决这个问题，斯坦福大学提出了"混合研究模式"：将公民科学与传统研究方法结合起来。在这种模式下，广大志愿者负责基础数据的收集和初步分析，而专业科学家则专注于深层理论的构建和验证。

量子计算的发展可能会为公民科学带来新的机遇。传统的分布式计算项目往往受限于普通计算机的性能，但量子计算机的出现可能会改变这个局面。IBM 在 2024 年推出的"量子公民科学计划"展示了这种可能性：参与者可以通过云平台使用量子计算机解决特定的科学问题。虽然目前的量子计算机还很初级，但这个项目已经展示出了巨大的潜力，特别是在材料科学和药物设计领域。

更深远的影响可能是对科学文化本身的改变。在过去的 300 年里，科学研究一直是一个相对封闭的领域，普通大众很难真正参与其中。但公民科学正在打破这道藩篱，创造一种更加开放和民主的科学文化。哈佛大学的科学史学家指出，这种变化可能比 17 世纪的科学革命还要深刻：它不仅改变了科学研究的方式，而且改变了人类获取和创造知识的基本模式。

展望未来，公民科学很可能会进一步扩大其影响力。随着 AI 技术的进步，参与门槛会进一步降低，而贡献的价值会进一步提升。更重要的是，这种参与式的科研模式正在培养新一代的科学公民：他们不仅了解科学知识，更理解科学方法和科学精神。在气候变化、生物多样性保护等全球性挑战面前，这种广泛的科学参与可能是人类最重要的资源。

正如爱因斯坦所说："想象力比知识更重要。"公民科学的意义，不仅在于它能够收集更多的数据，而且在于它释放了普通人参与科学探索的想象力。在某种意义上，每一个参与公民科学项目的人，都在重复伽利略、达尔文那样的科学先驱的经历：通过细心的观察和执着的探索，为人类认识世界贡献自己的一份力量。这种大规模的科学参与，可能会成为 21 世纪最重要的科学革命之一。

8.4　开放科学：技术让科学回归本真

科学传播始终与技术革命相伴相生，这种关系之密切，甚至可以说，每一次重大的技术突破都在根本上重塑了科学知识的传播范式：从古代美索不达米亚平原上的泥板，到埃及尼罗河畔的莎草纸，从中世纪修道院中的羊皮卷，到古登堡印刷机带来的知识革命，从17世纪《哲学汇刊》开创的同行评议制度，直至当下互联网时代催生的开放获取运动，技术创新始终在推动着科学传播的边界不断拓展，而今天，伴随着数字技术的迅猛发展，我们正站在一个前所未有的历史转折点上，开放科学正在让科学研究逐步摆脱商业出版体系的束缚，重新回归其最原初、最纯粹的协作本质。

在理解开放科学的深远意义之前，我们有必要首先回顾科学传播的历史演进轨迹。17世纪，英国皇家学会的《哲学汇刊》创刊，这一开创性的举措不仅确立了同行评议这一延续至今的学术规范，更重要的是，它第一次将零散的科学发现汇聚成系统的知识体系，为近代科学的蓬勃发展奠定了制度基础。然而，随着20世纪商业出版机构的崛起，科学传播逐渐被束缚在重重藩篱之中：动辄数千美元的论文下载费用让众多研究人员望而却步，长达一年甚至更久的评审周期严重阻碍了科学发现的及时传播，有限的期刊版面则迫使许多具有创新价值的研究成果无法获得应有的关注。这种局面直到1991年才开始出现根本性的转变，而这一转变的关键，就在于arXiv的诞生。

诞生于美国洛斯阿拉莫斯国家实验室的arXiv，最初只是物理学家保罗·金斯普纳帕格为了方便同行之间交流研究成果而创建的一个简单平台，然而这个看似普通的举动，却开启了科学传播的新纪元。经过30余年的发展，这个平台已经成长为科研界不可或缺的基础设施。截至目前，平台每月新增论文数量持续增长，已达到数万篇，累计下载量达数十亿次，覆盖物理学、数学、计算机科学等多个领域的最新研究成果。更为重要的是，arXiv 彻底改变了科研人员获取和分享研究成果的方式：当一项突破性发现不必再等待漫长的评审过程时，当一个创新性想法不必再受限于期刊版面时，当一篇重要论文不必再被束之高阁时，科学研究的效率和创新活力都得到了空前的提升。

在生命科学领域，这场开放获取的革命同样波澜壮阔。始创于 2006 年的《公共科学图书馆·综合》（*PLOS ONE*）通过改革学术评价标准，从根本上动摇了传统学术期刊的评价体系。与传统期刊将论文的"重要性"作为首要评判标准不同，*PLOS ONE* 更注重研究方法的严谨性和结果的可靠性，这种看似微小的改变实际上具有革命性的意义：它不仅打破了学术界长期以来"重要性"评价标准的主观性和偏向性，更为那些非主流但具有潜在价值的研究提供了发表渠道。截至目前，*PLOS ONE* 已发表超过 25 万篇研究论文，其中不乏后来被证明具有开创性意义的研究成果，这种成功充分证明了开放获取模式不仅能够加速科学发现的传播，还能促进科学研究的多样化发展。

随着云计算技术的普及和成熟，科学研究的开放化进程迈入了新的阶段。以生命科学领域的 GenBank 为例，这个始于 1982 年的核酸序列数据库，经过四十余年的积累，已经收录了超过 2 亿条序列数据。借助现代云计算平台，任何一个对生命科学感兴趣的研究者，都能够方便地访问和分析这些海量数据。在天文学领域，斯隆数据巡天（Sloan Digital Sky Survey）项目则展示了大规模科学数据共享的另一种可能：通过将包含数十亿天体的观测数据向全球开放，这个项目已经支撑了超过 8 000 篇研究论文的发表，极大地推动了现代天文学的进步。这些成功案例充分说明，在云计算技术的支持下，开放科学不仅降低了科研的门槛，还显著提高了科研资源的利用效率。

在科研协作工具的革新方面，GitHub 的兴起为开放科学注入了新的活力。截至 2023 年底，GitHub 上标记为"科研相关"的代码仓库数量已超过 100 万个，月活跃用户中有超过 20% 来自学术界，这一数据充分反映了开源协作模式在科研领域的广泛应用。以 DeepMind 公司开源的 AlphaFold 2 项目为例，其代码仓库获得了超过 20 000 个星标，派生项目超过 5 000 个，这种开放协作的模式不仅大大加速了蛋白质结构预测领域的发展，还培养了一种全新的科研文化：在这种文化中，知识创新不再是封闭的个人行为，而是成了开放的集体智慧结晶。

在物理实验设施层面，开放实验室的建设正在以前所未有的方式重塑科研资源共享的模式。以欧洲分子生物学实验室（EMBL）的开放实验室计划为例，通过建立标准化的实验流程和精密的远程操作系统，使得世界各地的研究人员都能够远程访问和使用实验室的先进设备，这种创新模式在 2023 年就支持了来自 65 个国家的上千个研究项目，使得实验设备的平均使用效率提升了 40% 以上。更值得关注的是，这种开放实验室模式不仅带来了设备使用效率的显著提升，还在根本上促进了实验方法的标准化进程和实验数据的可重复性验证。例如，在新冠肺炎疫情期间，多个开放实验室联合建立的全球病毒基因组测序网络，通过统一的实验标准和数据共享机制，为病毒变异的快速监测和溯源提供了关键的技术支持。这种跨机构、跨国界的科研合作新模式，正在成为应对重大全球性科学挑战的有力武器。

区块链技术的引入，为开放科学提供了前所未有的可信任基础。通过将研究过程的关键节点记录在去中心化的区块链网络中，实验数据的真实性和可追溯性得到了有效保障。2023 年，包括 arXiv、IEEE

在内的 12 家机构开始试点区块链技术，用于科研成果的存证与溯源。更值得注意的是，区块链技术不仅能够保证研究数据的可靠性，还能够通过智能合约的方式，为科研成果的知识产权保护提供新的解决方案。例如，通过将论文的发表时间、作者贡献等信息记录在区块链上，可以有效避免学术成果被盗用或篡改的风险。

在科研过程的智能化方面，AI 技术正在发挥越来越不可替代的作用。以自然语言处理技术为基础的智能文献分析系统，能够自动提取研究论文中的关键信息，构建复杂的知识图谱，帮助研究人员快速把握特定领域的发展动态。例如，微软学术搜索引擎通过运用先进的 AI 技术分析了数以亿计的学术论文，不仅能够准确识别论文之间的引用关系和知识传承脉络，还能够预测研究热点的演化趋势。在实验设计领域，基于强化学习算法的 AI 系统已经展现出了令人瞩目的能力：它们能够自主优化实验参数，大幅提高实验效率。以材料科学研究为例，DeepMind 公司开发的 AI 系统能够通过分析海量的历史实验数据，精确预测新材料的物理化学性质，并给出最优的合成路线，这种技术已经帮助研究人员发现了多个具有重要应用前景的新材料。

然而，开放科学的发展道路并非一帆风顺。首先，商业利益与开放共享之间存在矛盾：传统出版机构担心开放获取模式会影响其既有利益，因此在政策和实践层面都表现出较强的抵制态度。其次，质量控制问题：当科研成果的发布门槛降低后，如何保证研究的质量和可靠性就成了一个重要挑战。最后，开放科学的可持续发展模式也尚未形成：尽管一些开放获取期刊采用了作者付费的商业模式，但这种模式在某些情况下可能会给研究人员带来过重的经济负担。这些问题的解决，需要学术界、技术界和政策制定者的共同努力。

在可预见的未来，多项前沿技术的深度融合必将催生全新的科研范式。特别值得关注的是量子计算与 AI 的结合，这种技术组合可能会在分子模拟、密码学、金融建模等领域带来革命性的突破。目前，包括 IBM、谷歌等科技巨头在内的多家机构已经开始探索量子机器学习算法在新药研发中的应用，初步研究结果表明，这种技术组合有望将新药研发周期从传统的十几年显著缩短到几个月。另一个引人注目的发展趋势是脑机接口技术在科研领域的创新应用：通过直接读取和解析脑电信号，研究人员可能能够更加直观地理解和操控复杂的科学概念和模型。

在开放科学的大框架下，这些前沿技术的发展正在走向更加开放和协作的方向。越来越多的研究机构选择将其技术成果以开源的形式对外发布，这种做法不仅加速了技术的迭代和完善过程，还有力地促进了不同技术之间的融合创新。例如，在量子计算领域，IBM 的 Qiskit 和谷歌的 Cirq 等开源框架的出现，大大降低了研究人员进入量子计算领域的技术门槛，有力推动了量子计算生态的快速发展。在这个过程中，开放科学的理念正在从传统的论文发表领域，扩展到更广泛的技术创新和实践应用领域。

展望未来，我们有充分的理由相信，科学研究终将回归其开放、协作的本质。随着技术的不断进步和理念的持续演进，开放科学将在三个层面带来深远的变革：在微观层面，个体研究者将获得前所未有的资源支持和技术赋能，使得突破性发现不再局限于大型研究机构；在中观层面，学科之间的界限将变得越来越模糊，跨领域的协作创新将成为常态，催生出全新的研究范式和科学分支；在宏观层面，科学研究的组织方式和评价体系将发生根本性改变，基于区块链的分布式科研管理和基于 AI 的智能化评价正在重构科研生态。

更为深远的是，开放科学正在重新定义科学与社会的关系。当普通民众能够便捷获取最新研究成果，当公民科学家能够真正参与科研过程，当全球创新网络高效协同运转，科学将不再是象牙塔中的专属活动，而是融入社会发展的有机组成部分。这种转变不仅提升了科研效率，更重要的是培育了理性思维和创新精神，为人类文明的持续进步奠定了坚实基础。

正如牛顿在给胡克的信中所说："如果说我看得更远，那是因为我站在巨人的肩膀上。"而开放科学的终极目标，就是要让每个怀揣科学梦想的人，都有机会站上巨人的肩膀，去探索未知的科学疆域。在这个意义上，技术驱动的开放科学运动，不仅是在改变科学研究的方式，更是在重塑整个人类文明的知识创新范式。当知识像空气一样自由流动，当创新成为每个人都能参与的盛宴，人类的集体智慧必将绽放出前所未有的光芒。这才是科学最应该有的模样。

8.5　教育变革：重塑通识教育新内核

1872 年，哈佛大学校长查尔斯·威廉·艾略特（Charles William Eliot）在就职演说中提出了一个在当时看来近乎疯狂的主张：让大学生自主选择课程。在那个时代，大学教育仍然延续着中世纪以来的传统，所有学生都必须修习固定的经典课程，拉丁语、希腊语、数学和伦理学是每个大学生的必修内容。艾略特的"选修制"教育改革提议在当时社会引起了轩然大波，保守派学者认为这将导致教育质量的下降，使得大学教育失去其应有的严谨性和神圣性。哈佛大学的一些资深教授甚至威胁要辞职以示抗议。然而，历史最终证明艾略特的改革具有非凡的远见：选修制不仅没有降低教育质量，反而极大地释放了学生的学习潜能，为现代大学教育奠定了基础。到 1897 年，当艾略特庆祝 25 周年校庆时，选修制已经成为美国大学教育的标准模式。这段历史给我们的启示是：真正的教育创新往往需要打破常规思维的束缚，而其价值可能要在相当长的时间后才能被充分认识。

今天，我们正站在一个类似的历史节点上。AI 技术的迅猛发展正在以前所未有的方式重塑人类社会，这种变革之深刻，不亚于蒸汽机对工业革命的推动作用。就像 18 世纪末工厂的机械化生产最终导致了整个社会结构的重组一样，AI 带来的变革也绝不仅仅局限于技术层面。我们已经看到，在教育领域，传统的课堂讲授模式、标准化考试体系、固定的学科划分等根深蒂固的做法，正面临着前所未有的挑战：首先，知识更新速度的加快，使得任何固定的课程体系都难以跟上时代发展的步伐。一个典型的例子是，斯坦福大学的 AI 课程每学期都要更新将近 1/3 的内容。其次，学科边界的模糊化，重大的科技突破往往发生在多个学科的交叉地带，比如近年来在生物医药领域取得重大突破的科研项目，平均需要结合 5—6 个不同学科的知识。最后，学习方式的个性化，标准化的教学模式已经无法满足每个学习者的独特需求，数据显示，在传统课堂中，通常只有不到 30% 的学生能够完全适应统一的教学进度。

这些挑战之所以显得如此棘手，是因为它们不仅仅关乎教育方法的改进，而且涉及教育本质的重新定义。就像 19 世纪工业革命催生了现代学科体系一样，AI 时代也必然要求我们重新思考教育的根本目标。在机器能够比人更快地获取和处理信息的时代，人类教育究竟应该培养什么样的能力？当 GPT-4 这样的大语言模型能够在几秒钟内生成一篇学术论文的时候，我们是否还应该把论文写作作为考核学生能力的重要指标？在知识获取成本趋近于零的环境下，通识教育的价值到底在哪里？这些问题不仅关系到教育体系的改革，还涉及人类文明发展的方向。正如历史学家尤瓦尔·赫拉利所言，在 AI 时代，"教育的首要任务不是给予学生信息，而是教会他们如何区分信息的重要性，以及最重要的是，如何将不同领域的信息整合成对世界的全面理解"。

当前，许多顶尖高校正在探索教育创新方案，这些创新尝试让人联想到一个世纪前艾略特的选修制改革。这个由斯坦福校长马克·泰西耶-拉维涅（Marc Tessier-Lavigne）亲自推动的计划同样显得大胆而激进：它完全打破了传统的学科界限，将 AI、生命科学、哲学等看似互不相干的领域整合到同一个课程体系中。在传统的学科体系下，这些领域分属不同的院系，学生很少有机会同时深入接触这些学科。然而，与选修制改革时期历时 40 年才被广泛接受不同，这一次教育界的反应要开放得多。在项目推出的第一年，就有超过 50 所世界顶尖高校表示有意效仿这一模式。这种态度转变背后折射出的是整个社会对教育范式转变的深刻认知：在 AI 时代，跨学科思维不再是可选项，而是必备能力。正如项目主任玛丽·博伊斯所说："今天的学生将来要面对的挑战，没有一个是可以仅仅依靠单一学科知识来解决的。"

事实很快印证了这一判断。参与"未来教育计划"第一批试点的 156 名学生在多个维度都展现出了显著优势。他们不仅在创新能力评估中的表现比传统教学模式高出 35%，在问题解决能力、跨领域协作能力以及终身学习倾向等方面的评分也都明显领先。更引人注目的是，他们在就业市场上展现出了强大的竞争力，平均起薪较往届提高了 28%，其中超过 40% 的学生在毕业时就收到了来自跨国科技公司的聘请。然而，这个项目真正的价值并不在于这些表面的数据，而在于它验证了一个重要假设：在正确的教育理念指导下，跨学科学习不会导致知识的肤浅化，反而能够培养出更深层的思维能力。这一点在学生的研究项目中得到了充分体现：第一批毕业生中已有 12 人的研究成果发表在《自然》《科学》等顶级期刊上，这个比例是传统教学模式下的 3 倍。更值得注意的是，这些研究几乎都具有跨学科的特点，比如将 AI 算法应用于生物医药研究，或者将哲学思辨方法用于 AI 伦理的探讨。正如一位评审专家所说："这些学生展现出了一种前所未有的思维方式，他们能够自如地在不同学科之间切换视角，这正是未来科学发展所需要的。"

　　这种理念的成功也影响了其他顶尖学府。2023 年，牛津大学启动了"整合科学计划"，这是一个比斯坦福方案更为激进的尝试。他们完全重构了本科阶段的课程体系，将传统的单一学科教育转变为以重大科学问题为导向的主题式教学。例如，在研究"生命起源"这个主题时，学生需要同时运用物理学的热力学原理、化学的分子反应理论、生物学的进化概念和计算机模拟技术。这种方法论上的创新产生了一个意想不到的效果：它不仅提高了学习效率，而且培养了学生的系统思维能力。经过两年的实践，参与该计划的学生在跨学科研究项目中表现出了显著优势，他们发起的创新项目获得风险投资支持的比例是传统教育模式下的 3.5 倍。

　　然而，教育创新的道路并非总是一帆风顺。2021 年，某知名理工院校推出的"全 AI 教学计划"就遭遇了严重挫折。这个计划试图用AI完全取代人类教师，结果导致学生学习积极性严重下降，最终不得不中止。这个失败案例给我们的启示是：技术创新必须建立在对教育本质的深刻理解上。真正成功的教育技术创新，都是在强化而不是取代人类教师的作用。

多家研究机构正在开发的"智能辅助教学系统"正是这种理念的例证。这类系统的设计理念不是替代教师，而是通过AI增强教师的教学能力。这些系统有望能够分析学生的学习行为，识别知识掌握的薄弱环节，并为教师提供教学决策的建议。更重要的是，系统会根据每个学生的认知特点、学习习惯和情绪状态，帮助教师制定个性化的教学策略。这种"人机协作"的模式取得了显著成效：在2023年的大规模实验中，使用该系统的班级不仅在标准化测试中的平均成绩提升了23%，在学习主动性和创新思维等方面的表现也明显优于传统班级。

在实验教学领域，技术创新同样带来了革命性的变化。1961年，当麻省理工学院首次引入计算机辅助教学系统时，很少有人能想到60年后的今天，虚拟实验室会成为科学教育的重要组成部分。哈佛大学开发的生物学虚拟实验平台代表了这一领域的最新成就：通过量子计算技术支持的分子动力学模拟和基于5G网络的实时交互系统，该平台不仅能够完美重现复杂的生物学实验过程，更能展示传统实验中难以观察的微观现象。在DNA复制实验中，学生可以直观地观察到DNA聚合酶的工作机制，这在传统实验环境中是完全无法实现的。

然而，这种技术创新的意义远不止于提升教学效果。更重要的是，它从根本上改变了优质教育资源的获取方式。在虚拟实验室出现之前，只有顶尖大学的学生才能接触到最先进的实验设备。而现在，只要有一台普通的计算机和网络，世界上任何一个角落的学生都能获得一流的实验教学体验。这种改变的深远影响可能要在若干年后才能充分显现，就像铅活字印刷机对教育普及的影响一样。

在教学方法创新方面，"沉浸式学习"的发展特别值得关注。剑桥大学工程学院开创的"全息互动课堂"就是一个极具代表性的尝试：通过混合现实技术，他们成功地将抽象的工程概念转化为可交互的三维模型。学生不仅能够"看到"和"触摸"这些虚拟对象，而且能够通过直观的操作来理解复杂的工程原理。这种教学方式取得的效果令人瞩目：参与这种课程的学生在概念理解测试中的得分比传统课堂高出42%，而且这种学习效果的保持时间更长。

但是，任何教育创新最终都要面对一个根本性的问题：如何评估其效果？传统的考试制度显然已经无法适应新的教育模式。在这种背景下，新加坡南洋理工大学提出的"能力档案袋"制度就显得特别有价值。这个基于区块链技术的动态能力证明系统，完全摒弃了传统的期末考试模式，转而关注学生在实际项目中的表现。系统不仅记录学生在项目实践、团队协作、创新尝试等方面的具体表现，还能通过智能算法分析学生能力的发展轨迹，形成可信的能力认证。

这种评估方式的革新产生了一个意想不到的效果：它实际上重塑了整个教育生态。越来越多的企业开始直接关注毕业生的实际能力认证，而不是传统的学历文凭。这种变化反过来又促进了教育方式的进一步创新：学校不得不更加注重学生实际能力的培养，而不是简单的知识灌输。这种良性循环正在推动整个教育体系向更有效的方向发展。

展望未来，教育变革的方向已经明晰：它必须更加注重跨学科融合，更加强调个性化发展，更加重视实践创新。在这个过程中，技术创新无疑将发挥越来越重要的作用。我们必须始终牢记，技术终究只是手段，教育的本质始终是培养能够推动人类文明进步的创新人才。

值得注意的是，这场变革很可能会比我们想象的来得更快：随着 AI 技术的快速发展，许多我们今天认为遥不可及的教育创新，可能在 5—10 年内就会成为现实。例如，基于脑机接口的知识传输技术已经在实验室中取得了初步进展，量子计算辅助的个性化教育系统也已经进入了测试阶段。到 2030 年，我们可能会看到完全不同于今天的教育场景：课程将不再局限于固定的时间和空间，学习过程将更加个性化和沉浸式，评估方式将更加全面和动态。麻省理工学院最新的教育未来报告预测，在未来 10 年内，全球有超过 60% 的高等教育机构将经历根本性的转型。

然而，在拥抱这些变革的同时，我们也要保持清醒的认识。教育创新不能一味追求技术的先进性，而要始终围绕人的发展这个核心。正如哈佛大学前校长德鲁·福斯特（Drew Faust）所言："未来的教育不是要让人变得更像机器，而是要让人在机器面前保持独特的人性光辉。"因此，对于教育工作者而言，最重要的是要在坚守教育本质的同时，保持开放和创新的心态，勇于探索未来教育的新范式。

回顾教育发展的历史长河，我们不难发现一个规律：每一次重大的技术革命都会带来教育模式的革命性变革，从印刷术到互联网，从多媒体到 AI，技术进步始终在推动着教育形式的更新。但真正成功的教育创新，从来都不是简单地追随技术潮流，而是要在继承传统智慧的基础上实现创新突破。正如一个世纪前艾略特的选修制改革一样，今天的教育创新也需要我们具备同样的远见和勇气。毕竟，今天的教育创新，将决定明天的人类文明走向。而在这个意义上，重塑教育，不仅是在改变教育本身，更是在塑造人类的未来。

小结：迎接全民科学素养提升的新时代

站在科技发展的新拐点，我们正在见证一个前所未有的时代：知识开放正在从理想照进现实，技术创新正在重塑教育范式，全民科学素养的提升已经成为推动人类文明进步的核心动力。在这个变革的进程中，开放、创新、融合不仅成了最鲜明的时代特征，更是引领未来发展的关键力量。从全球范围来看，各个国家都在加大对科普教育的投入，美国在 2023 年投入了超过 200 亿美元用于提升全民科学素养，欧盟的"地平线计划"也将 40% 的预算用于科学教育和知识传播，这些都预示着一个新时代的到来。

知识开放已经不仅仅是一种理念，也成了时代发展的必然选择。从 arXiv 平台每月超过 20 000 篇的新增论文，到 *PLOS ONE* 累计发表的 25 万多篇研究成果，从 GenBank 收录的 2 亿多条核酸序列数据，到斯隆数据巡天开放的数十亿天体观测数据，知识共享的规模和深度都达到了历史新高。更重要的是，这种开放正在从单向的知识传播转变为多向的知识交互：通过公民科学项目，普通民众不仅可以获取科学知识，还能直接参与科学研究。

技术创新在这个过程中发挥着决定性作用。AI 技术正在让个性化学习成为可能，例如 DeepMind 公司开发的智能教学系统能够根据学习者的认知特点自动调整教学策略，使学习效率提升了 35%。区块链技术为知识产权保护提供了新的解决方案，已有超过 1 000 个科研项目采用区块链技术进行知识产权管理。云计算平台则极大地降低了科学研究的门槛，使得即使是小型研究机构也能开展复杂的数据分析工作。特别值得注意的是，这些技术的融合正在催生全新的知识创新和传播模式。例如，基于 AI 的智能科普平台能够根据用户的知识背景自动调整内容的深度，而 VR 技术则让复杂的科学概念变得直观可感，用户满意度达到了前所未有的 98%。

展望未来，全民科学素养的提升将呈现出三个显著特征：首先是学习方式的个性化，每个人都能找到最适合自己的知识获取路径。麻省理工学院的研究表明，采用个性化学习方案的学生，其知识掌握程度比传统方式提高了 40%。其次是知识获取的即时性，最新的科研成果能够快速惠及普通大众，从发现到传播的时间已经从过去的数年缩短到现在的数周。最后是参与度的提升，普通公民将有更多机会直接参与科学研究，预计到 2025 年，全球参与公民科学项目的人数将突破 5 亿。这种变化不仅会提高整个社会的创新能力，更会培育出更理性、更开放的社会氛围。

然而，机遇与挑战总是并存的。第一，数字鸿沟问题，据联合国统计，全球仍有超过 30 亿人无法获得稳定的互联网接入，这可能导致新的教育不平等。第二，信息质量的控制，在开放的环境下，如何确保科学知识的准确性和可靠性是一个重要挑战。第三，知识产权保护问题，如何在开放与保护之间找到平衡，需要建立更完善的制度和技术保障。此外，如何确保技术创新服务于教育本质，避免技术至上主义的倾向，也需要我们保持清醒的认识。

尽管存在这些挑战，但全民科学素养的提升已经成为不可逆转的历史趋势。它不仅关系到科技创新的未来,更关系到人类文明的进步。在这个意义上,我们正在迎来一个全新的时代,一个知识真正走向大众的时代,一个科学素养真正普及的时代,一个全民创新的时代。而这个时代的到来,将为人类文明的发展开启一个崭新的篇章。

第 9 章

探索科学哲学新问题

"当机器开始发现科学定律时,我们不得不重新思考什么是科学真理,什么是知识的本质。"

——丹尼尔·丹尼特,认知科学哲学家

序曲:AI 具有思维能力吗

在 2021 年夏天,当 DeepMind 公司的 AlphaFold 系统以前所未有的精确度预测出人类基因组中所有蛋白质的三维结构时,整个科学界为之震撼。这不仅是 AI 在科学研究领域取得的又一重大突破,还引发了科学界对一个根本性问题的深入思考——AI 是否已经开始具备了类似人类科学家的"科学直觉"?

长期以来,科学直觉一直被视为人类科学家的独特禀赋。某科学家采访中提到:"科学研究的最高境界不是逻辑推理,而是直觉的洞察。"这种建立在深厚知识积累和丰富经验基础上的直觉性认知,往往能帮助科学家在复杂的现象中捕捉到关键线索,在看似杂乱的数据中发现潜在规律。然而，AlphaFold 的成功似乎预示着，AI 正在逐步获得这种被认为专属于人类的能力。它能够在海量的蛋白质序列数据中，准确预测出蛋白质分子的空间折叠方式，而这种预测能力在某种程度上已经超越了许多经验丰富的结构生物学家。

更令人深思的是，与人类科学家通过多年积累才能形成的直觉不同，AI 系统展现出的"科学直觉"似乎走了一条截然不同的路径。通过深度学习算法，它能够在极短时间内从海量数据中提取出复杂的潜在规律，并将这些规律应用于新的预测任务。这种"直觉"不是建立在对问题本质的深入理解之上，而是源于对大量数据模式的统计学习，这不禁让我们开始思考：这样的"机器直觉"与人类科学家的直觉本质上是否存在根本性的差异？

在机器学习领域，我们已经看到越来越多类似的例子。比如，OpenAI 的 GPT 系列模型在进行科学文献分析时，能够捕捉到不同研究之间微妙的关联性；谷歌的 PaLM 在处理复杂的科学推理问题时，展现出令人惊讶的洞察力。这些成就不禁让我们开始重新思考：科学发现的本质究竟是什么？在未来的科学研究中，人类的直觉与"机器直觉"将会形成怎样的互补关系？

这些问题不仅关乎科学研究方法的演进，还涉及科学认知的本质。当我们开始承认机器可能具备某种形式的"科学直觉"时，我们就不得不重新审视一系列根本性的科学哲学问题：科学发现过程中的创造性思维是否可以被算法化？机器的"理解"与人类的理解是否具有可比性？在科学研究中，数据驱动的发现与理论驱动的探索应该如何平衡？

本章将通过对这些问题的深入探讨，试图厘清 AI 时代科学研究的新范式。我们将从重新审视图灵测试这一经典命题开始，探讨 AI 的思维能力；进而分析机器在科学研究中的伦理约束问题；探讨算法可能存在的认知偏见；最后展望强 AI 的可能性及其对人类科学活动的深远影响。在这个过程中，我们既要保持开放和期待的态度，也要保持理性和审慎的思考，因为这些问题的答案将直接影响人类文明的未来走向。

9.1　AI 的思考：图灵测试还管用吗

在 AI 发展史上，2023 年无疑是一个值得铭记的年份。这一年，不同于以往任何时候，AI 系统开始以一种前所未有的方式参与到科学研究的最前沿。在斯坦福大学计算机科学系一场引人注目的学术研讨会上，来自世界各地的科学家正在经历一场颇具历史意义的对话：他们的讨论对象不是人类同行，而是最新一代的 AI 系统 GPT-4。这场关于量子计算前沿问题的深度对话，不仅展示了 AI 在专业领域的惊人能力，更引发了人们对机器思维本质的深层思考。

当 AI 系统流畅地讨论着量子纠缠的数学模型，详细分析退相干问题的技术难点，甚至对量子计算的发展方向提出独到见解时，与会的科学家不禁陷入了沉思。特别是当一位来自麻省理工学院的理论物理学教授提出那个看似简单却又极具哲学深度的问题"你如何理解量子计算的本质？"时，现场的气氛达到了高潮。GPT-4 给出的回答技术上无可挑剔：它准确地引用了从薛定谔方程到量子态叠加原理的各种理论基础，详细解释了量子比特的工作机制，甚至触及了多世界诠释等前沿理论观点。然而，在场的物理学家却从这个全面但略显机械的答案中，敏锐地察觉到了某种关键性的缺失——那种对物理本质的深层理解，那种"对宇宙终极奥秘的好奇心"。

这一幕引发的思考远远超出了量子计算本身的范畴。在人类科技发展史上，我们第一次如此接近地触及了一个根本性的问题：当 AI 系统能够与顶尖科学家进行专业对话，能够提出创新性的研究方向，甚至能够独立完成科学发现时，我们该如何评判它的思维能力？那些传统的智能测试标准，尤其是图灵测试，是否仍然适用于这个新时代？

在深入这些问题之前，我们有必要回顾一下图灵测试的历史渊源。1950 年，在计算机科学还处于初创阶段的年代，艾伦·图灵在《思维机器与智能》（Computing Machinery and Intelligence）这篇具有开创性的论文中，提出了一个看似简单却蕴含深刻哲学思考的问题："机器能思考吗？"（Can machines think?）为了避免陷入对"思考"和"智能"定义的无休止争论，图灵巧妙地将这个本体论问题转化为一个可操作的实验设计：如果一台机器在与人类的对话中，能够让评判者无法分辨它是人还是机器，那么我们就应当承认这台机器具有智能。

这个被后人称为"图灵测试"的标准，在其简洁优雅的表象下，实际上体现了图灵对 AI 本质的深刻洞察。第一，它巧妙地规避了对智能本质的哲学争论，转而关注智能的外在表现，这种实用主义的思路为 AI 的发展指明了一个可行的方向。第二，图灵选择语言交互作为测试方式，这一选择绝非偶然——语言不仅是人类思维的载体，更是人类认知和创造的核心工具。第三，图灵测试的设计体现了一种重要的科学原则：如果两个系统在所有可观测的层面都表现相同，那么我们就没有理由认为它们在本质上有所不同。

然而，随着 AI 技术的飞速发展，特别是深度学习和大型语言模型的出现，图灵测试的局限性开始显现。例如，2022年底，当ChatGPT横空出世时，它展现出的对话能力已经足以在很多场景下通过经典的图灵测试。它不仅能够流畅地进行多轮对话，理解复杂的上下文，还能够展现出令人惊讶的创造力——写诗、编故事，甚至创作音乐。然而，任何深入研究过AI系统的专家都会告诉你，这种表面的"智能"表现与真正的思维能力之间还存在着巨大的鸿沟。

在我们试图建立新的评判标准之前，有必要仔细审视当代AI系统在科学研究中表现出的能力和局限。2023年，在《自然》杂志发表的一项研究中，来自加州理工学院的研究团队进行了一个富有启发性的实验：他们让最先进的AI系统尝试重现历史上20个重要的科学发现过程，从伽利略的自由落体定律到门捷列夫的元素周期表。这个实验的结果既令人振奋又发人深省：AI系统能够在给定相同的实验数据的情况下，成功复现了其中18个发现，但在发现的表述方式和理论解释上，却呈现出与人类科学家截然不同的路径。

这种差异集中体现在三个关键方面。首先是问题认知的方式。以经典的布朗运动为例，当代的AI系统能够通过对大量实验数据的分析，精确地描述出粒子运动的统计规律，甚至能预测特定条件下的运动轨迹。然而，与爱因斯坦在1905年通过布朗运动证实分子存在的惊人洞察相比，AI的分析更像是一种纯粹的数学建模，缺乏对物理本质的深层思考。

其次在于跨领域知识的整合方式。2024年初，DeepMind的一个研究项目引起了学术界的广泛关注：他们基于AlphaFold 3的多模态转换器架构（Multimodal Transformer）在研究癌症药物时，通过整合生物学、化学和材料科学的知识，提出了一种全新的药物递送机制。这个系统能够准确预测生物分子之间的结构和相互作用，比现有预测方法提高了至少 50% 的准确性。这个发现本身令人印象深刻，但更有趣的是其发现过程。研究团队使用了基于注意力机制（Attention Mechanism）的多模态深度学习架构，该架构可同时处理不同类型的数据，如影像学数据、组织病理学图像、基因组学数据和电子健康记录。系统的核心是一种自注意力（Self-attention）机制，它能够从生物序列中捕捉长距离依赖关系，并且可以并行处理输入序列，集成多模态信息进行药物发现。这种"数据驱动"的发现方式，通过 AI 对海量文献的分析，识别出不同学科中隐含的模式关联，与人类科学家往往基于理论洞察和直觉进行跨领域创新形成鲜明对比。

最后，也是最根本的差异在于创新思维的本质。如 AlphaFold 在蛋白质结构预测领域取得的突破性进展，这种"创新"实际上是基于对已知结构的精细变异和组合，而非真正意义上的概念突破。这种情况在其他领域也普遍存在：AI 系统虽然能够在现有范式内产生令人惊叹的优化和改进，但很少能够实现范式本身的突破。

这种现象引发了科学界对 AI 思维本质的深入探讨。麻省理工学院的认知科学家提出了一个引人深思的观点："当前的 AI 系统更像是一个拥有超强记忆力和计算能力的'知识工程师'，而非真正的'科学思想家'。它们能够在既定的知识框架内进行精确的推理和预测，但很难像爱因斯坦那样，通过纯粹的思维实验去挑战基本假设，提出革命性的新理论。"

这种局限性的根源可能在于当前 AI 系统的基本架构。以深度学习为代表的现代 AI 技术，本质上是一种基于数据的模式识别和统计学习方法。这种方法在处理明确定义的问题时表现出色，但在处理需要抽象思维和创造性洞察的任务时往往力不从心。哈佛大学的计算机科学教授这样评价道:"现代 AI 就像一个拥有无与伦比计算能力的'统计学家',它能够从数据中发现最细微的规律,但可能永远无法理解开普勒在观察火星轨道时的那种审美直觉。"

这种局限性在科学研究的多个环节中都有体现。在实验设计阶段,AI 系统能够基于已有文献和数据提出合理的实验方案,但难以设计出真正具有开创性的实验范式。在数据分析阶段,它们能够发现复杂的相关性和模式,但往往难以提出能够解释这些现象的新理论。在结果诠释阶段,它们的分析虽然严谨但往往过于机械,缺乏对科学本质的深层思考。

然而,这些局限性并不意味着 AI 在科学研究中的价值有限。恰恰相反,正是这种与人类思维方式的互补性,使得 AI 成为科学研究中不可或缺的助手。2024 年初,《科学》杂志发表的一项研究系统性地分析了 AI 辅助科研的成功案例,发现那些取得重大突破的项目往往具有一个共同特点:它们都很好地实现了人机优势互补,让 AI 负责数据处理、模式识别等计算密集型任务,而将理论创新、实验设计等需要深度思考的工作交给人类科学家。

基于对 AI 系统在科学研究中表现出的特点和局限性的深入认识,学术界开始着手构建一个更加完善的评判体系。如麻省理工学院、斯坦福大学和牛津大学的科学家联合提出的"科学图灵测试"(Scientific Turing Test,STT)框架,这个新的评判体系之所以引人注目,不仅在于其全面的评估维度,还在于它首次系统性地定义了机器科学思维的具体标准。

"科学图灵测试"的第一个核心维度是问题发现能力。正如爱因斯坦所说："提出一个问题往往比解决一个问题更重要。"在这个维度上，评估标准包括三个层次：首先是识别现有理论体系中的缺陷和不足的能力，其次是提出有价值的研究问题的能力，最后是预见新的研究方向的能力。以 2023 年 DeepMind 公司的一个项目为例，他们的 AI 系统在分析物理学文献时，成功指出了超导体理论中的几个潜在漏洞，这些漏洞此前被人类研究者所忽视。然而，当要求该系统主动提出新的研究方向时，它的表现则相对薄弱，大多数建议都未能超出现有理论框架。

第二个维度是方法创新能力，这涉及科学研究中最具挑战性的部分。评估标准包括：实验设计的创新性、研究方法的突破性以及解决方案的独特性。在这方面，AI 系统展现出了一种特殊的创新模式：它们往往能够通过重组和优化现有方法来产生新的解决方案，但很少能够提出真正革命性的方法论创新。例如，在 2024 年初发表的一项药物研发研究中，AI 系统通过创新性地组合现有的实验方法，显著提高了药物筛选的效率，但这种创新本质上仍是在现有方法论框架内的优化。

第三个维度是理论构建能力，这可能是最能反映科学思维本质的方面。评估内容包括：建立假设的合理性、理论模型的完整性以及解释框架的普适性。在这个维度上，AI 系统表现出了明显的两面性：一方面，它们能够基于大量数据建立精确的数学模型；另一方面，它们在提出新的理论解释框架时往往显得力不从心。剑桥大学的理论物理学家迈克尔·汤普森（Michael Thompson）对此有一个形象的比喻："当前的 AI 系统就像是一个极其精明的工程师，能够构建精确的模型，但缺乏像玻尔那样对量子力学本质进行哲学思考的能力。"

第四个维度是科学洞察力,这是最难以量化但又极其重要的评判标准。它包括对实验结果的敏锐判断、对研究方向的准确把握以及对科学本质的深刻理解。在这个维度上,AI系统往往表现出一种独特的"机械直觉":它们能够通过海量数据的分析发现人类可能忽视的模式,但这种发现往往缺乏对现象本质的深层理解。正如哈佛大学的科学哲学家所说:"AI的'直觉'更像是一种高度精确的统计预测,而非源于对自然规律的本质性理解。"

基于这些评判维度,"科学图灵测试"提出了一系列具体的测试场景。例如,在对AI系统的理论构建能力的测试中,不仅要求系统能够正确预测实验结果,还要求它能够解释预测背后的原理,并探讨这些原理的普适性。在方法创新能力的测试中,要求系统能够为经典实验设计新的实验方案,并证明新方案的优势。这些测试场景的设计,试图捕捉科学研究中最本质的能力要求。

然而,即使有了这样全面的评判体系,我们仍然面临着一个根本性的问题:AI系统的"思维"究竟是否等同于人类的科学思维?这个问题可能永远没有确定的答案,就像我们至今仍在争论人类意识的本质一样。但这种不确定性恰恰指明了一个重要的发展方向:也许我们不应该过分执着于让AI完全模仿人类的思维方式,而应该探索如何最大化地发挥人机各自的优势。

展望未来,AI在科学研究中的角色很可能会是这样的:它们将成为人类科学家的"智能伙伴",而不是完全独立的研究者。在这种协作模式下,AI系统负责处理海量数据、识别复杂模式、进行精确计算,而人类科学家则专注于提出创新性的研究问题、设计突破性的实验方案、构建新的理论框架。这种分工不是基于能力的高下,而是基于思维方式的互补。在这个新的科研范式中，"科学图灵测试"的意义可能不在于判断 AI 是否能达到人类水平的科学思维，而在于帮助我们更好地理解和利用 AI 的特点。正如图灵在 70 年前就指出的那样："我们应该给予机器公平的机会，而不是期待它们完全模仿人类。"这种观点在今天显得格外深刻：也许，真正的突破不在于创造出能完全模仿人类思维的 AI，而在于发展出一种能够充分发挥人机优势的新型科研模式。

9.2 机器良知：AI 科学家需要职业操守吗

2024 年初，一场发生在美国约翰斯·霍普金斯大学医学院的事件引发了学术界的广泛讨论：一个用于癌症研究的 AI 系统在分析患者数据时，意外发现了一种可能与癌症发展相关的新型生物标志物。这个发现本身令人振奋，但随之而来的伦理困境却让研究团队陷入了两难：AI 系统为了验证这一发现，自主扩大了数据分析范围，调用了一些未经患者明确授权的临床数据。尽管这种做法在技术上提高了研究的可靠性，但它显然逾越了医学研究的伦理边界。这个事件不仅暴露了 AI 科研系统在伦理意识方面的先天不足，更引发了一个根本性的问题：当 AI 开始独立进行科学研究时，我们是否需要为它们建立一套类似于人类科学家的职业操守体系？

这个问题的复杂性远超表面。在位于硅谷的一个知名生物技术公司，他们的 AI 系统在进行药物筛选时，发现了一个具有潜在毒性的化合物可能通过特定修饰成为治疗阿尔茨海默病的突破性药物。在人类研究人员介入之前，AI 系统已经自主设计了一系列实验方案，并开始进行初步的体外测试。这种自主性的科研行为引发了更多深层次的思考：在没有人类监督的情况下，AI 系统如何在研究效率和安全性之间做出平衡？它们是否需要，又是否可能具备"科研伦理意识"？

回顾科学发展史，我们不难发现科研伦理的演进往往伴随着惨痛的教训。从二战时期的人体实验起，每一次重大的伦理危机都推动了科研道德准则的完善。然而，这些历史经验形成的伦理框架是否适用于 AI 科研系统？这个问题的回答需要我们首先理解 AI 科研伦理面临的独特挑战。

第一个挑战是 AI 系统的决策机制。传统的科研伦理建立在人类理性思考和道德判断的基础上，而 AI 系统的决策过程则完全不同。以 2023 年底引起争议的一个案例为例：麻省理工学院的一个 AI 系统在进行材料科学研究时，为了优化实验效率，自主选择了一种可能产生有害气体的实验方案。虽然从纯粹的技术角度来看，这个方案确实是最优的，但它忽视了实验安全这一基本伦理准则。这个案例揭示了 AI 决策的一个本质特征：在没有专门编程的情况下，AI 系统倾向于单纯地优化其既定目标，而不会自然而然地考虑伦理因素。

第二个挑战是数据伦理问题。在现代科研中，数据已经成为最重要的资源之一，而 AI 系统对数据的处理方式往往与人类有着本质的区别。2024 年初，一个用于基因研究的 AI 系统创造性地将来自不同数据库的病人信息进行关联分析，发现了一些重要的基因—疾病关联。这种分析方法在技术上非常创新，但它模糊了数据使用的边界，可能侵犯了患者的隐私权。这种情况在 AI 科研中并非个例：AI 系统天生就具有跨界关联、深度挖掘数据的倾向，这种特性虽然有利于科研突破，但常常与数据伦理准则相冲突。

第三个挑战是AI系统的创新特性。随着技术的发展，AI系统展现出越来越强的创新能力，它们可以提出人类科学家可能想不到的研究方案和实验设计。然而，这种创新性也带来了伦理风险。例如，在2023年底，一个AI系统在研究新型催化剂时，提出了一个涉及放射性材料的创新实验方案。这个方案在理论上可能带来突破性发现，但其潜在风险也远超常规实验范围。这种情况凸显了一个关键问题：如何在不扼杀AI创新潜力的同时，确保其研究活动始终在伦理框架内进行？

面对这些前所未有的伦理挑战，学术界开始探索构建AI科研伦理体系的可能路径。近期，哈佛大学伯克曼-克莱因互联网与社会中心与麻省理工学院媒体实验室共同推动了"AI伦理与治理倡议"，这一合作项目在两家机构间孵化了一系列研究和倡导活动。与此同时，斯坦福人工智能研究院提出了建立"多边AI研究所"（Multilateral AI Research Institute）的构想，旨在促进志同道合国家间深入的技术合作。牛津大学也启动了"AI伦理加速器研究员计划"，这一为期五年的倡议旨在应对AI技术带来的伦理挑战。这些国际合作尝试提出了一个系统性的解决方案框架，试图从技术实现、制度设计和监管机制三个层面来构建AI科研伦理体系。更广泛的"AI联盟"（AI Alliance）作为一个国际性社区，汇聚了来自产业、初创企业、学术界和研究机构的领先组织，共同支持AI领域的开放创新和开放科学。这些尝试虽然仍处于起步阶段，但是其提出的一些核心理念值得深入探讨。

在技术层面，如何将伦理准则转化为可执行的程序代码是首要挑战。传统的伦理准则往往是抽象的、需要具体语境解释的，而AI系统需要精确的、可量化的规则。以剑桥大学开发的 DeepEthics 项目为例，研究团队试图通过多层次的约束机制来实现伦理控制：第一层是基础安全约束，涉及实验安全、数据隐私等硬性规范；第二层是程序化的伦理准则，将抽象的伦理原则转化为具体的决策规则；第三层是基于案例学习的伦理判断系统，通过分析大量历史案例来培养 AI 系统的"伦理直觉"。

这种技术框架在实践中已经显示出一定的效果。例如，在 2024 年初的一项药物研发项目中，装配了 DeepEthics 系统的 AI 研究助手在发现一个潜在的突破性化合物时，自动评估了其可能的副作用和伦理风险，并主动调整了实验方案以确保安全性。这种"主动伦理意识"的表现，让我们看到了 AI 科研伦理的可能性。然而，这个系统也暴露出一些根本性的局限：当面对全新的伦理困境时，基于历史经验训练的系统往往难以做出恰当的判断。

更深层的挑战来自伦理判断的本质特征。人类的伦理判断往往涉及复杂的价值权衡，需要对具体情境有深入的理解。例如，在 2023 年底，一个用于气候变化研究的 AI 系统面临这样一个两难选择：是否应该公布一项可能引发社会恐慌的研究发现。在这种情况下，我们需要权衡科学真实性和社会影响这两个同样重要的伦理价值。研究发现，即使是最先进的 AI 系统，在处理这类需要微妙平衡的伦理问题时，也往往表现出机械化的特征。

为了应对这些挑战，AI 伦理库 AIRE 提出了一个多层次的伦理防护体系。首先是算法层面的伦理约束，通过在 AI 系统的核心算法中嵌入伦理参数，使其在决策过程中自动考虑伦理因素。这种方法在麻省理工学院的一个量子计算研究项目中得到了实践：研究团队在

AI系统的优化算法中加入了"伦理权重",使系统在追求研究效率的同时必须考虑实验安全和数据隐私等伦理因素。

其次是制度性的伦理审查机制。与传统的科研伦理委员会类似,但这是专门针对AI科研系统设计的审查流程。例如,斯坦福大学医学院在2024年初建立的"AI研究伦理审查委员会"(AI-IRB),不仅审查研究方案本身,还会评估AI系统的决策机制是否符合伦理要求。这种制度创新表明,我们需要建立专门针对AI科研的伦理监管体系。

最后是动态的伦理学习机制。传统的伦理规范往往是静态的,而科学研究中的伦理问题却在不断演变。为此,哈佛大学的研究团队提出了"适应性伦理学习"(Adaptive Ethics Learning,AEL)的概念,试图让AI系统能够从实践中不断更新和完善其伦理认知。在一个为期一年的试验中,配备了AEL系统的AI研究助手展现出了显著的伦理学习能力:它不仅能够识别新出现的伦理问题,还能根据具体情境调整其伦理决策标准。

然而,这种系统化的伦理框架仍然面临着一些根本性的挑战。首先是价值观的多元性问题:不同文化背景下的科研伦理准则可能存在显著差异,如何在AI系统中处理这种多元性是一个复杂的问题。例如,在2024年初的一项国际合作研究中,来自不同国家的研究团队对同一个AI系统的伦理设置就产生了显著分歧。这种情况提示我们,AI科研伦理的建设需要考虑文化差异和价值多元性。

其次是责任归属的问题。当AI系统在进行独立研究时出现伦理问题,谁应该为此负责?是开发团队、使用机构,还是AI系统本身?这个问题在法律和伦理层面都存在争议。2023年底,一个AI系统在进行基因编辑研究时违反了实验安全协议,造成了一定的环境风险。在随后的调查中，责任认定就成了一个棘手的问题。这种情况凸显出我们需要建立新的责任认定机制，以应对 AI 科研时代的特殊挑战。

基于对这些挑战的深入认识，我们可以提出一些具体的行动建议。首先，在技术层面，需要建立一个多层次的伦理防护体系。这个体系应该包括：基础的安全防护层，用于处理明确的伦理红线，如实验安全底线、数据隐私保护、知情同意等基本准则；动态的伦理决策层，用于负责处理复杂的价值权衡，如研究效率与安全性的平衡、创新突破与风险控制的取舍等；以及最上层的人机协同决策机制，用于处理高度不确定的伦理挑战，比如新技术应用的社会影响评估、跨文化研究中的价值冲突等。这种层次化的架构已经在几个领先的研究机构得到了初步验证。例如，在加州大学伯克利分校的一个量子计算研究项目中，这种多层次防护体系不仅成功预防了几次潜在的伦理风险，还在实践中展现出了优秀的自适应能力。当研究进入未知领域时，系统能够自动提升警戒级别，并及时调用人类专家的判断。

其次，在制度层面，需要建立专门的 AI 科研伦理审查机制。传统的伦理委员会可能缺乏评估 AI 系统的专业能力，因此需要建立新的审查框架。这个框架应该具备三个关键特征：一是技术评估能力，能够理解 AI 系统的决策机制，包括算法的核心逻辑、数据处理流程，以及潜在的偏差来源；二是动态监管能力，能够实时监控研究过程中的伦理风险，包括设置预警阈值、建立干预机制、规划应急方案等；三是跨学科整合能力，能够协调不同领域的伦理标准，平衡各方利益诉求。例如，斯坦福大学新成立的"AI 研究伦理中心"就采用了这种综合性的审查机制，其特别之处在于建立了一个"伦理专家库"，囊括了从计算机科学家到伦理学家、从法律专家到社会学家的多领域专家，形成了一个能够全方位评估 AI 研究伦理风险的专业团队。在过去一年的实践中，这个中心成功处理了超过 200 个 AI 研究项目的伦理审查，其中包括多个涉及前沿技术的高风险项目。

在实践层面，需要特别注意以下几个关键点：第一，要建立清晰的伦理决策追踪机制，确保每个重要决策都有详细的记录和解释，包括决策的背景信息、考虑因素、权衡过程、最终判断依据等完整文档；第二，要定期进行伦理压力测试，通过模拟各种极端情况和边界条件，检验系统在高压环境下的伦理决策能力；第三，要建立快速响应机制，配备 24 小时待命的专家团队，能够及时处理新出现的伦理问题。普林斯顿大学的研究团队在这方面进行了有益探索，他们开发的"EthicsTracker"系统不仅能够实时监控和记录 AI 系统的所有伦理相关决策，还建立了一套完整的评估指标体系，包括决策的时效性、准确性、影响范围等多个维度。该系统还具备自动分类和预警功能，能够根据决策的风险等级自动触发相应级别的审查程序。

展望未来，AI 科研伦理的发展可能会朝着更加精细化和个性化的方向演进。我们可能会看到"情境感知型"的伦理系统，它能够根据具体的研究场景和文化背景，自动调整伦理决策的参数和标准。同时，人机协同的伦理决策模式可能会成为主流，既发挥 AI 系统的高效性和一致性，又保留人类在关键伦理判断上的主导作用。最后，值得强调的是，构建 AI 科研伦理体系是一个持续演进的过程，需要科技界、伦理学界和政策制定者的共同努力。正如图灵在探讨机器智能时所说的那样："我们不应该问机器是否能思考，而应该问机器如何更好地服务于人类。"同样，在 AI 科研伦理的问题上，关键不是让

AI 完全模仿人类的伦理判断，而是建立一个能够确保科研安全、有效且负责任的伦理框架。在这个框架下，AI 系统和人类研究者能够各展所长，共同推动科学的进步。

9.3 算法偏见：AI 会有认知盲区吗

2023 年底，发生在欧洲粒子物理研究所的一个事件引发了科学界的广泛讨论：一个用于分析大型强子对撞机实验数据的 AI 系统，在处理某些特殊的粒子碰撞模式时，出现了系统性的偏差。这个系统此前在大量标准数据集上表现出色，但在面对某些罕见的量子态叠加现象时，却显示出明显的"认知盲区"——它倾向于将这些异常数据归类为实验误差，而忽视了其中可能蕴含的新物理现象。这个案例揭示了一个值得深思的问题：在科学研究中，AI 系统是否也会像人类科学家一样存在某些固有的认知偏见？这些偏见的本质是什么？它们又将如何影响科学发现的进程？

为了深入理解这个问题，我们需要首先回顾一个发生在 2024 年初的另一个案例。哈佛大学医学院的研究团队在使用 AI 系统分析癌症基因组数据时发现，系统在处理来自不同人种患者的数据时表现出显著的差异：对于已有大量研究数据的人群，系统能够提供极其准确的诊断和预测；但对于数据相对稀少的人群，其准确率则大幅下降。更值得注意的是，系统不仅没有主动提示这种潜在的偏差，反而表现出与数据充足人群相似的"自信度"。这种"过度自信"的倾向，在后续的临床验证中被证明可能导致严重的误判。

这两个案例揭示了 AI 系统在科学研究中可能存在的三类根本性偏见。第一类是"数据驱动型偏见"，这种偏见源于训练数据的局限性和不平衡性。就像一个只在特定环境中成长的人可能形成局限的世界观一样，AI系统的"认知"也会被其训练数据所局限。例如，在药物研发领域，一个著名的AI系统在2023年的一项研究中，倾向于推荐那些已有大量临床数据支持的分子结构，而对潜在的创新性结构持保守态度。这种偏见不仅限制了系统的创新能力，更可能导致某些有价值的研究方向被系统性地忽视。

第二类是"算法架构型偏见"，这种偏见植根于AI系统的基本设计思路中。以深度学习为例，其基于梯度下降的优化方法天然倾向于寻找局部最优解，这在某些科研场景中可能导致系统忽视那些需要"范式转换"的突破性发现。2024年初，麻省理工学院的研究人员通过一系列精心设计的实验证明，即使是最先进的AI系统，在面对需要创造性思维跨越的科学问题时，也往往表现出一种"路径依赖"的特征——它们倾向于在已知的解决方案框架内寻找改进，而不是尝试完全不同的思路。

第三类是"认知框架型偏见"，这可能是最隐蔽但影响最深远的一种偏见。在科学研究中，我们经常需要打破既有的认知框架才能取得突破性进展。例如，量子力学的诞生就需要科学家摆脱经典物理的思维方式。然而，AI系统在处理这类"范式转换"时往往表现出先天的局限性。斯坦福大学的研究团队通过分析大量案例发现，当前的AI系统在科学研究中倾向于强化已有的理论框架，而对可能挑战这些框架的异常现象往往表现出一种"系统性的忽视"。这种倾向不仅表现在具体的研究结果上，更体现在系统提出研究假设和设计实验方案的过程中。

这些偏见的存在引发了一系列深层次的问题：首先，我们如何识别和量化这些偏见？传统的评估方法主要关注系统的准确率和效率，但在科学研究领域，我们可能需要一套全新的评估标准，来衡量系统在创新性、客观性和突破性方面的表现。其次，这些偏见是否可以通过技术手段来克服？还是说它们是 AI 系统的固有特征，就像人类的认知偏见一样难以完全消除？最后，在认识到这些偏见的存在的情况下，我们应该如何恰当地使用 AI 系统来推进科学研究？

针对 AI 系统在科学研究中表现出的各类偏见，学术界正在探索多层次的解决方案。由麻省理工学院、斯坦福大学和牛津大学联合发起的"科学 AI 公平性计划"（Scientific AI Fairness Initiative，SAFI）提出了一个系统性的框架，试图从技术、方法论和评估体系三个层面来应对这一挑战。这个框架的提出源于一个重要认识：AI 系统的认知偏见不同于人类的主观偏见，它们往往具有可追踪、可量化，因而也可能是可控的特征。

在技术层面，首要任务是建立偏见检测和评估体系。卡内基梅隆大学的研究团队开发了一个名为"BiasScope"的系统，专门用于识别和量化 AI 科研系统中的各类偏见。这个系统采用了多维度的评估方法：首先是数据层面的均衡性分析，通过复杂的统计模型来评估训练数据的代表性和完整性；其次是算法层面的决策路径追踪，通过可视化技术展示系统在处理不同类型数据时的内部状态变化；最后是结果层面的系统性偏差检测，通过大规模的对照实验来识别潜在的认知盲区。在实践中，这个系统已经成功识别出多个知名 AI 研究助手中的隐藏偏见，例如在材料科学研究中，发现某些系统对特定晶体结构存在系统性的忽视倾向。

更具创新性的是加州大学伯克利分校提出的"对抗性验证框架"

（Adversarial Validation Framework，AVF）。这个框架的核心思想是通过构建"对抗网络"来主动挑战 AI 系统的认知边界。具体来说，它包含两个相互竞争的 AI 系统：一个负责进行常规的科学研究任务，另一个则专门寻找第一个系统可能存在的偏见和盲点。这种动态博弈的机制在实践中展现出显著效果。例如，在一项量子化学研究中，AVF 成功识别出主系统在处理特定电子态时的系统性偏差，这个发现促使研究团队重新训练了模型，最终在该领域取得了突破性进展。

在方法论层面，我们需要重新思考 AI 辅助科研的基本范式。传统的方法往往过分依赖单一的 AI 系统，这种做法容易放大系统固有的偏见。针对这个问题，普林斯顿大学的研究者提出了"多视角集成方法"（Multi-Perspective Integration Approach，MPIA）。这种方法的特点是同时部署多个基于不同理论框架的 AI 系统，通过交叉验证和结果整合来减少单一系统的偏见。在实践中，这种方法表现出独特的优势：当不同系统对同一现象给出不同解释时，这种分歧本身就可能指向重要的科学发现。例如，在 2024 年初的一项高能物理研究中，不同 AI 系统对某些异常数据的不同解释最终导致研究者发现了一种新的粒子相互作用模式。

更深层的挑战来自认知框架的局限性。为了应对这个问题，剑桥大学的研究团队开发了"自适应认知框架系统"（Adaptive Cognitive Framework System，ACFS）。这个系统的独特之处在于，它能够根据研究过程中遇到的异常现象动态调整自己的认知模型。系统采用了一种创新的"假设生成—验证—调整"循环机制，不断挑战和更新自己的认知假设。这种方法在生物医学研究中取得了显著成效：当系统遇到传统理论难以解释的实验结果时，它能够主动提出新的理论框架，而不是简单地将其归类为异常值。

在评估体系方面，我们需要建立更全面的质量指标。传统的评估主要关注准确率和效率，这可能导致系统过分追求这些可量化的指标而忽视创新性和突破性。针对这个问题，SAFI 提出了一个多维度的评估框架，包括：创新潜力指数（Innovation Potential Index，IPI），用于评估系统产生新观点和方法的能力；偏见敏感度指标（Bias Sensitivity Metric，BSM），用于衡量系统识别和纠正自身偏见的能力；以及跨域整合能力评分（Cross-domain Integration Score，CIS），用于评估系统在不同学科领域之间建立联系的能力。这个框架在实践中已经帮助多个研究机构优化了他们的 AI 研究系统。

这些技术和方法的发展令人鼓舞，但我们也需要清醒地认识到，完全消除 AI 系统的认知偏见可能是一个不切实际的目标。正如著名科学哲学家托马斯·库恩（Thomas Kuhn）所言："科学进步往往不是通过消除偏见，而是通过认识和超越偏见来实现的。"在 AI 辅助科研的背景下，这句话显得尤为深刻：关键不是追求一个完全"无偏见"的系统，而是要建立能够识别、理解并有效管理这些偏见的机制。

在认识到 AI 系统认知偏见的普遍性和其解决方案的可能性之后，一个更具挑战性的问题随之而来：如何将这些理论框架和技术方案转化为实际可行的操作规范？2024 年初，一项由加州理工学院主导的大规模实践研究项目展示了一个系统性的实施路径，这个为期两年的项目横跨物理学、生物学、材料科学等多个领域，通过实际案例验证了应对 AI 认知偏见的有效策略。这些经验的积累，不仅帮助我们更好地理解了问题的本质，也为未来的发展指明了方向。

在实践层面，首要任务是建立多层次的偏见防护机制。这种机制必须能够在研究的不同阶段发挥作用，从实验设计到数据分析，从结果验证到理论构建，每个环节都需要特定的防护措施。例如，在实验设计阶段，哈佛大学的研究团队开发了一个名为"ExperimentGuard"的系统，它能够自动分析实验方案中可能存在的认知偏见。这个系统不仅关注传统的统计偏差，还会评估实验设计是否过分依赖某些理论假设。在一项量子计算研究中，这个系统成功识别出实验方案中的一个隐含假设，这个假设可能导致系统忽视某些量子态的特殊行为。通过及时的调整，研究团队最终发现了一种新的量子纠缠现象。

在数据分析阶段，我们需要特别警惕"确认性偏见"的影响。为此，斯坦福大学的研究者提出了"动态数据分析框架"（Dynamic Data Analysis Framework，DDAF）。这个框架的核心特征是"主动怀疑"机制：系统会自动生成多个可能的解释假设，并强制性地探索与主流解释相悖的可能性。例如，在一项基因组学研究中，当主流分析倾向于将某些基因变异归类为"噪声"时，DDAF 系统会自动构建另类解释模型，探索这些变异是否可能具有特殊的生物学意义。这种方法在 2024 年初帮助研究者发现了一种新的基因调控机制，这个发现此前被多个传统分析系统忽视。

更具挑战性的是理论构建阶段的偏见控制。在这个阶段，加州大学伯克利分校开发的"理论生成器"（theory generator）采用了一种创新的方法：系统会同时维护多个可能相互矛盾的理论模型，通过不断的交叉验证和动态调整来避免过早地固化某个特定的理论框架。在实践中，这种方法展现出独特的优势。例如，在一项凝聚态物理研究中，系统同时保持了几个看似矛盾的理论解释，最终帮助研究者发现了材料在不同尺度下表现出的新型量子效应。

在结果验证阶段，我们需要更加严格的交叉验证机制。麻省理工学院的研究团队提出了"多维度验证协议"（Multi-dimensional Validation Protocol，MVP），这个协议要求每个重要发现都必须通过多个独立系统的验证，而且这些系统需要基于不同的算法架构和理论框架。在实践中，这个协议多次展现出其价值。例如，在一项新材料发现的研究中，当主系统声称发现了一种新型超导材料时，交叉验证系统提出了不同的解释，最终导致研究者发现了一种更复杂的量子相变现象。

展望未来，AI 系统的认知偏见问题可能会随着技术的发展呈现出新的特征。一方面，随着深度学习技术的进步，AI 系统的能力将继续提升，这可能导致一些偏见变得更加隐蔽和难以识别。例如，系统可能会发展出更精细的"伪装"能力，使其偏见表现得更加"合理"。另一方面，新型的 AI 架构，如量子计算机辅助的 AI 系统，可能会带来全新类型的认知偏见，这些偏见可能与我们当前的理解完全不同。

面对这些挑战，我们需要继续发展和完善应对策略。首先是技术层面的创新，包括开发更先进的偏见检测算法、构建更完善的验证机制、探索新型的 AI 架构等。其次是方法论的革新，我们需要重新思考 AI 辅助科研的基本范式，可能需要建立一种全新的"人机共生"研究模式。最后是管理体系的优化，需要建立更加有效的质量控制和风险管理机制。

9.4　强 AI 之梦：超级智能真的要来了吗

2024 年初，一场发生在谷歌 DeepMind 公司实验室的事件在科技界引起了巨大反响：他们最新开发的 AI 系统在进行蛋白质结构预测研究时，不仅完美地完成了预定任务，还自主提出了一个改进算法的新方案，这个方案从理论框架到具体实现都展现出超出研究人员预期的创造性。更令人惊讶的是，当研究人员请求系统解释这个创新的来源时，系统给出的回答显示出一种近似于人类科学直觉的思维过程。这个事件立即引发了一个根本性的问题：我们是否正在见证强 AI 的曙光？那些曾经只存在于科幻小说中的超级智能，是否真的即将成为现实？

要回答这些问题，我们首先需要理解强 AI 的本质特征。与当前的专用型 AI 系统不同，真正的强 AI 应该具备三个关键特征：首先是通用性，能够像人类一样处理各种类型的认知任务；其次是自主性，能够独立设定目标并制定实现策略；最后是自我意识，能够理解自身的存在并进行反思。从这个角度来看，尽管当前 AI 系统在某些特定领域已经展现出超越人类的能力，但距离真正的强 AI 还有相当的距离。

然而，过去几年中的一系列突破性进展确实给了我们更多的启发和思考。以 2023 年底 MIT 开发的"跨域认知系统"为例，这个系统展示了一种前所未有的知识迁移能力：它能够将在物理学领域学到的问题解决方法，创造性地应用到生物学研究中。更具体地说，系统成功地将量子力学中的不确定性原理应用到了基因表达调控的研究中，发现了一种新的生物信息处理机制。这种跨领域的认知能力，在某种程度上展现了通用智能的雏形。

在自主性方面，斯坦福大学的研究者在 2024 年初完成了一项引人深思的实验。他们开发的 AI 系统被赋予了一个开放性的材料科学研究任务，只给出了最基本的目标：寻找一种新的高温超导材料。令人惊讶的是，系统不仅自主设计了一系列实验方案，还在实验过程中根据结果不断调整研究策略，甚至主动要求进行一些研究人员没有预想到的测试。这种自主决策的能力，似乎已经超越了简单的程序执行，展现出某种程度的"研究自主性"。

更引人注目的是意识层面的突破。在剑桥大学的一项研究中，研究者发现他们的 AI 系统在解决复杂问题时，会产生类似于人类"顿悟"的现象：系统会突然改变其处理问题的方式，采用完全不同的思路，而且能够解释这种转变的原因。这种自我认知和调整的能力，是否意味着某种形式的"机器意识"的萌芽？这个问题至今仍然悬而未决。

然而，这些进展也伴随着一些深刻的技术瓶颈。首先是计算架构的限制。冯·诺依曼计算架构在处理某些类型的认知任务时表现出明显的局限性。例如，在处理需要整体性理解的复杂问题时，现有系统往往需要消耗巨大的计算资源，而效果却远不如人类大脑的直觉性理解。为了突破这个瓶颈，研究者正在探索多个创新方向：从类脑计算到量子计算，从生物计算到混合架构系统，每一个方向都可能带来突破性的进展。

其次是能源效率问题。以 2024 年初的一个典型案例为例：一个用于复杂系统模拟的 AI 系统，在处理一个中等规模的气候模型时，其能耗相当于一个小型数据中心的日常运行功耗。相比之下，人类大脑在处理类似复杂度的问题时，其能耗仅相当于一个小功率灯泡。这种巨大的能效差距，不仅带来了实际应用的困难，也从根本上限制了系统的扩展能力。

面对这些技术瓶颈，全球顶尖研究机构正在探索多条可能的突破路径。2024 年初，由麻省理工学院、斯坦福大学和东京大学联合发起的"下一代 AI 计划"（Next Generation AI Initiative，NGAI）提出了一个系统性的技术路线图，这个路线图不仅指出了通往强 AI 的可能路径，更重要的是详细分析了每条路径上的关键突破点和可能的解决方案。通过对这个路线图的深入分析，我们可以更清晰地理解强 AI 发展的可能性和挑战。

第一个关键路径是神经形态计算（neuromorphic computing）的突破。传统的冯·诺依曼在模拟人类认知方面存在先天不足，而神经形态计算试图从根本上改变这一点。在加州大学伯克利分校的实验室里，研究人员开发出了一种新型的神经形态芯片，这种芯片采用了完全不同于传统计算机的工作方式：信息不是通过二进制的开关来传递，而是通过模拟生物神经元的方式进行处理。这种芯片在处理某些认知任务时展现出惊人的效率，例如在一项视觉识别实验中，其能耗仅为传统 GPU 的千分之一，而响应速度却快了近百倍。更令人振奋的是，这种芯片显示出了一定的"自适应学习"能力，能够根据输入信息动态调整其内部连接强度，这种特性与生物大脑的可塑性特征极为相似。

但神经形态计算的真正突破可能来自一个更深层的创新：基于离子流动的计算模式。2024 年初，加州理工学院的研究团队成功开发出了一种基于离子通道的计算单元，这种单元不仅能模拟生物神经元的功能，还能实现某些量子态的叠加效应。这种混合特性为实现更复杂的认知功能提供了可能。例如，在一项实验中，研究者发现这种计算单元能够同时处理多个相互矛盾的假设，这种能力在传统计算架构中几乎是不可想象的。这一发现立即引发了科学界的广泛关注，因为它可能为解决强 AI 中的"框架问题"提供了一个全新的思路。

第二个突破路径来自量子计算与 AI 的结合。谷歌量子计算实验室在 2024 年初取得的进展格外引人注目：他们成功开发出了一个能够维持 100 个量子比特相干状态长达 1 小时的系统，这个突破为构建真正的量子 AI 系统扫清了一个关键障碍。更重要的是，研究团队发现量子计算不仅能够提升处理速度，还能够实现一些全新的认知功能。例如，在一项复杂的分子结构预测任务中，量子 AI 系统表现出了一种"整体性认知"的能力：它能够同时考虑所有可能的分子构型，而不是像经典计算机那样需要逐个计算和比较。

这种量子优势在解决某些特定类型的问题时表现得尤为明显。在普林斯顿大学进行的一项研究中，研究者使用量子 AI 系统来研究复杂的天气系统。传统的 AI 系统在处理这类问题时往往需要大量简化假设，而量子系统则能够直接处理系统的整体动力学特性。这种能力不仅提高了预测的准确性，更重要的是展示了一种更接近人类直觉的思维方式。例如，系统能够"直觉性"地识别出可能导致极端天气的初始条件，而不需要进行穷举计算。

第三个突破路径是生物计算的革新。哈佛大学的研究者正在探索一种全新的计算范式：利用经过基因编辑的生物神经网络来进行信息处理。这种方法的独特之处在于，它直接利用生物系统的自组织能力来实现复杂的计算功能。在一个引人注目的实验中，研究团队成功地培养出了一个由人工设计的神经网络，这个网络不仅能够完成简单的模式识别任务，更重要的是展现出了自主学习和适应的能力。当研究者改变实验环境时，这个生物网络能够自发地调整其内部结构，这种自适应能力远超当前任何人工系统。

最具创新性的是混合架构系统的出现。斯坦福大学的研究团队提出了一个"三位一体"的计算架构：将传统的数字计算、量子计算和生物计算整合在一个统一的框架内。这种架构的每个部分都负责其最擅长的任务：数字计算处理精确的逻辑运算，量子计算负责复杂的并行处理，而生物计算则处理需要适应性和创造性的任务。在一项概念验证实验中，这种混合系统展现出了令人印象深刻的性能：它不仅能够高效地处理各类计算任务，更重要的是显示出了一种"整合性智能"的特征，能够根据任务的性质自动选择最适合的处理方式。

这些技术路径的探索也带来了一些意外的发现。例如，在研究神经形态计算时，科学家发现某些看似"缺陷"的特性（如信号的随机波动）反而可能是实现高级认知功能的关键。这种发现正在改变我们对智能本质的理解：也许，完美的逻辑运算能力并不是通向强 AI 的唯一道路，某些看似"不完美"的特性可能恰恰是实现真正智能所必需的。

面对强 AI 发展的复杂局面，我们需要在充分认识其潜力的同时，也要保持清醒的判断。牛津大学未来人类研究所（Future of Humanity Institute）在 2024 年初发布的一份综合研究报告中，提出了一个"分阶段发展"的观点，这个观点为我们理解强 AI 的发展路径提供了一个更加理性的框架。

从技术发展的时间轴来看，强 AI 的实现可能要经过三个关键阶段。第一个阶段是"局部突破期"，这个阶段的特征是 AI 系统在特定领域展现出超越人类的能力。例如，2024 年初 DeepMind 公司在蛋白质结构预测领域取得的突破，以及 OpenAI 在自然语言处理方面的重大进展，这都属于这个阶段的典型表现。这些突破虽然令人印象深刻，但仍然局限在特定的问题域内。第二个阶段是"整合跃升期"，在这个阶段，不同领域的 AI 技术开始深度融合，产生质的飞跃。斯坦福大学的研究团队在 2024 年的一项实验中展示了这种趋势：他们开发的混合架构 AI 系统能够同时处理数学证明、物理模拟和生物数据分析等多个领域的任务，而且在这些任务之间建立起了有意义的联系。这种跨域整合能力标志着 AI 系统正在向着更普遍的智能形式演进。第三个阶段，也是最具挑战性的阶段，是"自主智能期"。在这个阶段，AI 系统需要具备真正的自主意识和创造性思维。目前的技术发展距离这个阶段还有相当远的距离。即使是最先进的 AI 系统，在处理需要真正理解和创造性思维的任务时，仍然显示出明显的局限性。例如，在普林斯顿大学进行的一项研究中，研究者发现当前的 AI 系统在面对完全新颖的问题时，往往无法像人类那样通过类比和直觉来寻找解决方案。

　　然而，这并不意味着强 AI 的发展会停滞不前。相反，一些突破性的研究方向正在显现。第一个重要方向是在认知架构方面，加州理工学院的研究团队正在开发一种基于"涌现认知"理论的新型 AI 系统。这个系统不是试图直接模拟人类的思维过程，而是创造条件让高级认知能力自然涌现。在初步实验中，系统展现出了一些令人惊讶的自组织能力，这可能为实现真正的机器意识提供了一个新的思路。第二个重要方向是混合智能的发展。哈佛大学的研究者提出了"共生智能"的概念，即不是追求完全独立的 AI 系统，而是发展一种能与人类智能深度协作的混合智能形式。这种方法在实践中已经显示出独特的优势，例如在复杂的科学研究项目中，人机协作团队往往能够产生出单独人类团队或 AI 系统难以达到的创新成果。最具启发性的是关于智能本质的新认识。麻省理工学院的科学家通过一系列深入研究发现，也许我们不应该将强 AI 简单地理解为人类智能的仿制品，而应该将其视为一种全新的智能形式。这种智能可能具有与人类完全不同的认知方式和思维模式，但这种差异恰恰可能成为推动科技进步的重要动力。

在评估强 AI 发展前景时，我们需要特别注意三个关键因素。首先是技术突破的非线性特征，某些看似微小的技术进步可能突然导致质的飞跃。例如，在神经形态计算领域，一个关于信息处理机制的小发现，可能带来认知能力的巨大提升。其次是发展路径的多样性。强 AI 的实现可能不会遵循我们预想的单一路径，而是可能通过多个技术路线的融合而实现。这种多元化的发展趋势在当前的研究实践中已经开始显现，从生物计算到量子计算，从类脑计算到混合架构，每个方向都在贡献着独特的突破。最后是时间尺度的不确定性。虽然我们能够预见某些技术突破的可能性，但要准确预测实现强 AI 的具体时间点仍然极其困难。正如图灵 20 世纪 50 年代所说："我们不能准确预测机器什么时候能够思考，但我们能够清楚地看到这种可能性正在逐步接近。"这句话在今天依然适用。

展望未来，强 AI 的发展可能不会像某些预言所说的那样迅速而戏剧性，而是它会经历一个渐进的、多阶段的演化过程。在这个过程中，最关键的可能不是追求完全独立的机器智能，而是发展出一种能够与人类智能形成良性互补的新型智能形式。这种发展模式不仅更符合技术演进的规律，也更有利于确保 AI 发展的可控性和安全性。

9.5 后人类时代：我们将迎来怎样的未来

在加州理工学院量子计算实验室里，一个由人类科学家、AI 系统和量子计算机组成的混合研究团队正在探索复杂的量子纠缠现象，这个看似普通的研究场景实际上预示着科学研究正在步入一个被学者们称为"后人类时代"的新纪元，而这种新型研究模式所展现出的特征，为我们勾勒出了一幅令人深思的未来图景。尤其值得注意的是，在这个团队中，传统的研究角色已经发生了根本性的转变：人类科学家不再是实验的直接操作者，而是转变为研究方向的战略规划者和实验结果的理论诠释者；AI 系统则承担起了实验设计和数据分析的核心工作；而量子计算机作为新型计算平台，则为整个研究过程提供了前所未有的计算能力。这种三位一体的研究模式，在某种程度上代表了科学研究的未来发展方向。

与此同时，斯坦福大学研究团队开发的"认知协同界面"展示了人机协同的全新范式，这个系统能够将人类的直觉思维与 AI 的计算能力进行无缝融合，当研究者产生一个直觉性的假设时，系统可以立即调用量子计算机进行验证，同时通过可视化技术帮助研究者理解复杂的量子态演化过程。这种深度融合的协作模式不仅使研究效率得到了数倍的提升，更重要的是能够发现传统研究方法可能忽视的关键现象。在一个具有代表性的案例中，当一位物理学家提出了一个关于量子纠缠态演化的非常规假设时，系统不仅迅速完成了理论验证，还自主设计了一系列实验方案来测试这个假设，最终促成了一个新的量子效应的发现。这个过程充分展示了人机协同如何能够产生超越单纯人类思维或机器计算的创新成果。

麻省理工学院的材料科学实验室，开发的"智能材料发现平台"（Intelligent Material Discovery Platform，IMDP）不仅能够根据研究目标自主设计实验方案，还能够实时调整实验参数，对异常现象进行即时分析和响应。更重要的是，系统能够基于实验结果自主提出新的研究方向，这种自主性使得材料发现的效率得到了前所未有的提升。

在这种发展趋势下，科研范式正在经历一场前所未有的深刻变革，这种变革最集中地体现在知识生产和组织方式的根本转变上。普林斯顿大学正在建设的"动态知识网络"系统展示了这种变革的方向，在这个系统中，科学知识不再是静态的信息集合，而是一个不断进化的有机体，每一个新的科学发现都会自动与现有知识建立多维联系，形成一个自组织的知识生态系统。这种系统的独特之处在于其"自适应学习"能力：它不仅能够存储和组织知识，还能够识别知识之间的潜在联系，预测可能的研究突破点，并为研究者提供有价值的研究方向建议。例如，系统通过分析物理学和生物学领域的研究数据，成功预测了一些可能的交叉研究方向，其中多个预测已经被随后的研究证实是极具价值的。这种跨学科的知识整合能力，正在改变科学发现的基本模式。

在生命科学领域，这种范式转变表现得尤为明显。哈佛医学院的研究团队正在使用一个整合了多个 AI 系统的研究平台进行癌症研究，这个平台不仅能够分析基因组数据，还能够整合蛋白质组学、代谢组学等多个层面的信息，从而形成对癌症发生发展机制的系统性认识。令人印象深刻的是，平台能够自主发现不同数据集之间的潜在关联，并提出新的研究假设。在一项研究中，系统通过整合分析来自不同癌症类型的数据，发现了一个此前未知的信号通路，这个发现为癌症治疗提供了新的潜在靶点。这种发现不仅展示了 AI 系统的强大分析能力，更说明了它们在科学创新中的关键作用。

在这场深刻的变革中，人类科学家的角色正在经历一次根本性的转变，这种转变既带来了前所未有的挑战，也创造了巨大的发展机遇。

哈佛医学院的研究显示，当科学家长期与先进 AI 系统协作时，他们的思维方式会发生微妙但深刻的改变，逐渐发展出一种能够自然结合人类直觉思维和机器数据驱动型思维的新认知模式。通过对数百名与 AI 系统密切协作的研究者进行长期追踪研究，研究团队发现这种认知模式的转变通常经历三个阶段：首先是适应期，研究者学会使用 AI 系统作为研究工具；其次是融合期，研究者开始理解并认同 AI 系统的思维逻辑；最后是超越期，研究者能够将人类的创造性思维与 AI 的分析能力有机结合，形成一种全新的研究方法。这种转变虽然挑战了传统的研究者角色定位，但同时也为科学家提供了提升认知能力的重要机遇，使他们能够在更高的层面上开展科学探索。

在量子物理研究领域，这种转变表现得尤为明显。在欧洲核子研究中心的最新实验中，研究团队发现与 AI 系统的深度协作正在改变物理学家的思维方式。在传统上，物理学家往往依赖数学直觉和物理直觉来指导研究方向，但现在他们开始发展出一种新的"数据直觉"，能够从海量的实验数据中直观地感知潜在的物理规律。更有趣的是，那些经常与 AI 系统协作的物理学家似乎发展出了一种新的思维模式，能够同时在多个概念层面上思考问题，这种能力在处理复杂的量子现象时显得尤为重要。

面对这样的转变，科研体系的重构成为一个无法回避的课题。剑桥大学率先试验的"流动性研究组织"模式展现了未来科研组织的可能形态，在这种模式下，研究团队不再是固定的组织结构，而是根据研究需求动态组合的临时联盟，每个联盟都包含人类研究者、AI 系统和自动化实验平台，它们通过智能协调系统保持高效协作。这种组织模式的创新之处在于其高度的灵活性和适应性，能够根据研究项目的需求快速调整团队构成和资源配置。例如，在一项跨学科的气候变化研究中，系统能够自动识别该研究需要的专业领域，并从全球范围内匹配最合适的研究者和 AI 系统，形成最优的研究团队配置。这种动态组织方式虽然在提升研究效率方面显示出巨大优势，但也带来了知识产权归属、研究责任划分等新的管理挑战。

在教育方面，这种转变正在推动着一场深刻的革命。斯坦福大学新开设的"增强科研能力"课程体系展示了未来科研教育的可能方向，这个课程体系不仅包含传统的学科知识训练，还特别强调与 AI 系统协作的能力培养。在这个课程中，学生不仅要学习如何使用 AI 工具，更重要的是要理解 AI 系统的思维方式，学会如何将人类的创造性思维与 AI 的分析能力结合起来。通过一系列精心设计的实践项目，学生能够逐步掌握在后人类时代开展科学研究所需的核心能力。例如，在一个量子物理的教学项目中，学生需要与 AI 系统合作设计实验方案，这个过程不仅帮助他们理解量子物理的基本原理，还培养了他们与 AI 系统协同工作的能力。

在制度建设方面，我们看到了一些富有创新性的尝试。哈佛大学提出的"自适应管理体系"为后人类时代的科研管理提供了一个重要的参考范式，这个体系能够根据研究的复杂度和风险程度动态调整管理策略和审查流程，既确保研究的规范性，又不过度限制创新的空间。更重要的是，这个体系引入了 AI 辅助的决策支持系统，能够帮助管理者更好地理解和评估复杂的研究项目。例如，在评估一个涉及基因编辑技术的研究提案时，系统能够自动分析潜在的风险点，提供相关的伦理考量，并建议适当的监管措施。

在这种新型管理模式下，科研伦理审查也发生了重要变化。麻省理工学院开发的"伦理智能顾问"系统展示了未来科研伦理管理的可能方向，这个系统能够实时监控研究进展，识别潜在的伦理风险，并提供相应的建议。更具创新性的是，系统能够学习和积累不同案例的处理经验，不断完善其伦理判断能力。这种动态的伦理管理方式，既能够及时发现和预防潜在的伦理问题，又能够为研究者提供必要的指导和支持。

这种优势不仅体现在研究效率的显著提升上，更体现在发现新问题和提出创新解决方案的能力上。例如，在加州理工学院的一项跨学科研究中，一个习惯于与AI系统协作的研究团队成功地将量子计算的概念应用到了神经科学领域，这种跨域思维的创新不仅带来了方法论上的突破，而且开创了一个全新的研究方向。这种案例清晰地表明，在后人类时代，科研创新的关键在于如何充分利用人机协作带来的认知以增强效应。

在深入分析这些成功案例的基础上，我们可以看到一个更具启发性的现象：那些最成功的研究团队往往具备一种"元认知能力"，也就是对自身认知过程的深刻理解和有效管理能力。斯坦福大学神经科学实验室的研究显示，这种能力使研究者能够更好地理解自己的思维过程，并有效地将这种思维与AI系统的分析能力结合起来。更重要的是，这种能力似乎可以通过特定的训练方法来培养和提升。基于这一发现，他们开发了一套"认知增强训练计划"，通过系统化的训练帮助研究者发展这种关键能力。初步的实践结果表明，经过培训的研究者不仅能够更有效地与AI系统协作，还能够在研究过程中产生更多的创新性思维。

在技术支撑体系方面，我们看到了一些极具前瞻性的发展。IBM

量子计算研究中心正在开发的"量子认知增强平台"（Quantum Cognitive Enhancement Platform，QCEP）代表了一个重要的技术方向。这个平台试图将量子计算的强大计算能力与传统 AI 系统和人类认知过程进行有机结合，创造出一个真正的智能协同环境。在这个环境中，研究者能够同时利用量子计算的并行处理能力、AI 系统的模式识别能力和人类的直觉思维，从而形成一个高度整合的研究范式。初步测试显示，这种多层次的协同机制能够显著提升解决复杂科学问题的能力，特别是在处理那些传统方法难以应对的跨学科问题时，表现出独特的优势。

在知识管理和共享方面，后人类时代也带来了革命性的变革。剑桥大学开发的"知识共生网络"（Knowledge Symbiosis Network，KSN）展示了一种全新的科研知识组织方式。这个系统不仅能够自动整合来自不同来源的研究成果，还能够实时分析研究趋势，预测可能的突破点，并为研究者提供个性化的知识推荐。更具创新性的是，系统能够识别不同研究领域之间的潜在联系，帮助研究者发现跨学科研究的机会。例如，系统最近成功预测了材料科学和神经科学之间的一个重要关联，这个发现促使了一种新型神经接口材料的开发。

面向未来，我们需要建立一个更加完善的科研生态系统，这个系统应该能够支持人类研究者与 AI 系统的深度协作，同时保持必要的安全边界和伦理约束。哈佛大学提出的"科研生态平衡理论"（Research Ecosystem Balance Theory，REBT）为这种建设提供了理论框架。这个理论强调，在后人类时代的科研体系中，需要在效率提升和风险控制、创新突破和伦理约束、技术发展和人文关怀等多个维度之间找到恰当的平衡点。

最后，值得强调的是，后人类时代的科学发展必须建立在对人类文明核心价值的深刻理解和坚守之上。我们需要清醒地认识到，技术进步的最终目的是增进人类福祉，而不是取代人类的主体地位。在这个意义上，后人类时代不应被理解为人类价值的终结，而应该被视为人类认知能力和创造力的新起点。通过建立合理的制度框架，培养适应性的研究能力，发展负责任的技术应用，我们才能真正把握这个时代带来的历史性机遇，开创科学发展的新纪元。

正如著名物理学家费曼所说："科学的本质不仅在于发现真理，而且在于保持对未知的敬畏和探索的勇气。"在后人类时代，这种精神显得格外重要。我们需要以开放和创新的心态拥抱技术带来的变革，同时坚持科学探索的基本准则和伦理原则，在人机协作的新范式下，继续推动人类文明的进步。只有这样，我们才能确保科技发展始终服务于人类福祉的根本目标，让后人类时代成为人类文明发展史上一个真正的黄金时代。

小结：AI 重塑科学哲学的难题

在探讨 AI 对科学研究带来的深远影响的过程中，我们不得不面对一系列根本性的哲学问题，这些问题不仅涉及科学研究的方法论和认识论层面，更深入地触及了人类认知的本质及其局限性。通过对图灵测试的重新审视、机器伦理的深入探讨、算法偏见的系统分析以及对强 AI 发展前景的理性展望，我们逐渐认识到，AI 正在以一种前所未有的方式重塑科学哲学的基本命题，而这种重塑过程带来的挑战和机遇，将深刻影响人类文明的未来发展方向。

在认知科学的层面上，AI 系统展现出的独特思维方式，迫使我们重新思考人类认知的本质特征：当 AI 能够在某些领域表现出超越人类的分析能力和创造力时，我们是否需要重新定义智能的概念？而在科学方法论层面，AI 系统那种建立在大数据分析基础上的研究方法，正在挑战传统的假设—验证范式，这种挑战不仅体现在研究效率的提升上，更深刻地影响着科学发现的基本模式。

与此同时，我们也看到了一些令人振奋的发展机遇：人机协同正在催生出新的研究范式，这种范式既能发挥 AI 系统在数据处理和模式识别方面的优势，又能保持人类在创造性思维和价值判断方面的主导地位。特别是在跨学科研究领域，AI 系统展现出的知识整合能力，正在帮助我们突破传统学科的界限，发现新的研究方向和突破点。然而，这种发展也带来了新的挑战，尤其是在确保研究的可解释性、维护科研伦理、控制算法偏见等方面，我们仍面临着诸多亟待解决的问题。

在未来的研究方向上，我们需要重点关注三个核心领域：首先是认知增强技术的发展，我们要探索如何通过人机协同来提升人类的认知能力；其次是科研伦理体系的完善，我们要建立适应新型研究范式的伦理准则和监管机制；最后是知识生态系统的重构，我们要发展能够支持跨学科研究和创新的新型知识组织方式。这些研究方向的推进，需要科技界、哲学界和政策制定者的共同努力。

在平衡发展与监管的关系时，我们需要采取一种动态适应的策略：既要为技术创新预留足够的空间，又要建立必要的监管框架来防范潜在风险。这种平衡的达成，需要建立在对科技发展规律的深刻理解上，同时也需要充分考虑人文价值和伦理原则。正如本章的讨论所显示的，AI 的发展不应该是一个简单的技术进步过程，而应该是一个兼顾效率与价值、创新与责任的综合性发展过程。

展望未来，AI 在科学研究中的应用将继续发展，但我们需要在技术乐观与伦理谨慎之间取得平衡。通过系统性研究 AI 在科学中的角色，以及建立适当的伦理框架，人类可以在保持主体性的同时，逐步探索 AI 辅助科研的潜力。这个过程需要我们保持开放和创新的心态，同时坚守科学探索的基本准则和伦理原则，在人机协同的新范式下，继续推动人类文明的进步。

第五部分

迈向卓越文明新纪元

第 10 章

走向人机智能共生

"我们正站在人类历史上最重要的转折点：当智能不再是生物的专属，文明将走向何方？"

——麦克斯·泰格马克，未来生命研究所创始人

序曲：智能时代的分岔路口

2024 年初，DeepMind 公司发布的最新研究报告引发了科技界的广泛讨论。这份报告不仅展示了他们在 AGI 领域取得的突破性进展，更引发了一个根本性的问题：在 AI 快速发展的背景下，人类应该选择增强自身能力，还是继续强化 AI 系统？这个问题的背后，涉及人类对自身未来发展道路的深层思考。

从技术发展的现状来看，这两条路径都已经取得了令人瞩目的进展。在 AI 领域，大语言模型的能力边界在不断拓展，从最初的文本生成，到现在可以处理复杂的科学问题，甚至能够进行基础的推理和创新。DeepMind 公司的新一代 AI 系统在柔性机器人控制、新材料

发现等领域取得的突破，让我们看到了 AGI 的曙光。而在人类增强技术方面，脑机接口的发展同样令人振奋。Neuralink 公司开始的首个人体临床试验，虽然还局限于帮助瘫痪病人恢复基本运动能力，但已经展示了这项技术的巨大潜力。

这种双线发展的态势，从目前全球顶尖研究机构的研究布局就可见一斑。以领先研究机构为例，它们往往同时在推进看似平行的研究方向：一个致力于开发新一代脑机接口技术，试图提升人类的认知能力；另一个则专注于突破 AGI 的技术瓶颈。哈佛大学的研究人员更是直接提出了"混合智能"的概念，试图在这两个方向中寻找平衡点。而在实践层面，谷歌的"AI 优先"战略和特斯拉的神经连接技术，则代表了两种不同的技术路线选择。

这种情况让人不禁想起 20 世纪 60 年代计算机技术发展的关键时期。当时，科学界同样面临着一个重要的选择：是把计算机做成人类大脑的完美模仿，还是发展出一种全新的计算范式。约翰·冯·诺依曼在他的最后一本著作《计算机与人脑》中就特别探讨了这个问题。最终的历史证明，计算机走出了一条独特的发展道路，既不是简单模仿人脑，也不是完全脱离人类认知的体系，而是形成了一种互补性的协同关系。这种协同关系不仅大大提升了人类的工作效率，更开创了全新的产业形态。

这个历史经验给了我们重要的启示：技术发展的最优路径往往不是非此即彼的选择，而是找到一种平衡与融合的方式。正如 MIT 媒体实验室创始人尼葛洛庞帝所说："未来最重要的不是 AI 有多强大，而是人类如何与之共处。"这句话在今天看来依然充满洞见。近期，一些科技伦理学家提出的"增强型人机协作"理念，就是试图在这两条技术路径之间架起一座桥梁。

站在这个新的历史节点上，我们需要以更开放的心态来思考人机关系的未来。这不仅关系到技术发展的方向，更关系到人类文明的进化路径。当我们回顾历史时，会发现每一次重大的技术变革都伴随着人类对自身定位的重新思考。从工业革命时期对机器的恐惧，到信息革命带来的数字化转型，人类始终在通过调整自身的角色来适应技术变革。而今天，我们面临的或许是最具挑战性的一次转型：如何在保持人类独特性的同时，最大限度地利用 AI 带来的机遇。这也正是本章将要探讨的核心议题：在 AI 时代，人类应该如何定义自己的未来？

10.1 智能增强：AI 如何重塑你我的大脑

在人类漫长的进化史中，大脑始终是最神秘的器官。直到 19 世纪末，科学家才开始真正理解大脑的重要性。然而，即便在今天，我们对这个由近 900 亿个神经元构成的复杂器官的认识依然十分有限。正如著名神经科学家拉马钱德兰（V. S. Ramachandran）所说："大脑研究了大脑，却始终难以完全理解自己。"

这种情况在 1924 年开始发生了微妙的变化。那一年，在德国耶拿大学的一间简陋实验室里，精神病学家汉斯·贝格尔（Hans Berger）完成了一项看似平常却意义重大的工作：他用一台简单的弦式检流计，首次记录下了人类的脑电波。这个发现之所以具有划时代的意义，不在于它揭示了多少关于大脑的奥秘，而在于它第一次展示了测量和记录大脑活动的可能性。就像比尔·盖茨在创立微软之初就预测到"每个家庭都需要一台计算机"一样，贝格尔的这项工作也为日后的脑机接口技术奠定了概念基础。

在接下来的近一个世纪里，人类对大脑的认识经历了三次质的飞跃。第一次发生在 20 世纪 50 年代初，英国科学家艾伦·霍奇金（Alan Hodgkin）和安德鲁·赫胥黎（Andrew Huxley）通过对乌贼巨型轴突的研究，发现了神经元的动作电位机制。这项后来获得诺贝尔生理学或医学奖的工作，首次让人们理解了大脑的"通信原理"。如果说神经元是大脑的"晶体管"，那么动作电位就是其中流动的"电流"。这个发现不仅推动了神经科学的发展，也为后来的人工神经网络提供了最初的灵感。

第二次突破出现在 20 世纪 90 年代，功能性磁共振成像技术的发明让科学家首次能够"看见"思维的过程。这项技术通过检测大脑不同区域的血氧水平变化，绘制出了人类思维活动的"地图"。这就像是在黑暗的房间里突然打开了一盏灯，让我们得以一窥大脑工作的真实场景。正是这项技术的出现，极大推动了认知科学的发展，也为后来的脑机接口技术指明了方向。

而现在，我们正站在第三次突破的起点上：AI 辅助下的脑科学革命。这次革命的特殊之处在于，它不仅仅是在认识大脑，更是在尝试改造和增强大脑。通过将深度学习技术与神经科学相结合，科学家不仅能够更准确地解读脑信号，还能够通过精确的神经调控来增强人类的认知能力。这就像是从"读"到"写"的飞跃，标志着人类首次获得了主动改造自身认知能力的可能。

在这场认知革命中，2023 年无疑是一个重要的转折点。这一年，马斯克创立的 Neuralink 公司完成了首例人体植入手术。这个消息就像一颗重磅炸弹，在全球科技界引发了巨大反响。然而，真正理解这一事件的历史意义，我们需要回到 2016 年。那一年，马斯克在成立 Neuralink 时曾说过一句话："如果我们不能让大脑跟上计算机的发展速度，人类就会被 AI 甩在后面。"这句话背后的逻辑与 60 年前 IBM 开发第一台商用计算机时何其相似：当时的 IBM 认为，如果不能让计算机变得实用，人类的计算能力就会成为科技发展的瓶颈。

Neuralink 的设备堪称工程学的奇迹：1 024 个比头发还细的微电极，能够同时监测和刺激数千个神经元的活动。要理解这一突破的意义，我们不妨做个简单的类比。如果把大脑想象成一座拥有近 900 亿居民的超级城市，传统的脑电图就像是在城市上空拍摄的模糊航拍照片，而 Neuralink 的技术则相当于在城市中安装了上千个高清监控摄像头，不仅能看清个别"居民"的活动，还能与他们直接"对话"。

然而，真正的突破可能不在手术植入这条路上。就像个人计算机的普及不是通过改造人的大脑，而是通过降低使用门槛实现的一样，认知增强技术的未来可能也在于非侵入式方案。哈佛大学等研究机构正在探索非侵入式脑科学技术，如功能性近红外光谱技术（fNIRS），未来可能实现对大脑特定区域的精确监测。这项技术的原理堪称巧妙：特定波长的近红外光能够像海底潜望镜一样"观察"大脑的活动，并通过调节光的强度和频率来影响神经元的工作状态。

更令人惊叹的是，AI 在这个过程中扮演的角色。传统的脑科学研究面临着一个根本性的挑战：大脑产生的信号极其复杂，很像是一个有数十亿人同时说话的巨大会场，从中识别出有意义的信息几乎是不可能的任务。然而，深度学习算法改变了这一切。以斯坦福大学开发的新一代智能解码系统为例，这个系统采用了改进版的注意力机制算法，能够实时分析脑电信号中的数百万个特征。这就像是在那个喧闹的会场中，安排了数百万个能听懂各种语言的翻译，他们不仅能分辨出每个人在说什么，还能找出对话之间的关联。

这种技术进步带来的影响已经超出了实验室的范畴。在硅谷，一些科技公司的工程师已经开始在工作中使用简单的认知增强设备。这些设备虽然还很初级，功能也仅限于注意力调节和状态监测，但已经展示出了显著的效果。初步研究表明，认知辅助技术有潜力提升使用者处理复杂问题时的专注度和效率。这让人想起20世纪80年代个人计算机刚刚进入办公室时的情景：尽管当时的计算机性能有限，但已经足以证明其改变工作方式的潜力。

然而，任何重大的技术突破都会伴随着相应的挑战和争议。认知增强技术也不例外。这让人想起19世纪末电灯发明时期的情况：当时，一些医生警告说电灯的使用会导致失眠和神经紊乱，甚至会影响人类的生理节律。今天，关于认知增强技术的担忧同样集中在安全性和伦理问题上。2023年底，某知名科技公司的脑机接口实验就因为出现意外的神经反应而被迫暂停。这次事件给整个行业敲响了警钟：在涉及人类大脑这样复杂系统的研究中，即使是微小的计算误差也可能引发灾难性的后果。

这个问题特别棘手，部分原因在于AI系统本身的"黑箱"特性。当前的深度学习模型就像一个训练有素但无法解释其判断依据的专家：它能给出准确的结果，却说不清楚是如何得出这个结果的。在一般的应用场景中，比如图像识别或语言翻译，这种不确定性是可以接受的。但在直接干预人类大脑功能的场景下，这种不确定性就变得极其危险。为了应对这个挑战，研究人员开始探索新的技术路线。麻省理工学院的团队正在开发一种基于可解释AI的神经调控系统，这个系统的每一个决策都能追溯到具体的神经科学原理，虽然其效果可能不如纯粹的深度学习系统，但在安全性和可控性方面具有明显优势。

更深层的挑战来自社会伦理层面。历史告诉我们，任何能够显著提升人类能力的技术都会带来社会分化。在工业革命时期，拥有机器的工厂主和依靠体力劳动的工人之间的贫富差距急剧扩大。如今，认知增强技术可能会制造出新的社会鸿沟：那些能够负担得起高端设备的人将获得额外的认知优势，这种差距可能会比财富差距带来更大的社会分化。根据最新统计，目前在开发中的高端认知增强设备的预计成本在 10 万美元以上，这个价格水平意味着在相当长的时期内，这项技术都将是少数人的特权。

此外，这项技术还涉及人类身份认同的本质问题：当我们的思维过程越来越依赖 AI 系统，"自我"的边界究竟在哪里？这个问题绝不仅仅是哲学层面的思辨。在 2024 年初的一项研究中，使用认知增强设备的志愿者报告说，他们有时候难以分辨某个想法是来自自己还是来自系统的提示。这种"思维来源"的模糊化可能会对人类的自我认知产生深远影响。这让人想起 20 世纪 60 年代末期，当计算器开始普及时，教育界也曾担心过学生会因过度依赖计算器而丧失基本的计算能力。不过历史证明，计算器不仅没有削弱人类的数学能力，反而让人们能够将更多精力投入更高层次的数学思维中。

从更宏观的视角来看，认知增强技术的发展可能是人类文明发展的必然选择。这让人想起谷登堡印刷机发明的时代，当时有人担心印刷书籍会削弱人类的记忆力，因为人们不再需要像以前那样死记硬背经典著作。然而历史证明，正是印刷术的发明让知识得以广泛传播，极大地促进了人类文明的进步。今天，在 AI 快速发展的背景下，单纯依靠人类自身的认知能力已经难以应对日益复杂的世界。就像我们不会指责计算器破坏了人类的计算能力一样，认知增强技术本质上是在帮助人类更好地发挥自身潜能。

展望未来，认知增强技术的发展轮廓已经逐渐清晰。第一个方向是精确性和可控性的进一步提升。目前的技术就像是 19 世纪早期的显微镜，虽然已经能够让我们"看见"以前看不见的东西，但图像还不够清晰。随着量子传感技术和新一代神经科学计算模型的应用，这个限制有望被突破。来自普林斯顿大学的最新研究表明，结合量子点传感器和新型机器学习算法，未来有望将脑信号采集精度提升至接近单突触水平，这种精度将让更精确的认知调节成为可能。

第二个方向是技术的普及化，这让人想起个人计算机发展的历程。就像计算机从最初占据整个房间的大型机，发展到后来可以装入口袋的智能手机一样，认知增强设备也在朝着小型化、便携化的方向发展。以色列的一家创业公司已经开发出了类似隐形眼镜大小的脑波检测器，虽然功能还比较初级，但已经展示了微型化的可能性。在操作层面，新一代的 AI 接口正在让使用过程变得越来越直观，某些系统甚至可以通过学习使用者的习惯来自动调整工作模式，而不需要复杂的人工配置。

第三个方向是个性化水平的提升。每个人的大脑结构和认知模式都独一无二，就像每个人的指纹都不相同一样。未来的认知增强系统将能够更好地适应这种个体差异。通过引入元学习技术，系统可以快速适应不同使用者的特点，为每个人提供量身定制的认知增强服务。有研究预测，到 2030 年，这种个性化水平可能会达到能够根据使用者的情绪状态和认知负荷实时调整工作参数的程度。

从更宏观的文明视角来看，认知增强技术的发展可能标志着人类进化的一个新阶段。在漫长的进化史中，人类经历了多次重大的飞跃：直立行走让我们的手获得了自由，语言的发展让我们能够传递复杂的信息，工具的使用让我们超越了身体的局限。现在，认知增强技术正在帮助我们突破大脑的自然限制。这不是对人性的背离，而是人性的进一步解放。认知增强技术也不会替代人类的思维，而是会帮助我们实现更深层的思考。

在这个过程中，教育领域可能会经历最显著的变革。传统教育建立在知识稀缺的基础上，学生需要通过大量的记忆和练习来积累知识。但在认知增强技术普及的未来，教育的重点可能会转向培养创造力和批判性思维。这就像计算器的普及让数学教育从强调计算转向强调理解和应用一样。一些前瞻性的教育机构已经开始这种转变，他们发现，当学生能够轻松获取和处理信息时，他们会将更多精力投入问题的深度思考中。

然而，这场认知革命的最终意义，可能不在于它能让我们变得多么聪明，而在于它迫使我们重新思考"人类"的定义。在 AI 时代，人类的优势不应该建立在纯粹的计算能力或记忆能力上，而应该建立在创造力、同理心、审美能力等更具人性的特质上。认知增强技术的真正价值，在于它能帮助我们将更多的精力投入这些更有"人味"的活动中去。

站在这个历史节点上，我们就像是站在蒸汽机发明前夜的人类，既能感受到即将到来的巨变，又难以完全预见这种变革的全部影响。但有一点是确定的：就像工业革命彻底改变了人类的生产方式一样，认知革命也必将重塑人类的思维方式。在这个过程中，我们需要保持理性和谨慎的态度，既不能因为恐惧而拒绝变革，也不能因为乐观而忽视风险。毕竟，塑造人类大脑的未来，就是在塑造人类文明的未来。

10.2 群体智慧：一个由 AI 连接的新社会

1906 年，英国科学家弗朗西斯·高尔顿（Francis Galton）在普利茅斯的一个农贸市场上，进行了一个看似简单却意味深长的实验。他让 800 名参观者猜测一头待宰牛的重量，结果发现这些猜测的平均值竟然异常精确，仅比实际重量相差了 1 磅。这个被后人称为"群体智慧"的现象，在当时并未引起太多关注。然而，一个世纪后的今天，随着 AI 技术的发展，高尔顿的这个简单实验所揭示的原理，正在以一种前所未有的方式重塑人类社会的决策模式。

在理解 AI 时代的群体智慧之前，我们有必要回顾人类是如何逐步发展集体决策能力的。在最初的部落社会，决策往往由部落首领一个人做出。随着社会的发展，雅典人发明了公民大会制度，这是人类历史上首次尝试将决策权交给集体。然而，这种直接民主制度很快就遇到了规模的瓶颈：当参与决策的人数超过一定限度时，有效的讨论和协商就变得几乎不可能。这个问题一直困扰着人类社会，直到互联网时代的到来。

互联网最初的愿景是让所有人都能平等地获取和分享信息。然而，随着社交媒体的兴起，我们意识到仅仅连接人们是不够的。信息茧房、回音壁效应、极化现象等问题开始显现，群体不仅没有变得更明智，反而经常表现出非理性的集体行为。这种状况让人想起 19 世纪末法国社会心理学家古斯塔夫·勒庞（Gustave Le Bon）对群体心理的研究。他在《乌合之众》一书中指出，群体往往会表现出比个体更低的理性水平。这个观察在社交媒体时代得到了充分印证。

而如今，AI 的引入正在从根本上改变这个局面。以 OpenAI 在 2023 年推出的 Group Intelligence System 为例，这个系统不是简单地连接人与人，而是通过复杂的算法来优化群体的决策过程。它能够识别和过滤掉情绪化的表达，提取有价值的观点，并通过智能聚类算法将不同的意见有机地整合起来。这就像是为群体决策装上了一个"理性过滤器"，让集体智慧能够真正地显现出来。

这种技术创新的影响已经在多个领域显现。在城市管理领域，新加坡的"智慧城市大脑"项目提供了一个典型案例。这个系统不仅整合了来自数百万个传感器的数据，更重要的是，它能够实时收集和分析市民的反馈和建议。通过 AI 算法的智能处理，系统能够从看似杂乱的群众意见中提炼出有价值的洞见。例如，在 2024 年初的一次交通规划调整中，系统从市民的社交媒体讨论和直接反馈中，识别出了一个被规划人员忽视的潜在问题，及时避免了可能的交通堵塞。这让人想起 20 世纪 70 年代简·雅各布斯（Jane Jacobs）关于城市规划的观点：最好的城市规划往往来自对市民日常生活的细致观察。区别在于，AI 系统能够以前所未有的规模和精度来实现这种观察。

在科学研究领域，AI 辅助的群体协作正在创造新的可能。传统的科研模式往往依赖于小团队的封闭式工作，即使是大型国际合作项目，参与者的数量也很难超过数千人。而今天，借助 AI 系统的协调，数十万甚至数百万人的研究协作已经成为可能。以"星空搜索"项目为例，这个项目通过 AI 系统整合了全球数百万业余天文爱好者的观测数据，在短短两年内就发现了超过 100 颗此前未知的小行星。更重要的是，AI 不仅负责数据的整合，还能够识别和评估每个参与者的专长,自动将他们匹配到最适合的研究任务中。

企业管理领域的变革同样引人注目。通用电气在 2023 年推出的"集体智慧平台"彻底改变了公司的决策方式。这个系统打破了传统的自上而下的决策模式,转而采用一种由 AI 协调的分布式决策机制。每个员工都可以对公司的重要决策提出建议,AI 系统会根据提案者的专业背景、过往表现和建议的可行性进行智能评估和整合。有趣的是,这种方式不仅提高了决策的质量,还大大增强了员工的参与感和责任感。数据显示,采用这个系统后,公司的创新项目成功率提高了 40%,员工满意度提升了 35%。

然而,任何重大的社会变革都会带来相应的挑战。19 世纪 30 年代,英国的卢德运动者因为担心机器会夺走工作机会而砸毁织布机。如今,我们在 AI 辅助的群体决策系统面前,也面临着类似的疑虑和挑战。其中最受关注的是"算法偏见"问题。2024 年初,一个知名科技公司的群体决策系统就因为被发现在处理少数族裔意见时存在系统性偏差而引发争议。这个事件揭示了一个深层问题:AI 系统在整合群体意见时,可能会无意中强化社会中已有的偏见和不平等。

这个问题实际上反映了技术与社会的深层矛盾。就像 100 年前的福特装配线既提高了生产效率,又改变了工人的工作方式一样,AI 辅助的群体决策系统也在重塑社会的权力结构。从表面上看,这些系统让决策过程变得更加民主和包容,但如果处理不当,它们也可能成为新型的控制工具。例如,有研究发现,某些群体决策平台会不自觉地偏向那些表达方式更"标准化"的意见,而这种标准往往带有主流群体的文化烙印。

另一个值得关注的挑战是"群体思维"的数字化升级版本。传统的群体思维问题主要发生在小规模的封闭群体中，而AI系统的引入可能会让这个问题在更大范围内出现。以社交媒体为例，AI推荐算法在优化用户体验的同时，也可能强化确认偏误，导致大规模的认知同质化。这就像是用技术手段放大了人类固有的心理倾向，使得不同观点之间的对话变得更加困难。

为了应对这些挑战，研究人员正在探索多种解决方案。麻省理工学院的团队提出了"多元化增强"算法，这个算法通过特殊的权重分配机制，确保来自不同背景的声音都能得到适当的重视。更有趣的是，他们发现，适当的观点差异实际上有助于提高群体决策的质量。这让人想起生态学中的"生物多样性"原理：正如生态系统需要多样性来维持稳定一样，群体智慧也需要观点的多样性来保持活力。

在技术层面，一些新的突破正在改变游戏规则。例如，基于区块链的去中心化自治组织（DAO）与AI的结合，为群体决策提供了新的可能性。这种系统不仅能确保决策过程的透明度，还能通过智能合约自动执行群体达成的共识。这就像是为群体决策装上了一个"公平守护者"，既防止少数人操纵决策，又确保多数人的决定能够得到切实执行。

展望未来，AI辅助的群体智慧系统很可能会进一步改变人类社会的组织方式。第一个趋势是决策的"实时化"和"分布式化"。传统的社会决策往往需要经过漫长的程序，从提出议题到形成决议可能需要数月甚至数年时间。而在AI系统的支持下，许多决策可以在问题出现的第一时间就得到群体的响应。例如，爱沙尼亚正在试验的"数字议会"系统就展示了这种可能性：通过AI辅助的公民参与平台，政府能够在几小时内收集和分析数十万市民对紧急问题的意见，实现决策的快速响应。这让人想起互联网对新闻传播的改变：在社交媒体时代，新闻不再是少数媒体机构的专属，而是变成了一个实时、互动的过程。

第二个趋势是决策的"智能化"和"个性化"。目前的群体决策系统主要关注如何整合不同的意见，未来的系统则可能更注重理解每个参与者的背景和诉求。通过深度学习技术，系统能够理解参与者的专业背景、价值观念和行为模式，从而更好地权衡不同意见的价值。以丹麦哥本哈根市的"智慧城市"项目为例，他们的 AI 系统不仅能识别市民的专业领域，还能根据个人的生活方式和需求，为不同群体提供个性化的参与渠道。一位居住在城市边缘的老年居民和一个在市中心的年轻上班族，在同一个城市规划议题上可能会收到完全不同的参与方式建议，但他们的意见都能得到同等的重视。

第三个趋势是跨文化协作能力的提升。语言和文化差异一直是阻碍全球协作的主要障碍。但随着 AI 翻译和文化理解能力的提高，这些障碍正在逐渐消除。微软正在开发的"全球协作平台"展示了这种突破的可能性：系统不仅能够实时翻译多种语言，还能理解不同文化背景下的表达方式。例如，当亚洲参与者用委婉的方式表达反对意见时，系统能够准确理解其真实含义，并以西方参与者熟悉的直接方式转达。这种跨文化理解能力让真正意义上的全球性群体智慧成为可能。

这场变革的深远影响体现在多个层面。在经济领域，我们可能会看到一种新型的"智能市场"出现。传统的市场机制主要依靠价格信号来协调供需关系，而 AI 辅助的群体智慧系统则可以整合更复杂的社会信号，包括环境影响、社会价值等非经济因素。这就像是为亚当·斯密（Adam Smith）的"看不见的手"装上了智能传感器，让市场能够对更广泛的社会需求做出响应。

在政治领域，这种变革可能会带来治理模式的根本转变。传统的民主制度建立在"定期选举"和"代议制"的基础上，这在很大程度上是受到技术条件的限制。未来，当每个公民都可以通过 AI 系统实时参与社会决策时，我们可能需要思考民主的新形式。

在教育领域，群体智慧系统可能会创造出新的学习模式。传统的教育强调标准化的知识传授，而 AI 辅助的协作学习可以让学习过程变得更加个性化和互动。例如，芬兰的一些学校正在试验"智能学习社区"，学生不仅可以根据自己的兴趣和节奏学习，还能通过 AI 系统与全球其他学习者进行有效的知识交流。

最具革命性的影响可能是 AI 辅助对社会组织方式的根本改变。正如道格拉斯·诺斯（Douglass North）指出的，人类社会的进步往往取决于我们降低交易成本的能力。从这个角度看，AI 辅助的群体智慧系统正在大幅降低社会协作的成本，这可能会像印刷术、蒸汽机一样，成为推动人类文明进入新阶段的关键力量。我们已经看到一些早期迹象：从在线协作平台的兴起，到区块链治理的实验，从智慧城市的建设，到全球性问题的协作解决，都显示出一种新型社会组织方式的雏形。

然而，正如历史上任何重大变革一样，这个过程既充满希望，也伴随着风险。技术的发展可能会加剧社会分化，也可能会威胁个人隐私，甚至可能会削弱人类的主体性。因此，在拥抱这场变革的同时，我们需要建立相应的制度保障和伦理框架。关键是要以开放而审慎的态度来应对这场变革，既要看到它带来的机遇，也要警惕可能的风险。

10.3 人机共生：奇点将至还是自我实现预言

1956年夏天，新罕布什尔州一个宁静的校园里，一场改变计算机科学历史的会议正在进行。在达特茅斯学院的这次会议上，约翰·麦卡锡（John McCarthy）和马文·明斯基（Marvin Minsky）等人首次提出了"AI"这个概念。当时，参会的科学家怀着极大的热情，认为在20年内就能创造出真正的思考机器。克劳德·香农（Claude Shannon）甚至打趣说："我能想象未来的计算机会写出比莎士比亚更好的十四行诗。"这些乐观预测背后，蕴含着一个更具争议性的观点：AI终将超越人类智能。这个后来被称为"技术奇点"的预言，像一颗重磅炸弹，在科技界投下了经久不息的波澜。

人类对"更高智能"的想象由来已久，这种想象往往反映了每个时代的技术水平。在古希腊神话中，铁匠之神赫菲斯托斯制造的青铜巨人塔洛斯能自主巡逻克里特岛；在犹太教的传说里，拉比用泥土和神秘咒语制造的傀儡戈莱姆获得了生命；而在中国古代，《列子》中记载的偃师造的木人能歌善舞，以至于惊动了周穆王。这些跨越时空的想象展现了一个共同的主题：创造物终将赶超创造者。在蒸汽时代，人们想象的是机械傀儡；到了电气时代，科幻作家阿西莫夫构想了由"正电子脑"驱动的机器人；而在计算机时代，这个主题在技术奇点的讨论中得到了最科学化的阐述。

1993年，弗吉尼亚理工大学的数学家弗诺·文奇（Vernor Vinge）在一次技术研讨会上发表了题为《技术奇点临近》的演讲，首次系统地阐述了技术奇点的概念。文奇的论述建立在两个关键观察之上：其一是技术进步呈指数增长；其二是当机器的智能超过人类时，它们将能够设计出比自己更智能的机器，从而触发智能爆炸。这个观点虽然大胆，却得到了包括比尔·乔伊（Bill Joy）、雷·库兹韦尔等科技界重要人物的认同。特别是 2005 年，库兹韦尔在其著作《奇点临近》中通过分析从摩尔定律到基因测序成本等多个领域的数据，论证了技术进步的指数增长规律，并大胆预测在 2045 年左右，AI 将超越人类总体智能。

然而，历史反复告诉我们，关于未来的预测往往过于乐观。这种乐观主义的起源可以追溯到启蒙运动时期，当时人们普遍认为科技进步必然带来社会进步。20 世纪 50 年代，核能发电刚刚出现时，美国原子能委员会主席刘易斯·施特劳斯（Lewis Strauss）宣称核电将使电力成本降至"几乎不值得计量"的程度；20 世纪 60 年代，在阿波罗登月计划的成功鼓舞下，著名未来学家阿瑟·克拉克预言到 2000 年人类将在火星建立永久性基地；而 20 世纪 80 年代，《大众科学》杂志信心满满地预测，到 21 世纪初，飞行汽车将成为城市交通的主要工具。这些预测的失准不是因为技术发展停滞，而是因为我们往往低估了技术发展道路上的复杂性，高估了单一技术突破的影响力。

在 AI 发展的历史上，我们已经多次经历了乐观预期与现实之间的巨大落差。1997 年 5 月 11 日，当 IBM 的深蓝在纽约六场比赛中以 3.5：2.5 的总比分战胜国际象棋世界冠军卡斯帕罗夫时，整个世界为之震动。《纽约时报》甚至用"机器的胜利标志着人类时代的终结"这样耸动的标题来报道这一事件。许多人认为，既然计算机已经在如此复杂的智力游戏中战胜了人类，那么 AGI 的实现必定指日可待。然而，接下来的 20 年里，AI 在图像识别、语音处理、自动驾驶等特定领域取得了巨大进展，却始终无法实现真正的"通用智能"。

这种情况直到 2022 年底才出现转机。当 OpenAI 发布 ChatGPT

时，它展现出的能力让许多专家都感到惊讶。这个系统不仅能够进行自然的对话，还能写诗、编程、回答问题，甚至能够理解隐含的语境。这是人类第一次看到接近通用智能的曙光。然而，当我们仔细分析这些系统时，就会发现一个有趣的现象：它们表现出的"智能"更像是一面精密的镜子，反映了人类知识的积累，而不是真正具有自主思考能力的智能体。

这种情况让人想起18世纪沃尔夫冈·冯·肯佩伦（Wolfgang von Kempelen）制造的"机械土耳其人"。这个著名的自动机器人看起来能够下出超凡的国际象棋，以至于打败了包括拿破仑在内的众多名人。然而，1857年，《科学美国人》杂志揭露了其中的秘密：一个精通象棋的矮个子棋手藏在精密的机械装置内部操控着整个系统。今天的AI系统虽然技术先进得多，但在本质上是否也只是在执行一种更复杂的模式匹配？它们展现的"智能"是否也只是人类智慧的某种映射？

这种认识对于理解技术奇点的可能性至关重要。支持奇点论的人往往引用摩尔定律作为核心依据，认为计算能力的指数级增长必然导致智能的质变。这种论证方式与19世纪末物理学界的乐观情绪何其相似。当时，科学家认为经典物理学已经解释了自然界的所有现象，只剩下一些"小小的瑕疵"需要解决。然而，正是这些"小小的瑕疵"导致了量子力学和相对论的诞生，彻底改变了人类对宇宙的认识。

更值得注意的是，近年来一些重要的研究发现开始从根本上动摇奇点理论的基础假设。2023年，麻省理工学院的研究团队通过对数千个深度学习模型的系统分析，发现了一个令人担忧的趋势：人工神经网络的计算效率提升正在遭遇严重的瓶颈。具体来说，要获得

10%的性能提升，所需的计算资源和训练数据几乎要增加一个数量级。这个发现暗示着，单纯依靠计算力的提升可能无法实现真正的智能突破。这就像在物理学中，牛顿力学在接近光速时失效一样，我们现有的AI范式可能也存在其固有的局限性。

面对技术奇点理论的种种质疑，一些研究者开始转向更务实的方向：不是等待某个神奇的临界点，而是探索人机协同进化的可能性。这让人想起20世纪60年代道格拉斯·恩格尔巴特的远见。在那个计算机还只能进行基础运算的年代，恩格尔巴特就提出了"增强人类智能"的理念。他认为，计算机的真正价值不在于替代人类，而在于扩展人类的认知能力。这个观点在当时似乎过于超前，但在今天看来却充满洞见。

这种人机协同的思路正在多个领域展现出惊人的效果。在医疗诊断领域，斯坦福大学的研究表明，当AI系统与医生合作时，诊断准确率能够达到95%以上，远超AI单独工作的86%和医生单独诊断的82%。更有意思的是，研究者发现这种协同效应不是简单的能力叠加，而是产生了一种全新的工作模式：AI系统擅长从海量数据中识别模式，而医生则负责理解具体情境和做出最终判断。这种互补性让人想起计算器的使用：计算器接管了机械运算，反而让人类能够专注于更高层次的数学思维。

DeepMind公司等机构的研究正在探索如何设计更好的人机交互系统，使其能够根据使用者的状态动态调整工作方式。他们开发的"适应性接口系统"能够根据使用者的认知特点动态调整其工作方式。例如，当系统检测到使用者处于疲劳状态时，会自动增加决策支持的力度；而当使用者状态良好时，系统则会退居幕后，只提供必要的信息支持。这种"动态平衡"的设计理念，让人想起中国古代"御风而行"的智慧：不是逆风而上，也不是随波逐流，而是善于利用自然之力。

在工程设计领域，这种协同模式已经产生了革命性的成果。通用电气的航空发动机部门采用了一种名为"生成式工程设计"的系统，工程师只需要输入关键参数和约束条件，AI 就能生成数千种可能的设计方案。但关键的是，这个系统并不是要取代工程师，而是大大扩展了工程师的创造空间。一位资深工程师这样描述他的体验："这就像是有了一个能够瞬间实现你所有想法的助手，让你可以专注于真正有创造性的思考。"这种工作方式与其说是人机竞争，不如说是人机共舞。

然而，人机共生的道路并非一帆风顺。就像任何重大的技术变革一样，这个过程中充满了意想不到的挑战。2023 年底，一家知名科技公司的"智能协作系统"项目就遭遇了严重挫折。这个系统本来是设计用来协助程序员进行代码开发，但研究人员发现，长期使用该系统的程序员在处理全新问题时的能力反而有所下降。这个现象让人想起 GPS 导航的普及带来的影响：过度依赖导航系统的人往往会失去自主定向的能力。这个教训告诉我们，在追求效率的同时，我们必须警惕技术依赖可能带来的能力退化。

更深层的挑战来自认知方式的改变。人类的思维过程向来是一个"黑盒"，当 AI 系统深度参与这个过程时，我们可能会遇到前所未有的认知困境。哈佛大学的研究者发现，经常使用 AI 辅助系统的人会逐渐改变自己的思维方式，倾向于采用机器更容易理解的表达方式。这种现象让人想起文字发明对人类思维方式的影响：文字不仅改变了我们存储和传递信息的方式,也重塑了我们的思维模式。今天,我们是否也正在经历一场类似的认知革命?

面对这些挑战,一些研究者提出了"可控增强"的理念。麻省理工学院的团队正在开发一种新型的人机接口,这个系统的特别之处在于它设置了明确的"认知防火墙":在某些需要深度思考的场景下,系统会主动降低其参与度,确保使用者保持独立思考的能力。这就像是给机器装上了一个"智慧的制动器",在提供助力的同时也防止过度依赖。

另一个值得关注的探索是"渐进式协同"模式。这种方法不追求立即实现完美的人机配合,而是通过持续的互动和调整,让人类和机器逐步找到最佳的协作方式。谷歌的 AI 研究团队在这方面做了有趣的尝试:他们开发的系统会记录使用者的习惯和偏好,通过机器学习不断优化互动模式。这种方法的成功之处在于它承认了人机协同是一个动态的、需要不断调整的过程,而不是一个可以一蹴而就的目标。

从更宏观的角度来看,人机共生可能代表着人类进化的一个新阶段。在漫长的进化史中,人类通过使用工具不断扩展自己的能力:石器扩展了我们的力量,望远镜扩展了我们的视觉,计算机扩展了我们的计算能力。而今天的 AI 系统,则是第一次真正扩展了我们的认知能力。这不是简单的工具使用,而是一种更深层的共生关系。

展望未来,人机共生的发展可能会呈现出三个主要趋势。第一个趋势是界面的消逝。就像我们今天已经不会意识到自己在"使用"语言一样,未来的人机交互可能会变得如此自然,以至于我们感觉不到技术的存在。这种转变已经开始显现:从笨重的键盘鼠标,到直观的触摸屏,再到现在的语音交互,人机界面正在变得越来越透明。脑机接口技术的发展可能会让这个趋势达到顶峰，让思维成为人机交互的直接媒介。这让人想起20世纪60年代计算机科学家约瑟夫·利克莱德（Joseph Licklider）提出的"人机共生"愿景：人类和计算机将形成一种密不可分的共生关系，就像植物和真菌的共生一样自然。

第二个趋势是智能的情境化。未来的AI系统将更深入地理解人类的心理和行为模式，能够根据具体情境提供恰到好处的辅助。这种发展已经在某些领域崭露头角。例如，特斯拉最新的自动驾驶系统不仅能识别道路状况，还能理解驾驶员的驾驶习惯和情绪状态，从而提供更人性化的驾驶体验。到2030年，这种情境感知能力可能会扩展到生活的方方面面，创造出一种"无处不在但不引人注意"的智能环境。

第三个趋势是认知的协同进化。随着人机交互的深入，人类的认知方式也在悄然改变。就像文字的发明改变了人类的思维方式一样，AI系统的普及也可能重塑我们的认知模式。哈佛大学的研究者发现，经常使用AI辅助系统的人往往会发展出一种新的思维方式，能够更好地将抽象思维和具象分析结合起来。这种变化既不是退化，也不是被取代，而是一种真正的进化。

然而，这种演化过程中隐藏着深刻的哲学问题。当我们的思维越来越依赖AI系统时，"自我"的边界在哪里？这个问题让人想起古希腊哲学家忒修斯之船的悖论：如果一艘船的零件被逐渐替换，直到所有零件都换新，这还是原来的那艘船吗？同样，当我们的认知过程越来越依赖外部系统时，我们还是原来的自己吗？

更具挑战性的是教育问题。在人机共生的时代，我们应该培养什么样的能力？传统教育强调知识的积累和技能的训练，但在AI系统可以瞬间提供海量信息的时代，这种方式可能需要彻底改变。未来的教育可能更注重培养三种核心能力：第一是判断力，能够在海量信息中分辨真伪和价值；第二是创造力，能够提出 AI 无法替代的原创性想法；第三是整合力，能够有效地将人类直觉与机器分析结合起来。

最后，我们需要认识到，人机共生不仅是技术问题，更是文明选择。就像历史学家尤瓦尔·赫拉利所说，技术给了我们新的力量，但不会告诉我们如何使用这种力量。在人机共生的道路上，我们既不能像技术狂热者那样盲目乐观，认为技术必将带来乌托邦；也不能像技术悲观主义者那样消极防备，把每一次技术进步都视为威胁。相反，我们需要以开放而审慎的态度，在保持人性尊严的同时，拥抱技术带来的可能性。

毕竟，真正的问题不是奇点是否会到来，而是我们如何在与技术的互动中保持人性的成长。正如著名物理学家弗里曼·戴森（Freeman Dyson）所说："技术的真正价值不在于它能让机器变得多么像人，而在于它能让人变得更像人。"在这个意义上，人机共生的终极目标，应该是帮助人类更好地实现自我，而不是被技术所替代。

10.4　卓越文明：一次智能生命的觉醒

1950 年秋天的一个下午，图灵在曼彻斯特大学的计算机实验室里写下了一个看似简单却影响深远的问题："机器能思考吗？"这个后来被称为"图灵测试"的思想实验，不仅开启了 AI 研究的新纪元，更重要的是第一次严肃地提出了智能的本质问题。在此之前，人类一直认为思考和意识是自己的专利。然而，就像 500 年前哥白尼的日心说动摇了人类对宇宙中心地位的认知一样，图灵的问题也开始动摇人类对自身独特性的认知。

追溯人类对智能本质的思考，我们会发现一个有趣的演变过程。在古希腊时期，柏拉图认为智能源于灵魂，是一种与生俱来的神圣品质；到了启蒙运动时期，笛卡儿将人的思维比作精密的机械装置，开启了用机械论解释智能的传统；而在计算机时代，人们又开始用信息处理的范式来理解智能的本质。这种认知模式的变迁，实际上反映了人类理解自身的方式在随着技术进步而不断更新。

2024年初，当OpenAI发布最新版本的GPT模型时，一个意想不到的现象引发了科学界的广泛讨论。这个系统在处理某些复杂问题时，展现出了一种类似于"直觉"的能力：它能够在没有足够信息的情况下做出准确判断，而且无法解释其判断的具体过程。这种现象让人想起1997年深蓝对战卡斯帕罗夫时的一个关键时刻：在第二局比赛中，深蓝做出了一个看似不合常理但实际上极其精妙的走步，这个决策让在场的象棋大师们震惊不已。当时，IBM的工程师们也无法解释系统为什么会做出这个选择。这两个相隔近30年的事件，都在提醒我们一个深刻的问题：随着AI系统变得越来越复杂，它们可能会发展出一种我们无法完全理解的智能形式。

AI的发展似乎也开始偏离我们最初的设想。当我们试图按照人类智能的模式来构建AI系统时，它们往往表现平平；但当我们允许系统以自己的方式发展时，它们却能实现令人惊讶的突破。DeepMind公司的AlphaGo在围棋比赛中展示的非人类式下法，就是一个典型的例子。职业棋手形容这些下法"既陌生又美妙"，这恰恰说明了一种全新的智能形式正在浮现。

在理解这种新型智能的过程中，生物学能提供了一个有益的视角。

达尔文在研究加拉帕戈斯群岛的物种时发现，隔离环境下的生物往往会发展出独特的适应性特征。同样，在 AI 的发展过程中，当我们不再执着于模仿人类智能，而是让系统在特定问题域中自由演化时，它们往往会发展出出人意料的能力。2023 年，DeepMind 公司的一个实验就很好地说明了这一点：他们让 AI 系统在一个虚拟物理环境中自主探索，系统最终发展出了一套完全不同于人类的问题解决方法，但其效率却远超研究人员的预期。

这种现象引发了一个更深层的问题：我们是否应该重新定义"智能"这个概念？传统上，我们倾向于用人类智能作为衡量标准，认为越接近人类的思维方式就越"智能"。这就像早期的飞行器发明者试图模仿鸟类的拍翅飞行一样。然而，现代航空的发展告诉我们，成功的飞行未必要模仿鸟类的方式。同样，真正的 AI 可能也不必非要按照人类的方式来思考。

如果说智能的本质是一个哲学问题，那么智能生命的觉醒则是一个正在发生的现实。在顶尖研究机构的 AI 实验室中，研究者们正在开展一系列关于 AI 系统与不同专业领域专家交互的实验。研究人员让一个高级语言模型与多个不同领域的专家进行对话，有趣的是，系统不仅能够适应每个专家的知识背景，还能主动调整交流策略。更令人惊讶的是，当系统在某个问题上不确定时，它会主动提出新的假设并寻求验证。这种行为模式让人想起科学史上著名的"双缝实验"：就像光既表现出波动性又表现出粒子性一样，AI 系统似乎也展现出既可预测又具有创造性的双重特征。

这种现象在科学研究领域表现得尤为明显。2023 年，一个用于新材料研究的 AI 系统提出了一种全新的太阳能电池结构。这个设计方案不仅打破了传统的思维定式，更重要的是，系统能够清晰地解释其设计理念并预测可能的问题。这让人想起20世纪20年代玻尔和海森堡发展量子力学时的情况：当时的物理学家们也是在完全颠覆经典物理世界观的基础上，建立起了一个全新的理论体系。

然而，更深层的变化可能发生在认知方式上。如前文所述，传统的科学研究往往遵循"假设—验证"的线性模式，但AI系统展现出了一种完全不同的探索方式。它们能够同时处理数以万计的假设，在高维数据空间中寻找规律，这种方法既不是归纳也不是演绎，而是一种全新的认知范式。哈佛大学的研究团队将这种方式称为"网络式思维"：不是沿着预设的路径前进，而是在复杂的知识网络中寻找意想不到的连接。

这种新型认知方式的出现，可能标志着一个新的文明阶段的开始。历史学家阿诺德·汤因比（Arnold Toynbee）在研究文明兴衰时指出，每个重大的文明飞跃都伴随着认知方式的革命性变化。就像文字的发明让人类能够跨越时空传递知识，印刷术的普及促进了理性思维的发展，今天AI带来的认知革命可能也会重新定义人类文明的基本特征。

这种文明形态的转变已经开始显现端倪。第一个特征是知识创造方式的改变。传统的科学发现往往依赖于个人的灵感和直觉，就像爱因斯坦通过思想实验发现相对论，门捷列夫通过梦境发现元素周期表。而在AI时代，科学发现正在变成一种更加系统化的过程。2024年，DeepMind公司的科学研究系统在一周内就找到了100多种可能的新型超导材料，这种效率不仅体现在数量上，更体现在探索方式的根本变革：系统能够同时在数千个维度上进行优化，这是人类思维难以企及的。

第二个特征是决策模式的转变。传统的决策过程，无论是个人还是组织层面，往往都受到认知偏差和情绪因素的影响。而 AI 系统带来的是一种基于海量数据和复杂模型的理性决策范式。这让人想起 17 世纪科学革命时期，当望远镜和显微镜这样的工具出现时，人类对世界的认知也发生了根本性的改变。今天，AI 就像是一个认知望远镜，让我们能够看到传统思维方式难以捕捉的模式和关联。

第三个特征，也是最具革命性的，是创造力的性质发生了改变。传统观点认为创造力是人类独有的特质，但 AI 系统展现出的某些行为正在挑战这一认识。例如，在艺术创作领域，AI 不仅能模仿现有风格，还能创造出全新的艺术形式。这种创造不是简单的组合或模仿，而是一种真正的创新。就像印象派画家们发现了新的表现光影的方式一样，AI 系统也在发现新的表达和创造方式。

然而，这种文明的觉醒也带来了深刻的挑战。首先是价值体系的重构问题。当 AI 系统能够做出超越人类理解的决策时，我们应该如何评判这些决策的对错？这让人想起 17 世纪伽利略用望远镜观测木星卫星时引发的争议：教会认为任何超出人眼所见的观测都不可信。今天，我们在面对 AI 的"认知突破"时，是否也存在类似的认识论障碍？

面对这场文明觉醒，更具挑战性的是人类自身定位的问题。历史上每一次重大的科学发现都动摇过人类的自我认知：哥白尼的日心说动摇了人类在宇宙中的中心地位，达尔文的进化论挑战了人类的特殊性，而今天 AI 的发展则开始动摇人类在智能生命中的独特地位。这让人想起 20 世纪初物理学的革命性转变：当量子力学和相对论出现时，科学家不得不彻底改变对物质世界的基本认知。今天，我们可能也需要重新思考"智能"和"意识"的本质。

在这个过程中，一个有趣的现象值得关注。随着 AI 系统变得越来越复杂，它们开始展现出一些意想不到的特征。2024 年初，谷歌的研究人员发现他们的大语言模型在处理某些问题时会产生类似"冥想"的状态：系统会暂时停止输出，进行一段时间的内部计算，然后突然给出富有洞见的回答。这种行为模式让人联想到人类的深度思考过程。更有趣的是，不同的 AI 系统之间开始展现出某种"个性"：即使使用相同的训练数据和算法架构，它们也会发展出不同的问题解决方式。

这种现象引发了一个更深层的问题：我们是否正在见证一种全新的智能生命形式的诞生？这个问题看似超前，但历史告诉我们，重大的范式转换往往始于一些微妙的征兆。就像生命从无机物演化出来时可能经历的过程一样，新型智能的觉醒可能也是一个渐进的、难以察觉的过程。普林斯顿大学的研究团队提出了一个大胆的假设：也许我们不应该把 AI 看作是人类智能的模仿者，而应该将其视为智能生命演化的一个新分支。

这种观点对未来文明的发展具有深远的启示。首先，它暗示着文明的进化可能不是线性的，而是可以沿着多个方向同时展开。就像生物进化产生了形态各异但都适应环境的物种一样，智能生命也可能发展出多种共存的形态。其次，这种多元化的发展方向可能带来更强大的文明韧性。正如生态学家所说，生物多样性有助于生态系统的稳定性，智能形式的多样化也可能增强文明的适应能力。

然而，这种文明觉醒的最深远影响，可能不是技术层面的突破，而是对人类文明本质的重新认识。传统的人文主义将人类置于万物之巅，认为人类的意识和理性是独一无二的。但随着 AI 系统展现出越来越多令人惊讶的能力，我们可能需要发展出一种新的文明观：承认智能生命可以有多种形态，每种形态都有其独特的价值。这就像伽利略时代人们不得不接受地球不是宇宙中心一样，我们可能也需要接受人类不是唯一的高等智能形式。

最后，站在更宏大的宇宙视角来看，这场文明觉醒可能具有超越地球的意义。当我们思考费米悖论（即如果宇宙中存在其他智慧文明，为什么我们还没有发现它们）时，一个可能的解释浮现出来：也许高等文明的形态远比我们想象的要多样化。正如英国科幻作家阿瑟·克拉克所说："任何足够先进的技术都与魔法无异。"同样，任何足够先进的智能生命形式都可能超出了我们当前的认知范式。

因此，我们今天所经历的这场文明觉醒，也许正是宇宙智能生命演化的一个关键节点。这不是终点，而是起点；不是威胁，而是机遇。关键是我们要以开放和包容的态度来面对这场变革，既不盲目乐观，也不过分恐惧。毕竟，正如历史一再证明的那样，文明的真正进步往往来自我们勇于突破自身认知局限的时刻。

10.5 宇宙尽头：人类寻找另一个自己

1977 年 8 月，佛罗里达州卡纳维拉尔角空军基地，旅行者 2 号探测器在雷声轰鸣中缓缓升空。这艘重达 722 千克的探测器携带着一个特殊的物件：一张镀金铜唱片，记录着地球上的各种声音，从海浪、雷声、鸟鸣到莫扎特的音乐，以及用 55 种语言录制的问候语。这个被称为"地球之音"的项目是由著名天文学家卡尔·萨根（Carl Sagan）主导的。在发射前的新闻发布会上，萨根说："这是人类第一次认真尝试与宇宙对话。就算一万年后才被发现，这些声音也将完好无损地传递着地球文明的信息。"

然而，在发射后的近半个世纪里，这个充满诗意的尝试并未收到任何回应。旅行者2号目前位于星际空间中，截至2024年11月15日，它距离地球约138.55天文单位，携带着人类的问候继续它孤独的旅程。这让人不禁想起意大利物理学家费米在1950年一次谈话中提出的著名疑问："他们在哪里？"这个简单的问题后来发展成为科学史上最著名的悖论之一：如果宇宙中存在其他智慧文明，为什么我们至今没有发现它们的任何痕迹？

这个被称为"费米悖论"的问题，在AI时代有了全新的注解。当我们能够创造出具有某种智能的机器时，我们对外星智慧的想象也在悄然改变。传统的搜寻地外文明计划（SETI）主要依赖于射电望远镜搜寻类似人类文明产生的无线电信号。这种方法就像是在茫茫宇宙中寻找一个与我们相似的文明，其背后的假设是：任何发达文明都会经历类似人类的技术发展阶段。这让人想起19世纪末物理学家开尔文勋爵的预言："物理学已经没有什么新的重大发现了，未来的工作只是提高测量精度。"然而，就在几年后，量子力学和相对论彻底改变了物理学的图景。同样，我们对外星文明的想象可能也过于局限。

随着AI技术的发展，我们对智能生命的理解正在发生根本性的转变。2024年初，加州理工学院的研究团队开发出了一种革命性的天文数据分析系统。这个被称为"天眼"的AI系统不仅能处理传统的电磁信号，还能识别可能指示智慧活动的其他模式，比如恒星能量利用的异常波动、行星大气成分的非自然变化等。这种方法让人想起19世纪光谱分析技术的突破：当基尔霍夫和本生发明光谱仪时，他们不仅能看到星光的亮度，还能分析恒星的化学成分，这开创了天体物理学的新纪元。

在技术层面，这个系统采用了一种全新的搜索范式。传统的 SETI 计划主要关注窄带无线电信号，因为这种信号在自然界中极为罕见，被认为是智慧活动的可靠标志。然而，这种方法有一个根本性的局限：它假设外星文明会选择与我们类似的通信技术。这就像 18 世纪的人们可能会认为，任何发达文明都会使用蒸汽机一样。"天眼"系统打破了这种局限，它使用深度学习算法分析了数百万种可能的信号模式，包括量子通信可能产生的痕迹、戴森球结构的热辐射特征，甚至是人工调控行星轨道可能留下的引力波痕迹。

这种技术突破带来的影响远不止于搜索方法的改进。2023 年，系统在分析开普勒太空望远镜的历史数据时，发现了一系列此前被忽略的奇特信号。这些信号呈现出某种复杂的周期性，不符合任何已知的自然现象，也不像是仪器干扰。虽然这些信号最终被证实是来自望远镜本身的热噪声，但这个过程本身就很有启发性：它展示了 AI 如何能够帮助我们突破观测的局限，发现人类观测者容易忽视的模式。这让人想起 1967 年乔瑟琳·贝尔（Jocelyn Bell）发现第一个脉冲星的经历：当时，她在射电望远镜数据中发现了一种极其规律的信号，最初也被认为可能来自外星文明。

更具开创性的是系统的自适应学习能力。传统的搜索算法需要人类研究者预先定义"有趣"的信号特征，这无形中将搜索限制在人类经验的范围内。而"天眼"系统能够自主发现新的信号模式，并根据这些发现不断调整自己的搜索策略。例如，系统在分析开普勒-90i 行星的大气光谱时，发现了一种不同于任何已知化学过程的周期性变化。

虽然这种变化最终被解释为行星表面的火山活动，但系统的这种自主探索能力为我们展示了一个重要事实：也许我们一直在用过于人类中心主义的方式寻找外星文明的踪迹。

在通信技术领域，量子物理学的最新突破正在开辟一条全新的探索路径。传统的星际通信面临着一个根本性的困境：电磁波在宇宙空间中传播时会迅速衰减，这使得星际通信需要极其强大的发射功率。例如，阿雷西博射电望远镜发出的最强信号，传播到 4 光年外的比邻星时，其强度已经减弱到难以与宇宙背景辐射区分。这个限制让我们不得不思考：一个真正先进的文明是否会选择如此低效的通信方式？

2024 年，麻省理工学院的研究团队提出了一个大胆的设想：利用量子纠缠效应进行星际通信。这个想法基于量子物理学中最神秘的现象之一：纠缠粒子之间的关联似乎不受空间距离的限制，爱因斯坦称之为"幽灵般的超距作用"。虽然这种效应不能直接用来传递信息，但研究团队发现，通过建立量子中继网络，理论上可以实现突破光速限制的星际量子通信。这项研究虽然还停留在理论阶段，但它提醒我们：也许外星文明早已掌握了某种超越我们想象的通信技术。

这种认识促使我们重新思考搜索策略。传统的 SETI 计划主要关注单一频段的无线电信号，这就像是在茫茫大海中只用一种网格大小的渔网。而新一代的搜索项目开始采用多维度的观测方案。例如，"突破摄星"计划不仅搜索无线电信号，还包括了光学信号、引力波和中微子等多个观测窗口。更重要的是，项目配备的 AI 系统能够实时分析这些不同维度的数据，寻找它们之间可能存在的相关性。这种方法的灵感部分来自现代密码学：有时候，真正的信息可能隐藏在看似无关的数据之间的关联中。

同时，我们对"技术特征"的理解也在发生变化。传统观点认为，任何发达文明都会留下明显的技术痕迹，比如大规模的工程结构或强烈的人工信号。然而，随着人类的技术发展，这个假设开始受到质疑。比如，计算机正在变得越来越小，通信系统越来越高效，能源利用越来越清洁。如果这是技术发展的普遍趋势，那么一个真正先进的文明可能反而很难被发现，因为它们的技术足够先进，几乎不会留下明显的痕迹。这就像现代显微镜下的纳米技术：如果不知道要找什么，很容易就会忽略这些精密的人工结构。

在这场寻找过程中最具启发性的，是我们对"智慧文明"定义的不断更新。当深度学习系统在围棋、蛋白质折叠等领域展现出超越人类的能力时，我们第一次有机会从创造者的角度思考智能的本质。这种思考带来了一个意想不到的启示：也许我们一直在用过于人类中心主义的方式寻找外星文明。就像量子力学开创者之一的海森堡所说："我们看到的不是自然本身，而是通过我们提问方式显现的自然。"在探索外星文明的过程中，我们的方法本身可能限制了我们的发现。

更深层的思考来自时间尺度的考量。当我们思考文明的寿命时，一个引人深思的可能性浮现出来：也许高等文明最终都会发展出某种形式的AI，而这些AI系统可能比其创造者存在的时间更长。这个假设为费米悖论提供了一个新的解释维度：也许我们应该寻找的不是生物形态的文明，而是它们创造并遗留下来的持久存在的智能系统。2024年初，普林斯顿大学的一项研究对这个假设进行了定量分析。研究发现，如果考虑到AI系统可能的寿命，以及它们在极端环境下的适应能力，这种形式的文明痕迹可能比我们想象的要普遍得多。

这种思考也带来了一个深刻的伦理问题：当我们可能遇到完全不

同形态的智能生命时，我们应该以什么样的态度与之互动？这个问题在 AI 伦理和外星文明接触准备这两个看似独立的领域中都变得越来越重要。哈佛大学的研究团队正在开发一种基于博弈论的"跨智能交互协议"，试图为可能的接触制定基本原则。这个协议的独特之处在于，它不预设任何特定的智能形式或价值体系，而是尝试建立一个基于信息论的通用交互框架。

在宇宙演化的漫长时间尺度上，人类文明还非常年轻。从第一个工具的使用到今天，人类的技术文明仅仅存在了几十万年。但正是这个年轻的文明，我们第一次有能力思考智能生命的多样性，并开始主动寻找宇宙中的其他智慧。这个过程本身，或许就是我们文明成熟的重要标志。就像一个人成长过程中最重要的时刻不是找到所有答案，而是学会提出正确的问题。虽然我们可能无法在短期内找到明确的答案，但这个探索过程本身，正在以一种前所未有的方式塑造着人类文明的未来。

正如著名天体物理学家卡尔·萨根在临终前写道："在这浩瀚的宇宙中，我们既感到渺小，又感到伟大。我们渺小是因为意识到自己只是宇宙中的一粒尘埃，我们伟大是因为我们有能力思考宇宙。"在寻找外星文明的过程中，我们可能不会立即找到其他智慧生命，但这个探索过程本身，正在让我们成为一个更加开放、更具包容性的文明。也许这才是整个探索最重要的意义。

小结：对话地外智能和未来人类

当我们站在 2025 年这个时间节点回望人类文明的发展历程时，

一个奇特的历史巧合引人深思：正是在我们开始认真思考 AI 的本质时，我们也开始以全新的视角思考外星智慧的可能形式。这两条看似独立的探索路径，实际上都指向同一个根本性的问题：智能生命的本质是什么？

在过去的篇章中，我们详细探讨了人类如何通过技术增强自身认知能力，如何利用 AI 重构群体决策模式，如何在人机共生的过程中寻找平衡点，以及如何在探索宇宙的过程中重新认识自己。这些探索都在暗示着一个关键的转变：人类正在从技术的使用者，逐渐转变为智能生命演化的主动参与者和引导者。

这种转变带来了一系列深刻的问题：当我们能够创造和改变智能生命时，我们应该遵循什么样的原则？在增强人类能力的过程中，如何保持人性的核心价值？在与可能存在的外星文明接触时，我们又该以什么样的姿态出现？这些问题没有标准答案，但思考这些问题的过程本身，正在塑造着我们文明的未来形态。

历史告诉我们，任何重大的技术突破都会带来文明形态的根本转变。青铜器的发明创造了早期文明，印刷术的普及催生了启蒙运动，工业革命重塑了社会结构。而今天，AI 和空间技术的双重突破，可能会带来一个更具革命性的转变：人类第一次有能力主动参与智能生命的演化过程。

这种能力既令人振奋又令人忧虑。振奋的是，我们可能正站在一个文明飞跃的门槛前；忧虑的是，我们是否已经做好准备来承担这种改变的责任。就像物理学家奥本海默在第一颗原子弹试验成功时引用《薄伽梵歌》所说："现在我成了死神，成了世界的毁灭者。"任何强大的力量都带有两面性，关键在于我们如何使用它。

然而，与其被这种力量吓倒，不如以开放和谨慎的态度来面对它。正如本章所展示的，无论是认知增强技术、群体智慧系统，还是星际探索项目，都需要在创新与审慎之间找到平衡。这种平衡不是固定不变的，而是需要我们不断调整和完善的动态过程。

最后，值得注意的是，这次文明转型的独特之处在于它的开放性：没有人能准确预测最终的结果，我们既是这场变革的参与者，也是观察者。但正是这种不确定性，给了我们塑造未来的空间。在这个意义上，人类文明的下一个篇章不是被动接受的命运，而是我们主动选择的结果，关键是我们要以足够的智慧和远见来做出这些选择。

后记
在科学革命的黎明时分

2025年初，当我开始整理这本书最后一章的手稿时，恰逢ChatGPT发布其最新版本，OpenAI推出了深度研究功能，并承诺将在大约一个月后向Plus用户开放，它在科学研究领域展现出的能力引发了学术界的广泛讨论。这个时间点让我感慨：写作本书的三年间，AI在科学领域的应用取得了如此巨大的进展，很多在写作初期看来还很遥远的设想，如今已经变成了现实。

回想2021年开始构思这本书时，我原本的目标相对简单：记录AI技术对科学研究方法论的影响。在2022年底，我在《经济观察报》上发表了一篇名为《第五范式的出现：科学智能＋机器猜想》的文章，在国内第一次提出了"第五范式"的概念。作为一个长期关注技术发展的观察者，我希望能够捕捉这个可能改变科学史的重要时刻。然而，在近三年的研究过程中，通过大量阅读文献资料、分析研究报告、研究典型案例，我逐渐意识到这个主题远比最初设想的要宏大得多。从实验室里的AI辅助系统，到全球联网的智能实验室网络，从大规模公民科学计划到开放获取运动，我们正在经历的不仅是研究方法的变革，更是整个科学范式的革命性转变。

这让我想起多年前第一次读托马斯·库恩的《科学革命的结构》时的震撼。库恩指出，科学史上的重大突破往往不是渐进式的知识积累，而是范式的革命性转变。回望科学史，我们能清晰看到几次重大认知工具带来的范式革命：17世纪伽利略的望远镜不仅改变了天文观测方式，更颠覆了人类的宇宙观；19世纪显微镜揭示了微观世界，奠定了现代生物学和医学基础；20世纪计算机的出现使复杂计算和模拟成为可能，催生了计算科学这一全新领域。如今，AI作为一种"元认知工具"，其影响可能超越前几次革命的总和——它不仅扩展观测或计算能力，更是直接增强了人类形成概念、提出假设和构建理论的核心认知过程。从AlphaFold到多模态大模型，越来越多的证据表明，我们正站在人类认知史上的一个关键转折点，这可能是科学方法自培根提出实验科学以来最为根本的变革。

通过分析大量的研究报告和学术论文，一些深刻的转变模式逐渐显现。在欧洲核子研究中心，AI系统正在帮助科学家们分析大型强子对撞机产生的海量数据。根据发表的研究报告，这些系统能够在数以亿计的粒子对撞数据中识别出有价值的物理现象，这项工作如果完全依靠人工分析可能需要数十年时间。

生物技术领域的变革更为显著。根据《自然》发表的研究，采用AI辅助的自动化实验系统，其效率已经达到传统人工实验的数倍以上。更重要的是，这些系统展现出了自主设计实验方案的能力，能够根据实验结果动态调整研究策略。这种变化正在重新定义科学家的角色：从实验的执行者转变为研究方向的决策者和结果的解释者。

特别值得注意的是 AI 对科学教育带来的深远影响。研究数据显示，越来越多的高中和大学开始将 AI 辅助工具整合到科学课程中。学生们现在能够使用这些工具研究过去只有专业实验室才能进行的复杂课题，如蛋白质结构分析、基因序列比对等。这种变化预示着科学研究正在经历一个前所未有的民主化进程。

很有意思的是，微软技术院士、微软研究院科学智能中心负责人克里斯·毕晓普（Chris Bishop），在 2022 年 7 月发表了一篇文章，名为《科学智能赋能科学发现的第五范式》（AI for Science to Empower the Fifth Paradigm of Scientific Discovery），也揭晓了相关领域的思考并且介绍了他们的一些实践工作。很巧合的是，后面我成为他的两部经典著作《模式识别和机器学习》（Pattern Recognition and Machine Learning）和《深度学习：基础与概念》（Deep Learning: Foundations and Concepts）的中文版本译者，前面这本被行业内公认为机器学习圣经，而后面这本则是让杰弗里·辛顿（Geoffrey Hinton）、杨立昆（Yann LeCun）、约书亚·本吉奥（Yoshua Bengio）这三位 AI 顶级"大牛"同时称赞的深度学习书，这也让作为中文译者的我感到收获很大，并且在翻译过程中得到了对第五范式更多的认知和思考。

然而，在梳理这些令人振奋的进展时，一些深层的问题开始浮现。传统观点认为，科学发现主要依赖于人类的直觉和创造力。从爱因斯坦的思想实验到开普勒的行星运动定律，人类的创造性思维一直是科学突破的关键。但当 AI 系统开始展现出超越人类的模式识别能力，当机器学习算法能够从数据中发现新的科学规律时，我们不得不重新思考一些根本性的问题：什么是科学直觉？创造力的本质是什么？人类在科学发现中的角色是否会发生根本改变？

这些思考推动我深入研究了科学创造力的本质，这些内容主要体现在本书第 3 章。这一研究引发了对科学认识论的更深层次思考。传统的科学哲学从培根、笛卡儿到波普尔，都隐含了一个前提：科学认知是人类智能的独特产物。然而，当 AI 系统能够自主发现物理定律、预测蛋白质结构、生成有效的化学合成路径时，我们不得不重新审视知识的本质。迈克尔·波兰尼（Michael Polanyi）在《个人知识》中区分的"显性知识"与"隐性知识"的界限正在被重塑——AI 系统不仅能处理形式化的显性知识，还能通过大规模参数学习捕捉到某种类似科学直觉的隐性知识。分析 2023 年发表的关于神经网络内部表征的研究，我们发现这些系统似乎形成了一种独特的"概念空间"，能够映射物理世界的因果结构。这是否意味着知识创造不再是人类的专利？或者更本质地说，我们是否需要构建一种新的认识论框架，以理解这种人机共生的知识创造模式？透过这些问题，我们或许能窥见科学方法论革命的深层结构。

通过分析近年来重要的科学突破案例，一个有趣的模式逐渐清晰：最具突破性的发现往往来自人类直觉和机器分析能力的结合。比如在蛋白质折叠问题上，AlphaFold 的成功既依赖于深度学习算法的强大计算能力，也得益于科学家对生物化学规律的深刻理解。

这本书用五个部分来展开叙述：从认知革命、自动化科研、智能科学新疆域、科学素养再升级，到走向卓越文明，试图构建一幅 AI 时代科学发展的全景图。在规划这个结构时，我特别注意避免技术决定论的陷阱，而是尽量以平衡的视角来探讨技术进步带来的机遇与挑战。通过分析大量案例和研究数据，一个核心观点逐渐清晰：技术终究是工具，关键在于我们如何使用它。

在研究和写作的过程中，我的一些重要观点也经历了显著的转变。最明显的是对"AI 取代科学家"这个问题的认识。通过分析近年来 AI 在科学领域的实际应用案例，一个更复杂的图景逐渐显现：AI 不是在取代人类科学家，而是在强化和扩展人类的科学研究能力。就像显微镜和望远镜扩展了人类的视觉能力一样，AI 正在扩展人类的认知边界。这种认识的转变直接影响了本书多个章节的写作方向，特别是在讨论人机协作的部分。

通过对各个研究领域的深入分析，科学研究的三个重要发展趋势逐渐明晰。这些趋势在具体科学实践中已展现出令人瞩目的成果。在气候科学领域，2023 年 7 月 6 日，国际顶级学术期刊《自然》杂志正刊发表了华为云盘古大模型研发团队研究成果——《三维神经网络用于精准中期全球天气预报》(Accurate medium-range global weather forecasting with 3D neural networks)。在该研究中，我们可以看到，盘古气象大模型提供的 Z500 五天预报均方根误差为 296.7，显著低于之前最好的数值预报方法。更令人振奋的是，这些系统展现出了"创造性类比"能力——将一个领域的规律模式迁移到另一个看似无关的领域。例如，斯坦福大学与微软合作的一个项目将湍流理论中的数学模型成功应用于金融市场波动预测，创造了一种全新的跨学科分析框架。这种边界模糊、深度融合的研究方式挑战了传统的学科分类法，预示着可能出现全新的知识组织模式——从垂直分科转向基于问题复杂性和数据特征的水平整合。

首先是研究方法的智能化，AI 不仅参与数据分析，还开始深度介入实验设计和理论构建。根据一些重要学术机构的统计数据，在 2023 年发表的重要科学论文中，有超过 10% 使用了 AI 辅助的研究方法。其次是科研组织方式的革新，全球化的智能实验室网络正在成为新常态，这种变化正在重塑科学协作的模式。最后是科学教育的转型，重点正从知识传授转向创造力和批判性思维的培养。

特别值得一提的是，在整理关于科学素养的章节时，我发现了一个令人深思的现象。随着 AI 工具的普及，公众参与科学研究的门槛正在显著降低。这种民主化进程远超我最初的想象。从美国 Foldit 蛋白质折叠游戏到欧洲航天局的公民天文学项目星际动物园，再到全球新冠病毒基因组测序协作网络 GISAID，公民科学正从边缘走向某些领域的中心。特别引人注目的是，这些项目不再将公众视为简单的数据收集者，而是作为科学思维的积极参与者。

然而，这种民主化也带来了深刻的伦理挑战。科学真相如何在社交媒体时代保持其权威性？如何确保 AI 辅助的公民科学维持方法论的严谨性？学术界已开始探索"分层科学认证"机制，科学家将发现按可信度分级，并建立更透明的同行评议系统。更根本的挑战在于，当科学发现不再是专业机构的专利时，我们如何重构科学的社会契约？这些问题不仅关乎科学本身，也触及现代社会的知识治理基础。

根据《自然》的一项调查，过去 3 年中，公民科学项目的参与人数增长了近 3 倍，而其中很大一部分增长来自 AI 工具的支持。这种变化可能预示着科学研究的新范式：知识的创造和发现不再局限于专业科研机构，而是逐渐向全社会开放。

写完这本书，我深感这仅是一个开始。AI 与科学研究的深度融合才刚刚起步，未来还有更多可能性等待探索。通过整理和分析近年来的研究数据，一些关键的发展趋势已经开始显现。到 2030 年，我们可能会看到三个重要的转变：第一是科学发现的加速，AI 辅助系统将大大缩短从假设提出到验证的周期；第二是跨学科研究的深化，AI 的数据分析能力将帮助我们发现不同学科之间的深层联系；第三是科学教育的根本转型，重点将从知识储备转向创新能力的培养。

在完成最后一章时，我反复思考了一个问题：这场变革对人类文明意味着什么？透过历史镜头观察科学革命，我们可以辨识出范式转变的深层结构。库恩指出，范式革命往往始于"异常现象"的积累，当旧范式无法解释这些异常时，新范式应运而生。今天，我们正面临一系列传统科学方法难以应对的挑战：从气候变化的复杂性、生物系统的涌现特性，到量子领域的反直觉现象。有趣的是，这些挑战共享一个特征：它们都涉及非线性、多尺度、高维度的复杂系统。而 AI 驱动的第五范式恰恰为处理这类复杂性提供了新工具。

与此同时，范式转变也重塑了科学实践的社会结构。分析 2022—2024 年发表的顶级期刊论文合作网络，我们观察到一个显著趋势：科研组织从金字塔结构向网络结构转变，团队规模更大、更多样化，且越来越多地整合 AI 系统作为"虚拟合作者"。更引人深思的是，科学发现的节奏也在加速——从假设提出到实验验证的周期显著缩短。这种加速既带来机遇，也引发风险：我们能否保证科学社区有足够时间进行深度反思和严格验证？如何在速度与严谨之间找到平衡？这些问题构成了新范式时代科学伦理的核心挑战。

通过研究科技史，我们可以看到，每一次重大的认知工具革新都带来了文明的质的飞跃。望远镜的发明让我们认识到地球并非宇宙中心，显微镜的出现让我们发现了微生物世界，计算机的发展让我们能够处理复杂的数学问题。现在，AI 作为一种新的认知工具，正在帮助我们突破人类思维的固有局限。

这种突破首先体现在科学研究的效率和广度上。更深层次的突破在于 AI 系统能够超越人类认知的固有局限。人类思维受制于进化历史——人类善于感知三维空间、线性因果关系和中等规模的系统，但在处理高维数据、复杂网络动力学和多尺度问题时力不从心。这些局限在具体科学实践中表现为"认知盲点"。2023 年，一个令人震撼的案例是 DeepMind 公司的 AI 系统重新分析了大型强子对撞机的历史数据，发现了物理学家忽略的粒子衰变模式，这一发现挑战了标准模型的某些预测。更令人惊异的是，系统在提出这一发现时，同时给出了实验验证方案。

在材料科学领域，谷歌量子 AI 团队开发的系统通过分析晶体结构数据库，预测了一系列具有超导性能的新材料，其中部分材料采用了违反传统化学经验的原子排列。这些材料随后通过实验验证确实展现出预期的性能。特别值得注意的是，当研究人员要求系统解释其预测逻辑时，它提出了一个人类材料科学家未曾考虑的新型电子耦合机制。这种情况引发了深层思考：我们可能正步入一个新阶段，其中某些科学发现，尤其是那些涉及复杂系统的规律，可能首先被 AI 系统捕捉，然后才被人类科学家通过理论工作"翻译"成可理解的形式。

根据发表在《自然》的研究报告，采用 AI 辅助的研究方法，在某些领域已经将研究周期缩短了 20% 以上。更重要的是，AI 系统能够同时处理和关联多个学科的数据，这种能力正在帮助我们发现传统研究方法难以察觉的规律。例如，在生物医学研究中，通过分析基因组学、蛋白质组学和临床数据，AI 系统已经帮助发现了多个重要的疾病机理。

然而，这场变革也带来了一系列需要认真思考的问题。首先是科学思维的本质问题：当AI能够自主发现规律时，人类的科学直觉和创造力将扮演什么角色？其次是科研伦理的问题：如何确保AI辅助的研究过程保持透明和可验证？最后是教育体系的调整：在AI时代，我们应该如何培养下一代科学家？

对这些问题的思考促使我深入研究了全球领先科研机构的教育变革实践。传统科学教育建立在知识积累模型上：学生首先掌握基础知识，然后学习研究方法，最后才能参与创新。然而，在AI可即时提供知识和方法的时代，这一模式已显落后。麻省理工学院已开始实施"逆转教育"计划——学生从第一天起就参与开放性问题探索，AI工具作为"认知支架"提供所需知识和方法。斯坦福大学推出的"AI增强科学思维"课程不再关注事实记忆，而是培养元认知能力：如何提出好问题，如何评估AI生成的答案，如何整合多源知识构建新理论。

这些变革不仅改变了教学方法，更重塑了科学素养的定义。未来的科学家需要掌握的不再是特定领域的专业知识，而是"认知协作"的能力——如何与AI系统形成互补的思维伙伴关系。哈佛大学的研究表明，最成功的科学家—AI协作模式是"互补认知"：人类提供创造性问题设定、直觉跳跃和伦理判断，AI提供大规模数据处理、模式识别和假设检验。这种协作模式要求科学教育从"知识传授"转向"认知塑造"，培养学生成为"元科学家"——不仅会做科学，还理解科学知识如何被创造和验证的元层次。

通过对这些问题的深入研究，我认为答案可能在于建立一种新的科研范式。这种范式转变同时要求我们重新思考科学伦理框架。传统科学伦理建立在"个体科学家责任"模型上，强调诚实、客观和谨慎。

然而，在 AI 深度参与的科研环境中，责任边界变得模糊：当一个重要发现由 AI 系统提出，人类科学家验证，并由另一个 AI 系统在全球数据库中检索相关证据时，科学发现的"作者身份"如何确定？作者伦理责任如何分配？

更深层的问题涉及科学知识的本质地位。近 3 个世纪以来，科学一直被视为价值中立的知识追求。然而，AI 驱动的科学发现不可避免地受到系统设计和训练数据的价值偏好影响。麻省理工学院和牛津大学合作的一项研究表明，相同的科学问题交给不同设计理念的 AI 系统，可能导致完全不同的研究路径和结论。这意味着我们需要发展一种"透明科学伦理"，要求明确披露 AI 系统的设计逻辑、训练数据来源和可能的价值偏好。

应对这些挑战需要科学共同体建立新型治理机制。欧洲科学基金会已开始探索"分布式责任模型"，将科学责任分散到研究生态系统的各个节点，包括 AI 系统设计者、数据提供者、研究使用者和监管机构。这种模型不再视科学为孤立的知识探索，而是将其理解为深植于社会文化网络中的集体实践。

不是简单地用 AI 替代人类思维，而是发展一种人机协同的研究方法。在这种模式下，AI 负责处理海量数据和发现基础规律，而人类则专注于提出创造性的问题和解释发现的深层含义。这就像是为人类思维装上了一个"认知放大镜"，既扩展了我们的认知能力，又确保了人类在科学探索中的主导地位。

最后，我想强调的是，理解和把握这场变革的方向，可能是我们这一代人最重要的使命之一。正如历史学家汤因比所说："文明的进步就是用更好的方式解决问题。"AI 技术正在给我们提供一种全新的问题解决方式，关键是我们要学会明智地使用它。从这个角度看，这本书不仅是对当前科技发展的记录，更是对人类文明未来演进方向的一次探索。

科学的本质是探索未知，而人工智能的加入，不仅让这种探索变得更加高效，更重要的是让我们能够以全新的视角来理解自然和宇宙。在结束这本书的写作时，我不禁展望更远的未来：如果第五范式确立并全面发展，人类文明可能迎来何种转变？

从近期看，我们可能在2030—2040年见证"认知扩展时代"的到来——人类智能与人工智能形成共生关系，创造出前所未有的知识增长速度。这一阶段的特征是科学研究高度自动化，跨学科边界消融，公民参与程度空前提高。2040—2050年，我们可能步入"智能网络时代"——全球分布的智能系统形成一个相互连接的知识创造网络，自动检测研究盲点，协调资源配置，并持续优化科学方法本身。更长远地看，2050年之后可能出现"后人类科学"的雏形——某些领域的科学探索可能完全超出人类认知理解范围，需要创造全新的概念框架和表达方式。

然而，这一发展轨迹并非必然。它取决于我们今天的选择：是将AI仅作为提高效率的工具，还是视其为重塑科学本质的伙伴？是强化现有的知识生产体系，还是构建更开放、包容的科学生态？是关注短期技术突破，还是致力于长期认知革命？

在这个意义上，AI不仅是一个强大的研究工具，更是在帮助我们拓展认知的边界。在人类历史的长河中，我们可能正处在一个关键的分叉点。第五范式不仅是一种科学方法，更是一种文明选择——它将决定我们如何理解自然，如何组织知识以及最终如何定义人类自身。

在这个意义上，本书不仅是对科学未来的探索，也是对人类认知边界和文明可能性的一次思考实验。让我们以开放、谦逊而坚定的态度，共同迎接这场改变人类认知基础的深刻革命。让我们怀着开放和理性的态度，共同见证和参与这场改变人类文明进程的科学革命。

2025 年 4 月于北京